从  开始

C语言程序设计
基础教程 云课版

刘华◎编著

人民邮电出版社
北京

图书在版编目（CIP）数据

从零开始 : C语言程序设计基础教程 : 云课版 / 刘
华编著. -- 北京 : 人民邮电出版社, 2021.1
　ISBN 978-7-115-52269-6

Ⅰ. ①从… Ⅱ. ①刘… Ⅲ. ①C语言－程序设计－高
等学校－教材 Ⅳ. ①TP312.8

中国版本图书馆CIP数据核字(2019)第235889号

内 容 提 要

本书用实例引导读者学习，深入浅出地介绍了 C 语言的相关知识和实战技巧。

本书第 1～5 章主要讲解 C 语言基础知识，C 语言的基本构成元素、数制、数据类型以及运算符和
表达式等，第 6～10 章主要讲解顺序结构和选择结构、循环结构和转向语句、输入和输出、数组以及
字符数组和字符串等，第 11～12 章主要讲解函数以及函数中的变量等，第 13～15 章主要讲解指针、
结构体和联合体以及文件等。

本书适合任何希望学习 C 语言的读者，无论读者是否从事计算机相关行业，是否接触过 C 语言，
均可通过学习本书快速掌握 C 语言的开发方法和技巧。

◆ 编　著　刘 华
　责任编辑　李永涛
　责任印制　马振武

◆ 人民邮电出版社出版发行　北京市丰台区成寿寺路 11 号
　邮编　100164　电子邮件　315@ptpress.com.cn
　网址　https://www.ptpress.com.cn
　山东华立印务有限公司印刷

◆ 开本：787×1092　1/16
　印张：20
　字数：508 千字　　　　　　　2021 年 1 月第 1 版
　印数：1 - 2 000 册　　　　　　2021 年 1 月山东第 1 次印刷

定价：69.80 元
读者服务热线：(010)81055410　印装质量热线：(010)81055316
反盗版热线：(010)81055315
广告经营许可证：京东市监广登字 20170147 号

前　言

计算机是人类社会进入信息时代的重要标志，掌握丰富的计算机知识、正确熟练地操作计算机已成为信息时代对每个人的要求。鉴于此，我们认真总结教材编写经验，深入调研各地、各类学校的教材需求，组织优秀的、具有丰富教学和实践经验的作者团队，精心编写了这套"从零开始"丛书，以帮助各类学校或培训班快速培养优秀的技能型人才。

本着"学用结合"的原则，我们在教学方法、教学内容以及教学资源上都做出了自己的特色。

教学方法

本书采用"本章导读→课堂讲解→范例实战→疑难解答→实战练习"五段教学法，激发学生的学习兴趣，细致讲解理论知识，重点训练动手能力，有针对性地解答常见问题，并通过实战练习帮助学生强化巩固所学的知识和技能。

◎ 本章导读：对本章相关知识点应用于哪些实际情况以及其与前后知识点之间的联系，进行了概述，并给出了学习课时和学习目标的建议，以便明确学习方向。

◎ 课堂讲解：深入浅出地讲解理论知识，在贴近实际应用的同时，突出重点、难点，以帮助读者深化理解所学知识，触类旁通。

◎ 范例实战：紧密结合课堂讲解的内容和实际工作要求，逐一讲解C语言的实际应用，通过范例的形式，帮助读者在实战中掌握知识，轻松拥有项目经验。

◎ 疑难解答：我们根据十多年的教学经验，精选出学生在理论学习和实际操作中经常会遇到的问题并进行答疑解惑，以帮助学生吃透理论知识和掌握应用方法。

◎ 实战练习：结合每章内容给出难度适中的上机操作题，学生可通过练习，强化巩固每章所学知识，达到温故而知新。

教学内容

本书的教学目标是循序渐进地帮助学生掌握C语言的相关知识。本书共有15章，可分为4个部分，具体内容如下。

◎ 第1部分（第1~5章）：C语言入门知识，主要讲解C语言基础知识、C语言的基本构成元素、数制、数据类型以及运算符和表达式等。

◎ 第2部分（第6~10章）：C语言算法应用，主要讲解了顺序结构和选择结构、循环结构和转向语句、输入和输出、数组以及字符数组和字符串等。

◎ 第3部分（第11~12章）：C语言核心技术，主要讲解函数以及函数中的变量等。

◎ 第4部分（第13~15章）：C语言高级应用，主要讲解指针、结构体和联合体以及文件等。

课时计划

为方便阅读本书，特提供如下表所示的课程课时分配建议表。

课程课时分配（72课时版48+24）

章	标题	总课时	理论课时	实践课时
1	步入C的世界	1	1	0

续表

章	标题	总课时	理论课时	实践课时
2	C 语言的基本构成元素	2	2	0
3	计算机如何识数——数制	1	1	0
4	数据类型	4	2	2
5	运算符和表达式	6	4	2
6	顺序结构和选择结构	6	4	2
7	循环结构和转向语句	8	4	4
8	输入和输出	6	4	2
9	数组	6	4	2
10	字符数组和字符串	6	4	2
11	函数	6	4	2
12	函数中的变量	2	2	0
13	指针	8	6	2
14	结构体和联合体	4	2	2
15	文件	6	4	2
合计		72	48	24

学习资源

◎ 20小时全程同步教学录像

涵盖本书所有知识点，详细讲解每个范例及项目的开发过程与关键点，帮助读者更轻松地掌握书中所有的C语言知识。

◎ 超多资源大放送

赠送大量资源，包括C语言标准库函数查询手册、C语言常用信息查询手册、10套超值完整源代码、全国计算机等级考试二级C考试大纲及应试技巧、53个C语言常见面试题及解析电子书、31个C语言常见错误及解决方案电子书、51个C语言高效编程技巧、C语言程序员职业规划、C语言程序员面试技巧。

◎ 资源获取

读者可以申请加入编程语言交流学习群（QQ：829094243）和其他读者进行交流，以实现无障碍地快速阅读本书。

读者可以使用微信扫描封底二维码，关注"职场精进指南"公众号，发送"52269"后，将获得资源下载链接和提取码。将下载链接复制到任何浏览器中并访问下载页面，即可通过提取码下载本书的学习资源。

作者团队

本书由刘华编著，参与本书编写、资料整理、多媒体开发及程序调试的人员还有岳福丽、冯国香、王会月、贾子禾、胡波等。

在编写过程中，我们竭尽所能地将优秀的讲解呈现给读者，但也难免有疏漏和不妥之处，敬请广大读者不吝指正。若读者在阅读本书过程中产生疑问或有任何建议，均可发送电子邮件至 liyongtao@ptpress.com.cn。

龙马高新教育

2020年11月

目　录

第 1 章
步入 C 的世界

本章导读

    C 语言是非常经典的语言，经久而不衰，始终保持着高热度。那么到底什么是 C 语言呢？它能干什么呢？相对于其他计算机语言，它有什么优势呢？我们该怎么学习 C 语言呢？这一章，我们就与大家一起来一一解决这些问题！

本章课时：理论 1 学时

学习目标

  ▶ 认识 C 语言

  ▶ 认识常用的开发环境

  ▶ 开始 C 编程——我的第一个 C 程序

1.1 认识 C 语言

1.1.1 编程的魔力

提到计算机编程，大家第一反应就是烦琐的代码和复杂的指令。但实际上，编程是一个神奇的、具有魔力的活动。

首先不妨看下 2147483647 这个数字。2147483647 仅可以被 1 及其本身整除，因此被称为质数（素数）。它在 1722 年被欧拉发现，在当时堪称世界上已知的最大的质数。由于其证明过程复杂，欧拉也就被冠以"数学英雄"的美名。但是，现在通过简单的编程，不到 1 秒的时间就可以证明 2147483647 是质数。

下面我们再来看一下八皇后问题。八皇后问题是一个古老而著名的问题，由国际西洋棋棋手马克斯·贝瑟尔于 1848 年提出。在 8×8 格的国际象棋盘上摆放 8 个皇后，使其不能互相攻击，即任意两个皇后都不能处于同一行、同一列或同一斜线上，有多少种摆法呢？

图 1-1 所示为其中的一种摆法，但是有没有其他方案呢？一共有 92 种解决这个问题的摆法。想知道通过编程多久能计算出来吗？可以告诉你，不到 1 秒就可以。

图 1-1

相信很多读者玩过数独这种经典的数字游戏（如果没有玩过这种游戏，不妨在网上先了解一下游戏的背景及要求），题目很多，而每一个题目都会对应很多种解法，有的甚至会有几万种。如果要在纸上解出所有方法，是很难实现的，但是通过编程，1 秒，甚至不到 1 秒，就可以轻松计算出有多少种解决方法。

除了上面提到的问题，还有猴子选大王、迷宫求解、商人过河、哥德巴赫猜想及选美比赛等很多趣味问题。读者既可以了解每个问题背后有趣的故事，又可以自己动手编程获得问题的解答方法；既开阔眼界，又学习知识，这也算是编程的特殊魅力吧！

1.1.2 C 语言的来源和特点

C 语言是一种计算机程序设计语言。它既有高级语言的特点，又具有低级汇编语言的特点。它既可以作为系统设计语言来编写工作系统应用程序，也可以作为应用程序设计语言来编写不依赖计算机硬件的应用程序。因此，它的应用范围非常广泛。下面就来了解一下 C 语言的来源及其特点。

1. C 语言的来源

C 语言的诞生及发展历程如图 1–2 所示。

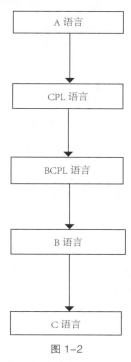

图 1–2

（1）第 1 阶段：A 语言。C 语言的发展颇为有趣，它的原型是 ALGOL 60 语言（也就是算法语言 60），也称为 A 语言。ALGOL 60 是一种面向问题的高级语言，它离硬件比较远，不适合编写系统程序。ALGOL 60 是程序设计语言由技艺转向科学的重要标志，其特点是具有局部性、动态性、递归性和严谨性。

（2）第 2 阶段：CPL 语言。1963 年，剑桥大学将 ALGOL 60 语言发展成为 CPL（Combined Programming Language）。CPL 在 ALGOL 60 的基础上与硬件接近了一些，但规模仍然比较宏大，难以实现。

（3）第 3 阶段：BCPL 语言。1967 年，剑桥大学马丁·理察斯（Martin Richards）对 CPL 进行了简化，推出了 BCPL（Basic Combined Programming Language）。BCPL 是计算机软件人员在开发系统软件时作为记述语言使用的一种结构化程序设计语言。它能够直接处理与机器本身数据类型相近的数据，具有与内存地址对应的指针处理方式。

（4）第 4 阶段：B 语言。在 20 世纪 70 年代初期，美国贝尔实验室的肯·汤普逊对 BCPL 进行了修改，设计出比较简单而且很接近硬件的语言，取名为 B 语言。B 语言还包括了汤普逊的一些个人偏好，比如在一些特定的程序中减少非空格字符的数量。和 BCPL、FORTH 类似，B 语言只有一种数据类型——计算机字。大部分的操作将其作为整数对待，例如，进行 +、-、*、/ 操作；但进行其余的操作时，则将其作为一个复引用的内存地址。在许多方面，B 语言更像是一种早期版本的 C 语言。它还包括了一些库函数，其作用类似于 C 语言中的标准输入 / 输出函数库。

(5) 第 5 阶段：C 语言。由于 B 语言过于简单，数据没有类型，功能也有限，所以美国贝尔实验室的丹尼斯·里奇在 B 语言的基础上最终设计出了一种新的语言，取名为 C 语言，并试着以 C 语言编写 UNIX。1972 年，丹尼斯·里奇完成了 C 语言的设计，并成功地利用 C 语言编写出了操作系统，从而降低了作业系统的修改难度。

1978 年，C 语言先后移植到大、中、小、微型计算机上。从此，C 语言风靡世界，成为应用最广泛的几种计算机语言之一。

1983 年，美国国家标准学会（ANSI）对 C 语言进行了标准化，并颁布了第一个 C 语言标准草案（83 ANSI C）。1987 年，ANSI 又颁布了另一个 C 语言标准草案（87 ANSI C）。1994 年，ISO 修订了 C 语言的标准。C 语言标准 C99 是在 1999 年颁布、2000 年 3 月被 ANSI 采用的，正式名称是 ISO/IEC 9899:1999。

2. C 语言的特点

每一种语言都有自己的优缺点，C 语言也不例外，所以才有了语言的更替，有了不同语言的使用范围。下面列举 C 语言的一些优点。

(1) 功能强大，适用范围广，可移植性好。

许多著名的系统软件是由 C 语言编写的，而且 C 语言可以像汇编语言一样对位、字节和地址进行操作，而这三者是计算机的基本工作单元。

C 语言适合于多种操作系统，如 DOS、UNIX 等。对于操作系统、系统使用程序以及需要对硬件进行操作的场合，使用 C 语言明显优于其他解释型高级语言。此外，一些大型应用软件也是用 C 语言编写的。

(2) 运算符丰富。

C 语言的运算符包含的范围广泛，共有 34 种运算符。C 语言把括号、赋值、强制类型转换等都作为运算符处理，从而使 C 语言的运算类型极其丰富，表达式类型多样化。灵活地使用各种运算符可以实现在其他高级语言中难以实现的运算。

(3) 数据结构丰富。

C 语言的数据类型有整型、实型、字符型、数组类型、指针类型、结构体类型、共用体类型等，能用来实现各种复杂的数据结构的运算。C 语言还引入了指针的概念，从而使程序的效率更高。

(4) C 语言是结构化语言。

结构化语言的显著特点是代码及数据的分隔化，即程序的各个部分除了必要的信息交流，彼此之间是独立的。这种结构化方式可使程序层次清晰，便于使用、维护以及调试。C 语言是以函数形式提供给用户的，因此用户可以方便地调用这些函数，并具有多种循环和条件语句来控制程序的流向，从而使程序完全结构化。

(5) C 语言可以进行底层开发。

C 语言允许直接访问物理地址，可以直接对硬件进行操作，因此可以使用 C 语言进行计算机软件的底层开发。

(6) 其他特性。

C 语言对语法的限制不太严格，其语法比较灵活，允许程序编写者有较大的自由度。另外，C 语言生成目标代码的质量高，程序执行效率高。

1.1.3 让计算机开口说话

计算机是用来帮助人类改变生活的工具，如果希望计算机帮助人做事情，首先需要做什么？当然是与计算机进行沟通，那么沟通就需要依赖于一门语言。人与人之间可以用肢体、语言进行沟通。如果要与计算机沟通就需要使用计算机能够听懂的语言。C语言便是人类与计算机沟通的一种语言。

既然计算机是人类制造出来的帮助人类的工具，显然让计算机开口说话，把计算机所知道的东西告诉人类是非常重要的。下面，我们就来看一下如何让计算机开口说话！

计算机要把它所知道的告诉人类，有两种方法：一种是显示在显示器屏幕上，另一种是通过音箱等设备发出声音。但目前让计算机用音箱输出声音比较麻烦，因此可以采用另外一种方法，即用屏幕输出。这里就需要一个让计算机开口说话的命令"printf"。

```
printf("ni hao");
```

printf和中文里面的"说"、英文里面的"say"是一个意思，就是控制计算机说话的一个单词。在printf后面紧跟一对圆括号()，把要说的内容放在这个括号里。在ni hao的两边还有一对双引号""，双引号里面的就是计算机需要说的内容。最后，还需要用分号";"表示一个语句的结束。

但在编写程序的过程中，仅仅包含printf("ni hao");这样的语句，计算机是识别不了的，还需要加一个框架。

```
#include <stdio.h>
int main()
{
printf("ni hao");
return 0;
}
```

所有C语言程序都必须有框架，并且类似printf这样的语句都要写在一对中括号{}之间才有效。

除了与计算机交流的这些语言，还需要有一个名字叫"C语言编译器"的特殊软件，其作用是把代码变成一个可以让计算机直接运行的程序。这些软件需要下载并安装到计算机中才能使用。

当然，不同的编程语言，让计算机"说话"的方式不同，这些就等着大家去学习。或许通过大家的努力，将来让计算机通过人类语言与人类交流也能够轻松实现。

1.1.4 C语言的用途

C语言应用范围极为广泛，不仅仅是在软件开发上，各类科研项目也都要用到C语言。下面列举了C语言一些常见的用途。

(1) 应用软件。Linux操作系统中的应用软件都是使用C语言编写的，因此这样的应用软件安全性非常高。

(2) 对性能要求严格的领域。一般对性能有严格要求的程序是用C语言编写的，比如网络程序的底层和网络服务器端的底层、地图查询等软件。

(3) 系统软件和图形处理。C语言具有很强的绘图能力、数据处理能力和可移植性，可以用来编写系统软件、制作动画、绘制二维图形和三维图形等。

（4）数字计算。相对于其他编程语言，C语言是数字计算能力很强的高级语言。

（5）嵌入式设备开发。手机、PDA等时尚消费类电子产品相信大家都不陌生，其内部的应用软件、游戏等很多是采用C语言进行嵌入式开发的。

（6）游戏软件开发。对于游戏大家更不陌生，很多人就是因为玩游戏而熟悉了计算机。利用C语言可以开发很多游戏，例如推箱子、贪吃蛇等。

1.1.5 学习C语言的方法

C语言是在国内外广泛使用的一种计算机语言，很多新型的语言，如C++、Java、C#、J#、Perl等都是衍生自C语言。掌握了C语言，可以说就相当于掌握了很多门语言。

在编写一个较大的程序时，应该把它分成几个小程序来看，这样会容易得多。同时，C语言应该是操作和理论相结合的课程，二者是不可分割的。

读者要学习C语言，首先要注意以下几个方面。

（1）培养学习C语言的兴趣。从简单的引导开始，有了学习的兴趣，才能够真正掌握C语言。此外，还要养成良好的学习习惯，切忌逼迫学习，把学习当成负担。

（2）学习语法。可以通过简单的实例来学习语法，了解它的结构。如变量，首先要了解变量的定义方式（格式），其意义是什么（定义变量有什么用）；其次要了解怎么运用它（用什么形式应用它）。这些都是语法基础，也是C语言的基础。如果把它们都了解了，那么编起程序来就很得心应手了。

（3）学好语法基础后就可以开始编程了。在编写程序的时候，应该养成画流程图的好习惯。因为C语言的程序是以顺序为主，一步步地从上往下执行的，而流程图的思路也是从上到下一步步画出来的。流程图画好了，编程的思路也基本定了，然后只要根据思路来编写程序即可。

（4）养成良好的编程习惯。例如，编写程序时要有缩进，程序复杂时还要写注释，这样程序看起来就会很清晰，错误也会减少很多。

学习编程语言就是一个坚持看、敲、写的过程。

（1）要学好C语言，首先要有一本好的入门图书。本书把C语言所涉及的内容由易到难进行了详细的讲解，对于读者来说是个不错的选择。

（2）看书，在大概了解内容后，一定要把程序敲出来自己运行一遍。编程工具推荐Visual C 6.0。

（3）读程序。找一些用C语言编写的程序的例子，试着去读懂。

（4）自己改写程序。通过前面的学习，应该已经掌握了一些基本的编程技巧，在此基础上对程序进行改写。一定要有自己的想法，然后让自己的想法通过程序来实现。编程语言的学习过程就是坚持的过程，只要掌握了一种编程语言，再去学习其他的语言就会很轻松。

1.2 认识常用的开发环境

C语言集成开发环境比较多，没有必要对每一种开发环境都熟练地掌握，只需要精通一种开发环境即可。下面分别介绍Visual C++ 6.0和Turbo C 2.0两种常用的开发环境。

1.2.1 认识 Visual C++ 开发环境

安装 Visual C++ 6.0 之后，选择【开始】➤【程序】➤【Microsoft Visual Studio 6.0】➤【Microsoft Visual C++ 6.0】菜单命令，即可启动 Visual C++ 6.0。

启动 Visual C++ 6.0 并新建程序，新建程序的步骤可参照本书 1.3.2 小节，新建程序后的界面如图 1-3 所示。

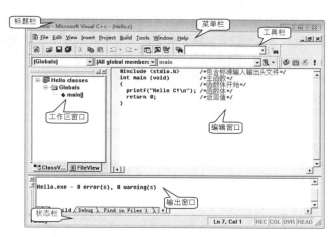

图 1-3

1. 菜单栏

通过菜单栏中的菜单命令，读者可以轻松地完成编辑程序和资源、编译、链接及调试程序等各项工作。常用的菜单如图 1-4 所示。

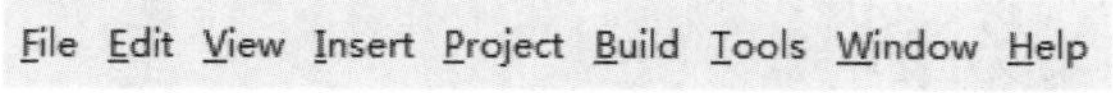

File Edit View Insert Project Build Tools Window Help

图 1-4

(1)【File】（文件）菜单：File 菜单包含各种对文件进行操作的选项，如加载、保存、打印和退出等。

(2)【Edit】（编辑）菜单：Edit 菜单中的命令用来使用户便捷地编辑文件内容，如删除、复制等操作，其中的大多数命令的功能与 Windows 中的标准字处理程序的编辑命令一致。

(3)【View】（查看）菜单：View 菜单中的命令主要用来改变窗口和工具栏的显示方式，激活调试时所用的各个窗口等。

(4)【Insert】（插入）菜单：Insert 菜单中的命令主要用于项目及资源的创建和添加。

(5)【Project】（工程）菜单：Project 菜单中的命令主要用于项目的操作，如项目中添加源文件等。

(6)【Build】（编译）菜单：Build 菜单中的命令主要用于应用程序的编译、连接、调试和运行。

(7)【Tools】（工具）菜单：Tools 菜单中的命令主要用于选择或制定开发环境中的一些实用工具。

(8)【Window】（窗口）菜单：Window 菜单中的命令主要用于文档窗口的操作，如排列文档、打开或关闭一个文档窗口、重组或切分文档窗口等。

(9)【Help】（帮助）菜单：Visual C++ 6.0 同大多数其他的 Windows 应用软件一样，能够提供大量详细的帮助信息，而 Help 菜单便是得到这些帮助信息的有效和主要的途径。

2. 工具栏

工具栏中提供了大部分常用的操作命令，通过单击工具栏中相应的按钮，可以快捷地进行各种操作。在工具栏中的空白处单击鼠标右键，在弹出的快捷菜单中选择相应的菜单项可以定制（添加或删除）工具栏。

3. Workspace（工作区）窗口

工作区窗口共有3个标签，分别代表3种视图形式。

(1)【ClassView】（类视图）：显示项目中所有的类信息。

(2)【ResourceView】（资源视图）：包含项目中所有资源的层次列表。每一种资源都有自己的图标。在字符界面或者控制台界面中没有该项，只有在 Windows 程序下才出现。

(3)【FileView】（文件视图）：可将项目中的所有文件分类显示，每一类文件在【FileView】页面中都有自己的目录项。可以在目录项中移动文件，还可以创建新的目录项，以及将一些特殊类型的文件放在该目录项中。

> 提示：这里只是从概念上对工作区窗口进行简单的介绍，在后面的章节中会详细地介绍工作区窗口。读者不必在这里花费太多的时间。

4. Output（输出）窗口

输出窗口显示程序编译和连接错误与警告。

5. 编辑窗口

编辑窗口可进行输入、修改以及删除代码等操作。

1.2.2 认识 Turbo 开发环境

相比目前有漂亮视窗界面、功能强大的开发软件，Turbo C 略显单薄，但是即使面对这样强大的对手，Turbo C 依然拥有较为广泛的使用群体，这是因为 Turbo C 不仅是一个快捷、高效的编译程序，同时有一个易学、易用的集成开发环境。

使用 Turbo C 2.0 开发程序，不用独立地新建工程，直接可以在开发环境的编辑区输入所需的程序，然后编译运行程序就可以，操作简单快捷。具体的程序开发过程可参照 1.3.3 小节。

1. 启动 Turbo C 2.0

安装 Turbo C 2.0 之后，可以通过以下方式启动 Turbo C 2.0。

(1) 命令行方式启动。

选择【开始】➤【程序】➤【附件】➤【命令提示符】，在打开的命令行中输入 Turbo C 2.0 的路径，如 "C:\TURBOC2\TC"，按【Enter】键，即可进入 Turbo C 2.0 集成环境的主菜单窗口。

(2) 从 Windows 环境进入。

在 Windows XP 环境中，如果本机中已安装了 Turbo C，可以在桌面上建立一个快捷方式，双击该快捷方式即可进入 C 语言开发环境。或者选择【开始】➤【运行】，在运行对话框中输入程序的路径，单击【确定】按钮即可。

2. Turbo C 2.0 开发环境介绍

Turbo C 2.0 的主界面分为 4 个部分，由上至下分别为菜单栏、编辑区、信息区和功能键索引，如图 1-5 所示。

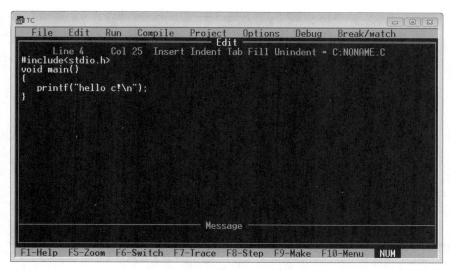

图 1-5

(1)菜单栏：包括【File】（文件）菜单、【Edit】（编辑）菜单、【Run】（运行）菜单、【Compile】（编译）菜单、【Project】（项目）菜单、【Options】（选择）菜单、【Debug】（调试）菜单和【Break/watch】（断点及监视）菜单等。

(2)编辑区：编辑区的第1行为编辑状态行，用来指示游标所在位置、文件名称以及编辑相关的状态信息。其他为代码编辑区域。

(3)信息区：显示程序编译和连接错误与警告。

(4)功能键索引：Turbo C 2.0不支持鼠标操作，功能键索引给出了功能按键的索引号。

1.3 开始 C 编程——我的第一个 C 程序

我们已经大致了解了 Visual C++ 6.0 和 Turbo C 2.0 的界面，本节引入第一个 C 程序"Hello C！"，开始我们的 C 编程之旅。

1.3.1 程序编写及运行流程

汇编程序要转换成可执行文件（可以理解为能够"单独运行"的文件，一般在 Windows 操作系统中常见的可执行文件为 *.exe/*.sys/*.com 文件等），需要通过汇编器来实现。那么，对于用 C 语言编写的代码，是如何把它转换为可执行文件的呢？

要转换 C 语言为可执行文件，需要借助的工具是编译器（Compiler），转换的过程叫作编译。经过编译，生成目标程序，目标文件是机器代码，是不能够直接执行的，它需要有其他文件或者其他函数库辅助，才能生成最终的可执行文件，这个过程称为连接，使用的工具叫作连接器。

C 程序的编写和运行流程如图 1-6 所示。

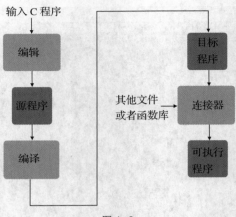

图 1-6

　　我们把编写的代码称为源文件或者源代码，输入修改源文件的过程称为编辑，在这个过程中还要对源代码进行布局排版，使之美观有层次，并辅以一些说明的文字，帮助我们理解代码的含义，这些文字称为注释，它们仅起到说明的作用，不是代码，不会被执行；编辑完成后的源代码经过保存，生成后缀名为 ".c" 的文件，这些源文件并不能够直接运行，还需要经过编译，把源文件转换为以 ".obj" 为后缀名的目标文件；此时目标文件再经过一个连接的环节，最终生成以 ".exe" 为后缀名的可执行文件。能够运行的是可执行文件。

1.3.2 在 Visual C++ 6.0 中开发 C 程序

　　本小节介绍使用 Visual C++ 6.0 开发 C 程序的过程。本书的所有例程都是在 Visual C++ 6.0 中开发的。

　　【范例 1-1】使用 Visual C++ 6.0 创建 C 程序并运行。

　　第 1 步：创建空工程。

　　⑴ 在 Visual C++ 6.0 中，选择【Flie】➢【New】菜单，在弹出的对话框中选择【Projects】选项卡，在左侧列表框中选择【Win32 Console Application】，在【Project name】文本框中输入工程名 "hello"，单击【Location】文本框右侧的 **...** 按钮，选择工程要存放的文件夹，如图 1-7 所示。

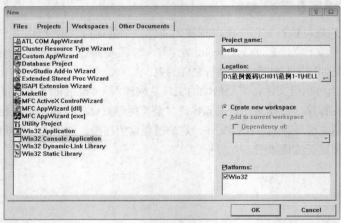

图 1-7

(2) 单击【 OK 】按钮，选中【 An empty project 】单选按钮，单击【 Finish 】按钮，显示工程信息，然后单击【 OK 】按钮，即可完成空工程的创建，如图 1–8 所示。

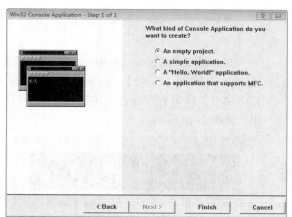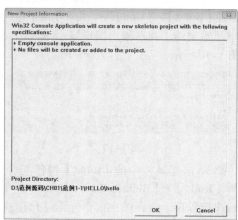

图 1–8

第 2 步：添加 C 源程序。

(1) 选择【 Flie 】➢【 New 】菜单，在弹出的对话框中选择【 Files 】选项卡，在左侧列表框中选择【 Text File 】，新建一个程序文档，在【 File 】文本框中输入"hello.c"，单击【 Location 】文本框右侧的 ⋯ 按钮，可浏览程序存放的文件夹（这个文件夹要和工程文件夹保持一致），如图 1–9 所示。

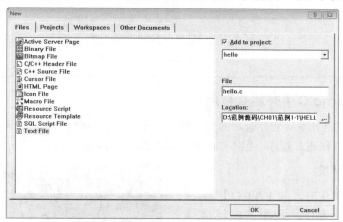

图 1–9

(2) 单击【 OK 】按钮，在编辑窗口中输入以下代码（代码 1-1.txt ）。

```
01   #include <stdio.h>        /* 包含标准输入输出头文件 */
02   int main ()              /* 主函数 */
03   {                         /* 函数体开始 */
04     printf( "Hello C!\n" );  /* 函数体 */
05     return 0;               /* 返回值 */
06   }                         /* 函数体结束 */
```

第3步：运行程序。

(1) 单击工具栏中的【Compile】按钮，或选择【Build】➤【Compile hello.c】菜单命令，程序开始编译，并在输出窗口显示编译信息，如图 1-10 所示。

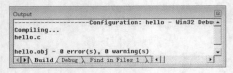

图 1-10

(2) 单击工具栏中的【Build】按钮，或选择【Build】➤【Build hello.exe】菜单命令，开始连接程序，并在输出窗口显示连接信息，如图 1-11 所示。

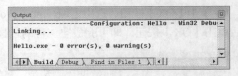

图 1-11

(3) 单击工具栏中的【Execute Programe】按钮，或选择【Build】➤【Execute hello.exe】菜单命令，即可在命令行中输出程序的运行结果，如图 1-12 所示。

图 1-12

> 提示：可以省略第 1 步创建空工程的步骤，直接从第 2 步开始。但是在程序编译时，会要求确认是否为 C 程序创建默认的工作空间，单击【是】按钮即可，如图 1-13 所示。

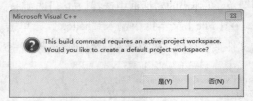

图 1-13

1.3.3 在 Turbo C 中开发 C 程序

因为 Turbo C 也是开发 C 程序常用的开发环境，所以结合【范例 1-1】，下面分步骤详细讲解如何使用 Turbo C 2.0 创建 C 程序，但本书的所有例程都是在 Visual C++ 6.0 中开发的。

第1步：设置环境。

(1) 在 Turbo C 2.0 中，按【Alt+O】组合键，弹出【Options】菜单，使用方向键选择【Directories】菜单命令，按【Enter】键，选择【Output directory】项，按【Enter】键，输入已存在的路径，如 "d:\Final"。

(2) 按【Enter】键，然后选择【Options】➤【Save options】，按【Enter】键，保存配置信息，最后连续按两次【Esc】键，退出菜单，如图 1-14 所示。

图 1-14

第2步：编辑和编译程序。

(1) 按【Alt+F】组合键，选择【Write to】

菜单命令，按【Enter】键，输入 "d:\Final\HELLO.c"，按【Enter】键，即可将输入的程序保存在 D 盘的 Final 目录中，文件名为 "HELLO.c"，如图 1-15 所示。

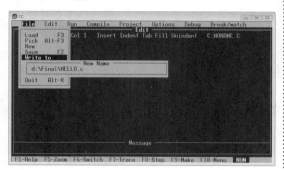

图 1-15

(2) 在编辑区中输入源程序（程序见【范例 1-1】中的 "代码 1-1.txt"），如图 1-16 所示。

图 1-16

(3) 按【F2】键直接保存文件。按【Alt+C】组合键，选择【Compile to OBJ D：HELLO.OBJ】，编译 "HELLO.c" 程序，并出现编译成功与否的信息对话框，如图 1-17 所示。

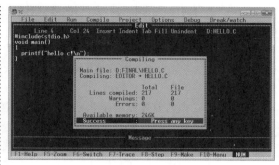

图 1-17

(4) 按【Enter】键，按【Alt+C】组合键，选择【Make EXE file D：HELLO.EXE】，生成可执行文件，并显示生成执行文件成功与否的信息对话框，如图 1-18 所示。

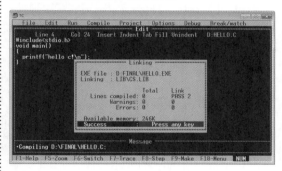

图 1-18

(5) 按【Enter】键，按【Ctrl+F9】组合键，运行程序，但会一闪而过。按【Alt+F5】组合键，可在屏幕中查看程序运行结果，如图 1-19 所示。

图 1-19

(6) 按任意键，返回 Turbo C 2.0 开发环境。

1.4　本章小结

(1) C 语言是在 20 世纪 70 年代产生的。

(2) C 语言功能强大、适用范围广、可移植性好。

(3) C 语言运算符丰富，共有 34 种运算符，C 语言数据结构丰富。

(4) C 语言是结构化语言，可以进行底层开发。

（5）C 语言对语法的限制不太严格，其语法比较灵活，允许程序编写者有较大的自由度。另外，C 语言生成目标代码的质量高，程序执行效率高。

（6）C 语言应用范围极为广泛，不仅仅是在软件开发上，而且各类科研项目也都要用到 C 语言，比如应用软件、对性能要求严格的领域、系统软件和图形处理、数字计算、嵌入式设备开发、游戏软件开发。

（7）学习 C 语言首先要培养学习 C 语言的兴趣，然后要学好语法基础。要养成良好的编程习惯，要有一本好的入门图书，要自己改写程序。

（8）Visual C++ 和 Turbo C 是常用的两个 C 编译器。

1.5　疑难解答

问：如何学习 C 语言？

答： 开发任何一种语言编程，实践练习都是十分重要的，不要只看不练、眼高手低。学会活学活用，看完课本中的例程之后，自己要在开发环境中独立操作一遍，不能认为简单而不亲手去操作。在书写 C 语言编程时，一定要注意养成好的书写习惯；好的书写习惯是一名优秀程序员要具备的基本修养。一段程序可以反映一个人的编程水平。

问：写程序，有哪些好习惯呢？

答：（1）在每个程序文件的最前面注释书写日期、程序的目的。

（2）代码格式要清晰，避免错乱不堪。

（3）每段代码后面要注释这段代码的功能，便于以后的修改和查看。

（4）程序的模块化，也就是说对于一些功能复杂的程序，除了 main() 函数，还要定义其他函数，以免 main() 函数中的程序烦琐，也便于其他函数调用某个功能模块。例如，一个程序既要实现整数的排序，又要实现比较大小，那么可以将排序的程序放在函数 A 中，将比较大小的程序放在函数 B 中，只需要在 main() 函数中调用这两个函数就可以。如果其他函数中的整数也要排序，只需调用排序函数 A 就可以，避免反复书写同样的程序。

（5）函数命名规范化。例如，某段程序专门实现排序，可以将这段程序放到一个自定义函数中，将这个函数命名为"order"。因为 order 有"排序"的意思，所以这样命名可以一目了然，通过函数名就可以知道该函数实现什么样的功能，便于理解。

1.6　实战练习

（1）在 Visual C++ 6.0 中编写 C 程序，在命令行中输出如下一行内容：

"Hello，World！"

（2）在 Turbo C 2.0 中编写 C 程序，在命令行中输出如下一行内容：

"Hello，World！"

第 2 章
C 语言的基本构成元素

本章导读

    要学好一门语言，首先需要了解这门语言的组成。比如说，C 程序的基本结构是什么样子的？C 程序由哪些符号组成？什么叫常量？什么叫变量？带着这些问题，我们一起来学习第 2 章。

本章课时：理论 2 学时

学习目标

    ▶ 简单例子

    ▶ 标识符和关键字

    ▶ 常量

    ▶ 变量

2.1　简单例子

【范例 2-1】计算圆的周长。

(1) 在 Visual C++ 6.0 中，新建名称为"计算圆周长 .c"的【Text File】文件。

(2) 在代码编辑区域输入以下代码（代码 2-1.txt）。

```
01  /* 内容：计算圆周长
02   目的：了解 C 语法 */
03  #include <stdio.h>        /* 包含标准输入输出头文件 */
04  #include <math.h>         /* 包含数学函数库头文件 */
05  #define PI 3.14 /* 定义常量 PI，它的值是 3.14*/
06  int main()        /* 主函数 */
07  {
08    int radius;        /* 整型变量，存储半径值 */
09    float circum;        /* 浮点型变量，存储周长值 */
10    radius = 2;        /* 半径赋值 */
11    circum = 2 * PI * radius;            /* 计算圆周长 */
12    printf(" 变量 radius 地址是 %p\n",&radius);        /* 输出变量 radius 存储地址 */
13    printf(" 半径开方值是 %f\n",sqrt(radius)); /* 输出变量 radius 的开方值 */
14    printf(" 半径是 %d,周长是 %f\n",radius,circum);   /* 输出变量 radius 值和 circum 值 */
15    return 0;        /* 返回值 */
16    }        /* 函数体结束 */
```

【运行结果】

编译、连接、运行程序，即可在命令行中输出如图 2-1 所示结果。

图 2-1

【范例分析】

这个范例的目的是让大家看到一个较复杂的 C 程序的组成。所谓复杂，只是多了些说明和代码。

2.1.1　头文件

一个 C 程序可以由若干个源程序文件组成，每一个源文件可以由若干个函数和预处理命令以及全局变量声明部分组成，每一个函数由函数首部和函数体组成。C 程序的结构如图 2-2 所示。

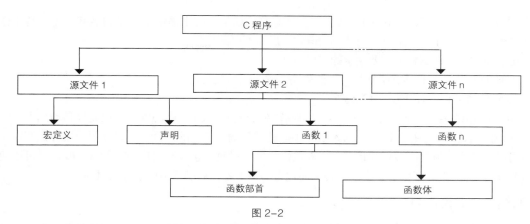

图 2-2

作为一名程序开发人员，不可能每次编写都从最底层开发。如在【范例 2-1】中，要输入一串字符到输出设备上，我们需要做的仅是调用 printf() 函数，至于"Hello C ！"是怎样显示的，我们并不关心。我们认识 printf() 函数，在编写程序时调用它，更需要让程序认识它，这样才能使用 printf() 函数提供的功能，这就需要使用 #include <stdio.h>，包含标准输入 / 输出头文件，这样程序就能够认识 printf() 函数，并执行其功能。

C 提供有丰富的函数集，我们称之为标准函数库。标准函数库包括 15 个头文件，借助这些函数可以完成不同的功能。

例如，【范例 2-1】中有 #include<math.h> 时，就可以使用该数学函数库头文件提供的如开平方函数 sqrt()，求出半径 radius 为 2 时的开平方值 1.414；又如，当程序包含头文件"malloc.h"时，就可以完成对内存的申请和释放等功能。

2.1.2　函数声明

标准 C 语言引入了新的更好的函数声明方法，即用函数原型指定函数更多的信息，通过函数原型可以将函数的名字和函数类型以及形式参数（形参）的个数、类型、顺序通知编译系统，以便在调用函数时系统可以对照检查。

函数声明由函数返回类型、函数名和形参列表组成。形参列表必须包括形参类型，但是不必对形参命名。这 3 个元素被称为函数原型，函数原型描述了函数的接口。定义函数的程序员提供函数原型，使用函数的程序员就只需要对函数原型编辑即可。

函数声明的一般形式为：

函数返回类型　函数名（参数类型 1，参数类型 2，……）；

函数声明包括函数的返回类型和函数名。来看下面的例子：

```
01  int fun(int a, int b);
02  void display();
03  float fn (float x);
```

其中，int、void 和 float 都是函数返回类型，也属于数据类型。fun、display 和 fn 是所调用的函数名。也就是说，fun() 函数返回的数据类型为整型 int；display() 函数返回的类型为 void 型，指函数无返回值；fn() 返回的数据类型为浮点型 float。

fun(int a, int b) 函数内部的 a 和 b 为形参，其参数类型都为 int 型。fn (float x) 函数内部参数 x

的类型为 float 型。函数声明中的形参名往往被忽略，如果声明中提供了形参的名字，也只是用作辅助文档。另外要注意，函数声明是一个语句，后面不可漏分号！

进一步对函数做解释，需要注意的有以下几点。

(1) 函数名称后面必须有圆括号，不能省略，这是函数的特征。

(2) 函数结束必须有分号，不能省略。

(3) 字符串结尾有 "\n" 之类的符号，它叫作转义符。"\n" 表示的含义是把光标移动到下一行的行首，也就是回车换行，因为我们无法直接通过键盘输入换行的指令，所以需要使用转义符；又比如输出内容后希望返回该行的行首，重新输出内容，键盘上也没有对应的功能键，我们就可以使用回车符转义符 "\r" 来代替。当然，转义还包含其他内容，后续章节中会详细讲述。

2.1.3 变量声明

在大多数语言中，在使用一个变量之前，要对这个变量进行声明，C 语言同样如此。那么，什么是变量的声明呢？有什么作用呢？变量的声明其实就是在程序运行前，告诉编译器程序使用的变量以及与这些变量相关的属性，包括变量的名称、类型和长度等。这样，在程序运行前，编译器就可以知道怎样给变量分配内存空间，可以优化程序。

变量声明语句的形式如下：

变量类型名 变量名

变量的声明包括变量类型名和变量名两个部分。来看下面的例子：

```
01  int num
02  double area
03  char ppt
```

其中，int、double 和 char 是变量类型名，num、area 和 ppt 是变量名。其实，变量类型名也是数据类型的一种，就是说变量 num 是 int 类型，area 是 double 类型，ppt 是 char 类型。

变量类型名是 C 语言自带的数据类型和用户自定义的数据类型。C 语言自带的数据类型包括整型、字符型、浮点型、枚举型和指针类型等。

变量名其实就是一个标识符，当然，标识符的命名规则在此处同样适用。除此之外，变量命名的时候还需要注意以下几点。

(1) 变量名区分大小写。例如，变量 Num 和 num 是两个不同的变量。

(2) 变量的命名建议与实际应用有关联。例如，num 一般表示数量，area 一般表示面积。

(3) 变量的命名必须在变量使用之前。

> 提示：如果变量没有经过声明而直接使用，则会出现编译器报错的现象。

下面用一个例子来验证声明必须在变量使用的前面。

【范例 2-2】验证未声明的标识符不可用。

(1) 在 Visual C++ 6.0 中，新建名称为 "undeclaredvar.c" 的【Text File】文件。

(2) 在代码编辑区域输入以下代码（代码 2-2.txt）。

```
01  #include<stdio.h>
```

```
02  int main()
03  {
04    printf("output undeclaredvar num=%d\n",num);
05    return 0;
06  }
```

【运行结果】

编译后显示出错，信息如下：

```
underclaredvar.c(4): error C2065: 'num' : undeclared identifier
```

【范例分析】

在此范例中，没有对标识符 num 进行声明就直接引用，编译器不知道 num 是什么，所以调试时编译器会报错。

【拓展训练】

在第 3 句和第 4 句之间插入语句：

```
04    int num=10;
```

或者：

```
04    int num;
05    num=10;
```

检验一下程序能否运行，是否还报错。

2.1.4 主函数

每个 C 程序必须有且只有一个主函数，也就是 main() 函数，它是程序的入口。main() 函数有时也作为一种驱动，按次序控制调用其他函数。C 程序是由函数构成的，这使得程序容易实现模块化；main() 函数后面的"()"不可省略，表示函数的参数列表；"{"和"}"是函数开始和结束的标志，不可省略。

图 2-3 所示是对主函数调用其他函数的说明。

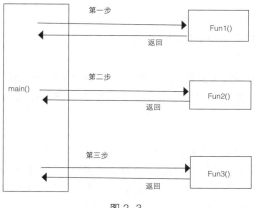

图 2-3

主函数 main() 在程序中可以放在任何位置，但是编译器都会首先找到它，并从它开始运行。它就像汽车的发动机，控制程序中各部分的执行次序。

图 2-4 所示是对主函数各部分名称的说明。

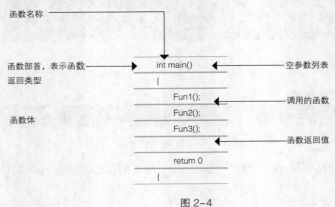

图 2-4

在前面的两个范例中，主函数 main() 的部首都是 int 类型，int 是英文单词 integer（整数）的缩写，表示返回给系统的数据类型是整型数据，返回值是 0，在 return 语句中体现了出来。

2.1.5 注释

读者可能已经注意到，很多语句后面跟有 "/*" 和 "*/" 符号，它们表示什么含义呢？

在前文已经说过，我们在编辑代码的过程中，希望加上一些说明的文字来表示代码的含义，这是很有必要的。

费了很大精力、绞尽脑汁编写的代码，如果没有写注释或者注释得不够清楚，一年后又要使用这段代码时，当年的思路全部记不得了，无奈之中，只得重新分析、重新理解。试问，因为当初一时的懒散造成了这样的结局，值得吗？又比如，一个小组共同开发程序，别人需要在该小组写的代码上进行二次开发，如果代码很复杂、没有注释，恐怕只能用 4 个字形容组员们此时的心情：欲哭无泪。所以，编写代码时建议书写注释，这样做有百利而无一弊。

注释的要求如下。

(1) 使用 "/*" 和 "*/" 表示注释的起止，注释内容写在这两个符号之间，注释表示对某语句的说明，不属于程序代码的范畴，比如【范例 2-1】和【范例 2-2】代码中 "/*" 和 "*/" 之间的内容。

(2) "/" 和 "*" 之间没有空格。

(3) 注释既可以注释单行，也可以注释多行。

(4) 注释不允许嵌套，嵌套会产生错误，比如：

/* 这样的注释 /* 特别 */ 有用 */

这段注释放在程序中不但起不到说明的作用，反而会使程序产生错觉，原因是 "这样" 前面的 "/*" 与 "特别" 后面的 "*/" 匹配，注释结束，而 "有用 */" 就被编译器认为是违反语法规则的代码。

2.1.6 代码的规矩

从书写代码清晰，便于阅读、理解、维护的角度出发，在书写程序时应遵循以下规则。

(1) 一个说明或一个语句占一行。我们把空格符、制表符、换行符等统称为空白符。除了字符串、函数名和关键字，C 忽略所有的空白符，在其他地方出现时，只起间隔作用，编译程序对它们忽略不计。因此在程序中使用空白符与否，对程序的编译不产生影响，但在程序中适当的地方使用空白符，可以增加程序的清晰性和可读性。

例如下面的代码：

```
int
main(
){
    printf("Hello C!\n"
);
}    /* 这样的写法也能运行，但是太乱，很不妥 */
```

(2) 用 "{" 和 "}" 括起来的部分，通常表示程序某一层次的结构。"{" 和 "}" 一般与该结构语句的第一个字母对齐，并单独占一行。

例如下面的代码：

```
int main()
{
printf("Hello C!\n");
return 0;}        /* 这样的写法也能运行，但是阅读起来比较费事 */
```

(3) 低一层次的语句通常比高一层次的语句留有一个缩进后再书写。一般来说，缩进指的是存在两个空格或者一个制表符的空白位置。

例如下面的代码：

```
int main()
{
  printf("Hello C!\n");
 {
   printf("Hello C!\n");
 }
    return 0;
}
```

(4) 在程序中书写注释，用于说明程序做了什么，同样可以增加程序的清晰性和可读性。

以上介绍的 4 点规则，大家在编程时应力求遵循，以养成良好的编程习惯。

2.2　标识符和关键字

在学习常量和变量之前，我们先来了解 C 语言中的标识符和关键字。

2.2.1　标识符

在 C 语言中，常量、变量、函数名称等都是标识符。可以将标识符看作一个代号，就像日常生活中物品的名称一样。

标识符的名称可以由用户来决定，但并不是想怎么命名就怎么命名，也需要遵循以下一些规则。

(1)标识符只能是由英文字母（A ~ Z，a ~ z）、数字（0 ~ 9）和下画线（_）组成的字符串，并且其第一个字符必须是字母或下画线。如：

```
int MAX_LENGTH;    /* 由字母和下画线组成 */
```

(2)不能使用 C 语言中保留的关键字。

(3)C 语言对英文字母大小写是敏感的，程序中不要出现仅靠大小写区分的标识符，如：

```
int x, X;       /* 变量 x 与 X 容易混淆 */
```

(4)标识符应当直观且可以拼读，让别人看了就能了解其用途。标识符可以采用英文单词或其组合，不要太复杂，且用词要准确，以便于记忆和阅读。切忌使用汉语拼音来命名。

(5)标识符的长度应当符合"min-length && max-information"（最短的长度表达最多的信息）原则。

(6)尽量避免名字中出现数字编号，如 Value1、Value2 等，除非逻辑上需要编号。这是为了防止程序员不肯为命名动脑筋，而导致产生无意义的名字。

2.2.2　关键字

关键字是 C 程序中的保留字，通常已有各自的用途（如函数名），不能用来作标识符。例如"int double;"就是错误的，会导致程序编译错误，因为 double 是关键字，不能用作变量名。

表 2-1 列出了 C 语言中的所有关键字。

表 2-1

auto	enum	restrict	unsigned
break	extern	return	void
case	float	short	volatile
char	for	signed	while
const	goto	sizeof	_Bool
continue	if	static	_Complex
default	inline	struct	_Imaginary
do	int	switch	
double	long	typedef	
else	register	union	

2.3　常量

其实我们已经使用过常量了，只是不知道，在前面的程序中输出过的"Hello World！"就是一个常量，是一个字符串常量。从这不难看出，常量的值在程序运行中是不能改变的。

2.3.1　什么是常量

在程序中，有些数据是不需要改变的，也是不能改变的，因此，我们把这些不能改变的固定值称为常量。到底常量是什么样的呢？下面来看几条语句。

```
int a=1;
char ss='a'
printf("Hello \n");
```

"1" "a" "Hello" 在程序执行中都是不能改变的，它们都是常量。

细心一些的读者可能会问：这些常量怎么看上去不一样呢？确实，就像布可以分为丝绸、棉布、麻布等各种类型一样，常量也是有种类之分的。

下面通过一个范例来认识不同类型的常量。

【范例 2-3】显示不同类型常量的值。

(1) 在 Visual C++ 6.0 中，新建名称为 "types.c" 的【Text File】文件。

(2) 在代码编辑区域输入以下代码（代码 2-3.txt）。

```
01   #include <stdio.h>
02   int main()          /* 程序的入口 */
03   {
04     printf("+125 \n");          /* 输出 +125 并换行 */
05     printf("-50 \n"); /* 输出 -50 并换行 */
06     printf("a \n");   /* 输出 a 并换行 */
07     printf("Hello \n");          /* 输出 Hello 并换行 */
08     return 0;          /* 程序无错误安全退出 */
09   }
```

【代码详解】

printf 的作用是输出双引号里的内容，\n 不显示，作用是换行。由于入口函数使用了 int main()，因此在程序结束的时候一定要有返回值，语句 "return 0;" 就是起到程序安全退出的作用。如果使用的是 "void main()" 语句，就可以省略返回语句。

【运行结果】

编译、连接、运行程序，即可在命令行中输出如图 2-5 所示的各个数值常量。

图 2-5

【范例分析】

本例中有 4 个常量，分别是数值 +125 和 –50、字符 "a" 和字符串 "Hello"。这些就是常量的不同类型的值。在这里，可以把常量分为数值常量、字符常量、字符串常量和符号常量等（后面会具体介绍）。

2.3.2 常量的声明

常量分为静态常量和动态常量。

静态常量声明的同时要设置常量值，首先它的类型必须属于值类型范围，且其值不能通过 new 来进行设置，不需要消耗内存。对于类对象而言，所有类的对象的常量值是一样的。

<访问修饰符> 数据类型 常量名称 = 常量值

动态常量声明的时候可以不设置常量值，可以在类的构造函数中进行设置。它没有类型限制，可以用它定义任何类型的常量，但要分配内存，保存常量实体。对于类对象而言，常量的值可以是不一样的。

常量有以下几个优点。

(1) 增加程序易读性。

(2) 提高程序对常量使用的一致性。

(3) 增强程序的易维护性。

2.3.3 数值常量

【范例 2-3】中的 +125 和 -50 都是数值常量，通常表示的是数字，就像数字可以分为整型、实型一样，数值常量也可以分为整型常量和实型常量。数字有正负之分，数值常量的值当然也有正负之分。在【范例 2-3】中，+125 带的是"+"，当然也可以不带，而 -50 前面的"-"则是必须带的。

【范例 2-4】在命令行中输出数值常量。

(1) 在 Visual C++ 6.0 中，新建名称为"numConstant.c"的【Text File】文件。

(2) 在代码编辑区域输入以下代码（代码 2-4.txt）。

```
01  #include <stdio.h>
02  int main()
03  {
04      printf("123\n"); /* 输出 123*/
05      printf("45.31\n");       /* 输出 45.31*/
06      printf("-78\n"); /* 输出 -78*/
07      printf("-12.8975\n");       /* 输出 -12.8975*/
08      return 0;
09  }
```

【运行结果】

编译、连接、运行程序，即可在命令行中输出如图 2-6 所示的各个数值常量。

图 2-6

【范例分析】

第 4 行输出一个正整数 123，第 5 行输出正实数 45.31，第 6 行输出负整数 −78，第 7 行输出负实数 −12.8975，这些都是数值常量。

> 注意：在数学中，数字的范围是无限的，但在 C 语言的世界里却不是这样，C 语言的数值都有一定的范围，超过了这个范围就会出现错误。

在 C 语言中，数值常量如果大到一定程度，程序就会出现错误，无法正常运行，这是为什么呢？

原来，C 程序中的量，包括我们现在学的常量，也包括在后面要学到的变量，在计算机中都要放在一个空间里，这个空间就是常说的内存。我们可以把内存想象成一个个规格定好了的盒子，这些盒子的大小是有限的，不能放无穷大的数据。那到底能放多大的数据呢？读者在学习数据类型后就会有所认识。这里只需记住，整数也好，小数也好，不是想放多大就能放多大的。不过也不用担心，我们能遇到的数，不管多大都能想办法放进程序中去，具体的办法读者慢慢就能学会。

2.3.4 字符常量

在 C 语言中，字符常量就是指单引号里的单个字符，如【范例 2-1】中的 'a'，这是一般情况。还有一种特殊情况，比如 '\n'、'\a'，像这样的字符常量就是通常所说的转义字符。这种字符以反斜杠(\)开头，后面跟一个字符或者一个八进制或十六进制数，表示的不是单引号里面的值，而是"转义"，即转化为具体的含义。

表 2-2 列出了 C 语言中常见的转义字符。

表 2-2

字符形式	含义
\x20	空字符
\n	换行符
\r	回车符
\t	水平制表符
\v	垂直制表符
\a	响铃
\b	退格符
\f	换页符
\'	单引号
\"	双引号
\\	反斜杠
\?	问号字符
\ddd	任意字符
\xhh	任意字符

> 注意：在 C 语言中，3 和 '3' 的含义是不一样的，一个是数值，可运算；一个是字符，一个符号而已。而 'a' 和 'A' 同样也是不一样的，字符区分大小写。

下面通过一个例子来比较字符常量的含义。

【范例 2-5】比较字符常量的含义。

（1）在 Visual C++ 6.0 中，新建名称为"compare.c"的【Text File】文件。

（2）在代码编辑区域输入以下代码（代码 2-5.txt）。

```
01   #include <stdio.h>
02   int main()
03   {
04      printf("a,A \n");/* 输出 a、A 并换行 */
05      printf("123\x20\'\x20\"\n");              /* 输出 123、空格、单引号、空格和双引号，最后换行 */
06      return 0;
07   }
```

【运行结果】

编译、连接、运行程序，即可在命令行中输出如图 2-7 所示的字符常量。

图 2-7

【范例分析】

本范例中不仅用到了数值常量（比如 123）和字符常量（比如 "a"、"A" 等），而且用到了转义字符（如 "\n"、"\'"、"\""、"\x20" 等）。第 4 行首先输出一个小写字母 "a"，然后又输出一个大写字母 "A"，接着输出一个转义字符 "\n"，相当于输出一个换行符。第 5 行先输出一个数值常量 123，接着输出一个转义字符 "\x20"，相当于输出 1 个空格，接着输出转义字符 "\'"，相当于输出 1 个单引号，接下来又输出空格、双引号，最后输出换行符。

2.3.5 字符串常量

在前面的 Hello 程序中，程序中输出的 "Hello" 就是字符串常量，用双引号括起来的形式显示，其值就是双引号里面的字符串。所以字符串常量可以定义为在一对双引号里的字符序列或转义字符序列，比如 ""、" "、"a"、"abc"、"abc\n" 等。

 提示：通常把 "" 称为空串，即一个不包含任意字符的字符串；而 " " 则称为空格串，是包含一个空格字符的字符串。两者不能等同。

比较 "a" 和 'a' 的不同。

（1）书写形式不同：字符串常量用双引号，字符常量用单引号。

（2）存储空间不同：在内存中，字符常量只占用一个存储空间，而字符串存储时必须有占用一个存储空间的结束标记 '\0'，所以 'a' 占用一个存储空间，"a" 占用两个存储空间。

（3）两者的操作功能也不相同。例如，可对字符常量进行加减运算，但不能对字符串常量进行。

2.3.6　符号常量

当某个常量引用起来比较复杂而又经常要被用到时，可以将该常量定义为符号常量，也就是分配一个符号给这个常量，在以后的引用中这个符号就代表了实际的常量。这种用一个指定的名字代表一个常量称为符号常量，即带名字的常量。

在 C 语言中，允许将程序中的常量定义为一个标识符，这个标识符称为符号常量。符号常量必须在使用前先定义，定义的格式为：

#define ＜符号常量名＞ ＜常量＞

其中，＜符号常量名＞通常使用大写字母表示，＜常量＞可以是数值常量，也可以是字符常量。

一般情况下，符号常量定义命令要放在主函数 main() 之前。如：

#define PI 3.14159

表示用符号 PI 代替 3.14159。在编译之前，系统会自动把所有的 PI 替换成 3.14159，也就是说编译运行时系统中只有 3.14159，而没有符号。

【范例 2-6】 使用符号常量计算圆的周长和面积。

(1) 在 Visual C++ 6.0 中，新建名称为 "signconstant.c" 的【Text File】源文件。

(2) 在代码编辑区域输入以下代码（代码 2-6.txt）。

```
01  #define PI 3.14159          /* 定义符号常量 PI 的值为 3.14159*/
02  #include <stdio.h>
03  int main()
04  {
05    float r;
06    printf(" 请输入圆的半径: ");       /* 提示输入圆的半径 */
07    scanf("%f",&r);/* 读取输入的值 */
08    printf(" 圆的周长为: %f\n",2*PI*r);          /* 计算圆的周长并输出 */
09    printf(" 圆的面积为: %f\n",PI*r*r);          /* 计算圆的面积并输出 */
10    return 0;
11  }
```

【运行结果】

编译、连接、运行程序，根据提示输入圆的半径 6，按【Enter】键，程序就会计算圆的周长和面积并输出，如图 2-8 所示。

图 2-8

【范例分析】

由于在程序前面定义了符号常量 PI 的值为 3.14159，所以经过系统预处理，程序在编译之前已经将"2*PI*r"变为"2*3.14159*r"，将"PI*r*r"变为"3.14159*r*r"，然后经过计算并输出。

代码第 1 行中的 #define 就是预处理命令。程序在编译之前，首先要对这些命令进行一番处理，在这里就是用真正的常量值取代符号。

有的人可能会问，那既然在编译时已经处理成常量，为什么还要定义符号常量呢？原因有两个。

(1) 易于输入，易于理解。在程序中输入 PI，我们可以清楚地与数学公式对应，且每次输入时相应的字符数少一些。

(2) 便于修改。此处如果要提高计算精度，如把 PI 的值改为 3.1415926，只需要修改预处理中的常量值，那么在程序中不管用多少次，都会自动地跟着修改。

> ⓘ 技巧：① 符号常量不同于变量，它的值在其作用域内不能改变，也不能被赋值。② 习惯上，符号常量名用大写英文标识符，而变量名用小写英文标识符，以示区别。③ 定义符号常量的目的是为了提高程序的可读性，便于程序的调试和修改。因此在定义符号常量名时，应尽量使其表达它所代表常量的含义。④ 对程序中用双引号括起来的字符串，即使与符号一样，预处理时也不做替换。

2.4 变量

我们把程序中不能改变的数据称为常量。相对地，能改变的数据就称为变量。

2.4.1 什么是变量

变量用于存储程序中可以改变的数据。其实变量就像一个存放东西的抽屉，知道了抽屉的名字（变量名），也就能找到抽屉的位置（变量的存储单元）以及抽屉里存放的东西（变量的值）等。当然，抽屉里存放的东西也是可以改变的，也就是说，变量的值也是可以变化的。

我们可以总结出变量的 4 个基本属性。

(1) 变量名：一个符合规则的标识符。

(2) 变量类型：C 语言中的数据类型或者是自定义的数据类型。

(3) 变量位置：数据的存储空间位置。

(4) 变量值：数据存储空间内存放的值。

程序编译时，会给每个变量分配存储空间和位置，程序读取数据的过程其实就是根据变量名查找内存中相应的存储空间并从其内取值的过程。

【范例 2-7】变量的简单输出。

(1) 在 Visual C++ 6.0 中，新建名称为"SimpleVar.c"的【Text File】文件。

(2) 在代码编辑区域输入以下代码（代码 2-7.txt）。

```
01  #include<stdio.h>
02  int main()
03  {
04     int i=10;        /* 定义一个变量 i 并赋初值 */
```

```
05      char ppt='a';                /* 定义一个 char 类型的变量 ppt 并赋初值 */
06      printf(" 第 1 次输出 i=%d\n",i);   /* 输出变量 i 的值 */
07      i=20; /* 给变量 i 赋值 */
08      printf(" 第 2 次输出 i=%d\n",i);   /* 输出变量 i 的值 */
09      printf(" 第 1 次输出 ppt=%c\n",ppt);     /* 输出变量 ppt 的值 */
10      ppt='b';           /* 给变量 ppt 赋值 */
11      printf(" 第 2 次输出 ppt=%c\n",ppt);     /* 输出变量 ppt 的值 */
12      return 0;
13      }
```

【运行结果】

编译、连接、运行程序，即可在命令行中输出如图 2-9 所示的结果。

图 2-9

【范例分析】

变量在使用前，必须先进行声明或定义。在这个程序中，变量 i 和 ppt 就是先进行了定义。而且变量 i 和 ppt 都进行了两次赋值，可见，变量在程序运行中值是可以改变的。第 5 行和第 7 行是给变量赋初值的两种方式，是变量的初始化。

2.4.2 变量的定义与声明

在 2.1.3 节已经详细讲解了变量的声明，那么变量的声明与变量的定义有什么区别呢？声明一个变量意味着向编译器描述变量的类型，但并不为变量分配存储空间。定义一个变量意味着在声明变量的同时还要为变量分配存储空间。在定义一个变量的同时还可以对变量进行初始化。来看下面的例子：

```
01   int main()
02   { int a;
03     int b=1; }
```

对于第 2 行代码，编译器不会做任何事，不会为变量 a 分配存储空间；到第 3 行，b=1 时，编译器会将变量 b 压入栈中为其分配内存地址，并且为它赋值。

2.4.3 什么是变量

既然变量的值可以在程序中随时改变，那么，变量必然可以多次赋值。我们把第 1 次的赋值行为称为变量的初始化。也可以这么说，变量的初始化是赋值的特殊形式。

下面来看一个赋值的例子：

```
int i;
double f;
char a;
i=10;
f=3.4;
a='b';
```

在这个语句中，第1~3行是变量的定义，第4~6行是对变量赋值。将10赋给了int类型的变量i，3.4赋给了double类型的变量f，字符b赋给了char类型的变量a。第4~6行使用的都是赋值表达式。

对变量赋值的主要方式是使用赋值表达式，其形式如下：

变量名 = 值；

那么，变量的初始化语句的形式为：

变量类型名 变量名 = 初始值；

例如：

```
int i=10;
int j=i;
double f=3.4+4.3;
char a='b';
```

其中，我们对变量类型名和变量名已经比较了解，那么就来看一下"="和初始值。

"="为赋值操作符，其作用是将赋值操作符右边的值赋给操作符左边的变量。赋值操作符左边是变量，右边是初始值。其中，初始值可以是一个常量，如第1行的10和第4行的字符b；也可以是一个变量，如第2行的i，意义是将变量i的值赋给变量j；还可以是一个其他表达式的值，如第3行的3.4+4.3。那么，变量i的值是10，变量j的值也是10，变量f的值是7.7，变量a的值是字符b。

赋值语句不仅可以给一个变量赋值，而且可以给多个变量赋值，形式如下：

类型变量名 1= 初始值，变量名 2= 初始值，……；

例如：

```
int i=10,j=20,k=30;
```

上面的代码分别为变量i赋值10，为变量j赋值20，为变量k赋值30，相当于语句：

```
int i,j,k;
i=10;
j=20;
k=30;
```

> 注意：只有变量的数据类型名相同时，才可以在一个语句里进行初始化。

那么下面的语句相同吗？

```
int i=10,j=10,k=10;
int i,j,k; i=j=k=10;
int i,j,k=10;
```

这几条语句看上去类似，但是却不同。第1行的作用和第2行相同，都是定义 i、j、k 这3个变量，并对它们初始化。但是第3行的功能则不同，它同样定义了 i、j、k 这3个变量，但只给 k 赋了初值 10。

2.5　本章小结

(1) C 程序由函数和其他内容（如头文件）组成。

(2) C 程序有且只有一个主函数，C 程序都是从主函数开始执行的。

(3) 标识符不能和关键字同名。

(4) 常量就是值不能被改变的量。

(5) 变量的值在程序运行过程中可能发生变化。

(6) 变量必须先定义后使用，并且变量定义需要写在所有代码之前。

2.6　疑难解答

问：在使用函数的时候，我们需要注意一些什么问题呢？

答：(1) 函数声明可以省略形参名，但是函数定义的首部必须写出所有形参名并给出其对应的数据类型。

(2) 函数原型的主要目的是为了声明函数返回值类型，以及函数期望接受的参数的个数、参数类型和参数顺序。

(3) 如果程序中没有某个函数的函数原型（没有说明），编译系统就会用第一次出现的这个函数（函数定义或函数调用）构造函数原型。

(4) 在默认下，编译系统默认函数返回值为 int。

在编写函数时的常见错误：当调用的函数与函数原型不相匹配时，程序会提示语法错误，并且当函数原型和函数定义不一致时，也会产生错误。

问：变量的声明和变量的定义有什么不同？

答：(1) 形式不同：定义比声明多了一个分号，就是一个完整的语句。

(2) 作用的时间不同：声明是在程序的编译期起作用；而定义是在程序的编译期起声明作用，在程序的运行期为变量分配内存。

问：为什么变量要初始化？如果没有初始化，会影响变量的使用吗？

答：变量的定义是让内存给变量分配内存空间，在分配好内存空间、程序没有运行前，变量会

分配一个不可知的混乱值，如果程序中没有对其进行赋值就使用，势必引起不可预期的结果。所以，使用变量前务必对变量进行初始化。

2.7　实战练习

(1) 输入两个整数 a 和 b，然后再输出这两个数。

(2) 输入两个数，求两个数的和 sum 以及平均数 avg(float 类型)。

提示：

求和的公式是 sum=a+b;

求平均数的公式是 avg=sum/2。

(3) 参照本章范例，编写一个 C 程序，输出以下信息：

****

Very Good!

****

(4) 输入一个字符，判定它是什么类型的字符（大写字母、小写字母、数字或者其他字符）。

(5) 编一个程序，设圆柱的半径 r=1.2，高 h=1.5，定义圆周率常量 Pi=3.1415，求出圆柱的体积。

(6) 编一个程序，设圆柱的半径 r=1.5，高 h=3.6，圆周率 3.1415 定义为常量，求出圆柱截面的周长、面积以及圆柱的体积。然后用 Console.WriteLine 方法输出计算结果，输出时要求有文字说明，取小数点后 2 位数字。例如，圆柱截面周长 =×××.××。

(7) 编一个程序，输入一个字符。如果输入的字符是大写字母，则转换为小写字母；如果输入的字符是小写字母，则转换为大写字母；否则不转换。

(8) 给出两个数，输出较大的那个数。

(9) 使用外部变量求圆的面积。

(10) 运用强制类型转换将浮点型数据转换成整型数据。

(11) 输入 4 个数，要求按从小到大的顺序输出。

(12) 要将 'China' 译成密码，译码规律是：用原来字母后面的第 4 个字母代替原来的字母。例如，字母 'A' 后面第 4 个字母是 'E'，'E' 代替 'A'。用赋初值的方法使 c1、c2、c3、c4、c5 这 5 个变量的值分别为 'C'、'h'、'i'、'n'、'a'，经过运算，使 c1、c2、c3、c4、c5 分别变为 'G'、'l'、'm'、'r'、'e'，并输出。

(13) 输出 1~5 的阶乘值。

第 3 章

计算机如何识数——数制

本章导读

    计算机只能识别二进制，那么什么是二进制呢？除了二进制还有什么进制吗？各种进制之间是如何运算的呢？这是我们这一章需要解决的问题。

本章课时：理论 1 学时

学习目标

▶ 二进制

▶ 八进制

▶ 十进制

▶ 十六进制

▶ 数制间的转换

▶ 综合应用——数制转换

数据在计算机里是以二进制形式表示的，在实际程序中，许多系统程序需要直接对二进制位的数据进行操作，还有不少硬件设备与计算机通信都是通过一组二进制数控制和反映硬件状态的。在表示一个数时，二进制形式位数多，八进制和十六进制比二进制书写方便些，它们都是计算机中计算常用的数制。

3.1　二进制

二进制是逢二进一的数制，目前的计算机全部采用二进制系统。0和1是二进制数字符号，运算规则简单，操作方便，因为每一位数都可以用任何具有两个稳定状态的元件表示，所以二进制易于用电子方式实现。

1. 二进制运算规则

加法：$0 + 0 = 0$，$0 + 1 = 1$，$1 + 0 = 1$，$1 + 1 = 10$
减法：$0 - 0 = 0$，$1 - 0 = 1$，$1 - 1 = 0$，$10 - 1 = 1$
乘法：$0 \times 0 = 0$，$0 \times 1 = 0$，$1 \times 0 = 0$，$1 \times 1 = 1$
除法：$0 \div 1 = 0$，$1 \div 1 = 1$
例如，$(1100)_2 + (0111)_2$ 的计算如下：

$$
\begin{array}{r}
1100 \\
+\ 0111 \\
\hline
10011
\end{array}
$$

2. 二进制转换为十进制

十进制是逢十进一，由数字符号0、1、2、3、4、5、6、7、8、9组成，可以如下分析十进制数：
$(1234)_{10} = 1 \times 10^3 + 2 \times 10^2 + 3 \times 10^1 + 4 \times 10^0 = 1000 + 200 + 30 + 4 = (1234)_{10}$
可采用同样的方式将二进制转换为十进制。
$(1101)_2 = 1 \times 2^3 + 1 \times 2^2 + 0 \times 2^1 + 1 \times 2^0 = 8 + 4 + 0 + 1 = (13)_{10}$
$(10.01)_2 = 1 \times 2^1 + 0 \times 2^0 + 0 \times 2^{-1} + 1 \times 2^{-2} = 2 + 0 + 0 + 0.25 = (2.25)_{10}$

3. 十进制转换为二进制

(1) 十进制整数转换为二进制：方法是除以2取余，逆序排列，以 $(89)_{10}$ 为例的转换步骤，如下。

$$
\begin{array}{ll}
89 \div 2 & \text{余 } 1 \\
44 \div 2 & \text{余 } 0 \\
22 \div 2 & \text{余 } 0 \\
11 \div 2 & \text{余 } 1 \\
5 \div 2 & \text{余 } 1 \\
2 \div 2 & \text{余 } 0 \\
1 \div 2 & \text{余 } 1
\end{array}
$$

$$(89)_{10} = (1011001)_2$$
$$(5)_{10} = (101)_2$$
$$(2)_{10} = (10)_2$$

(2) 十进制小数转换为二进制：方法是乘以2取整，顺序排列，以 $(0.625)_{10}$ 为例的转换步骤如下。

$$
\begin{array}{ll}
0.625 \times 2 = 1.25 & \text{取整 } 1 \\
0.25 \times 2 = 0.5 & \text{取整 } 0 \\
0.5 \times 2 = 1 & \text{取整 } 1
\end{array}
$$

$$(0.625)_{10} = (0.101)_2$$
$$(0.25)_{10} = (0.01)_2$$
$$(0.5)_{10} = (0.1)_2$$

3.2　八进制

八进制是逢八进一的数制，由 0~7 共 8 个数字组成。八进制比二进制书写方便，也常用于计算机计算。需要注意的是，在 C 语言中，八进制数以数字 0 开头，比如 04、017 等。

1. 八进制转换为十进制

与二进制转换为十进制的原理相同，如 $(64)_8 = 6 \times 8^1 + 4 \times 8^0 = 48 + 4 = (52)_{10}$。

2. 二进制转换为八进制

整数部分从最低有效位开始，以 3 位二进制数为一组，最高有效位不足 3 位时以 0 补齐，每一组均可转换成一个八进制的值，转换结果就是八进制的整数。小数部分从最高有效位开始，以 3 位为一组，最低有效位不足 3 位时以 0 补齐，每一组均可转换成一个八进制的值，转换结果就是八进制的小数。例如，$(11001111.01111)_2 = (011\ 001\ 111.011\ 110)_2 = (317.36)_8$。

3.3　十进制

十进制是组成以 10 为基础的数制系统，由 0、1、2、3、4、5、6、7、8、9 共 10 个基本数字组成。十进位位值制记数法包括十进位和位值制两条原则："十进"即满十进一；"位值"则是同一个数位在不同的位置上所表示的数值也就不同，如三位数"123"，右边的"3"在个位上表示 3 个一，中间的"2"在十位上就表示 2 个十，左边的"1"在百位上则表示 1 个百。这样，就使极为困难的整数表示和演算变得简便易行，以至于人们往往忽略它对数学发展所起的关键作用。

把二进制数转换成十进制数很容易，只要把数按权展开，再把各项相加即可。十进制数转换成二进制数的方法如下。

(1) 十进制整数转换为二进制整数——除 2 取余法。

例如，把十进制数 13 转换成二进制数的过程如下。

$$13 \div 2，商 6 余 1，余数应为第 1 位上的数字$$
$$6 \div 2，商 3 余 0，第 2 位上应为 0$$
$$3 \div 2，商 1 余 1，第 3 位上应为 1$$
$$1 \div 2，商 0 余 1，第 4 位上应为 1$$

这时，从下往上读出余数就是相应的二进制整数，即 $(13)_{10}=(1101)_2$。

(2) 十进制小数转换为二进制小数——乘 2 取整法。

例如，把十进制数 0.6875 转换成二进制数过程如下。

$$0.6875 \times 2 = 1.3750 \rightarrow 整数位为 1$$
$$0.3750 \times 2 = 0.7500 \rightarrow 整数位为 0$$
$$0.7500 \times 2 = 1.5000 \rightarrow 整数位为 1$$
$$0.5000 \times 2 = 1.0000 \rightarrow 整数位为 1$$

这时，只要从上往下读出整数部分，就是相应的二进制数，即 $(0.6875)_{10}=(0.1011)_2$。

如果一个数既有整数又有小数，可以分别转换后再合并。

3.4　十六进制

十六进制就是逢十六进一的数制，由 0~9 和 A~F 共 16 个数字组成 (A 代表 10，F 代表 15)，也常用于计算机计算。在 C 语言中，十六进制数以数字 0x 开头，比如 0x1A、0xFF 等。

1. 十六进制转换为十进制

和二进制转换为十进制的原理相同，例如：

$(2FA)_{16} = 2 \times 16^2 + F \times 16^1 + A \times 16^0 = 512 + 240 + 10 = (762)_{10}$

2. 二进制转换为十六进制

与二进制转换为八进制相似，这里是以 4 位为一组，每一组转换为一个十六进制的值。例如：

$(11001111.01111)_2 = (1100\ 1111.0111\ 1000)_2 = (CF.78)_{16}$

3.5　数制间的转换

了解了二进制、八进制和十六进制的原理及转换方法后，下面通过程序进行实际操作，根据运行结果分析原因。

前面已经接触过标准输出函数 printf()，在这里就使用 printf() 函数输出转换的结果。printf() 函数的格式控制参数如表 3-1 所示。

表 3-1

格式控制参数	描述
%d	十进制有符号整数
%u	十进制无符号整数
%f	十进制浮点数
%o	八进制数
%x	十六进制数

【范例 3-1】分别使用十进制、八进制和十六进制输出已知数值。

⑴ 在 Visual C++ 6.0 中，新建名称为"进制转换 .c"的【Text File】文件。
⑵ 在代码编辑区域输入以下代码（代码 3-1.txt）。

```
01  #include <stdio.h>
02  int main()
03  {
04    unsigned int x=12;
05    unsigned int y=012;     /* 八进制 0 开头 */
06    unsigned int z=0x12;    /* 十六进制 0x 开头 */
07    printf(" 十进制 %u 转换为 八进制 %o 十六进制 %x\n",x,x,x);        /*%u 表示无符号十进制数 */
08    printf(" 八进制 %o 转换为 十进制 %u 十六进制 %x\n",y,y,y);        /*%o 表示无符号八进制数 */
09    printf(" 十六进制 %x 转换为 八进制 %o 十进制 %u\n",z,z,z);        /*%x 表示无符号十六进制数 */
10    return 0;
11  }
```

【运行结果】

编译、连接、运行程序，即可在命令行中输出如图3-1所示结果。

图 3-1

【范例分析】

根据3种进制的转换关系，通过二进制这样一个媒介，可以得出下面的结论。

$$(12)_{10} = (1100)_2 = (14)_8 = (C)_{16}$$
$$(12)_8 = (1010)_2 = (A)_{16} = (10)_{10}$$
$$(12)_{16} = (10010)_2 = (22)_8 = (18)_{10}$$

3.6 综合应用——数制转换

1. $(53)_{10}=(?)_8$

解：

```
2 | 53          余数
2 | 26    ——    1        LSB
2 | 13    ——    0         ↑
2 | 6     ——    1         |
2 | 3     ——    0         |
2 | 1     ——    1         |
    0     ——    1        MSB
```

箭头表示由高位到低位的方向，所以 $(53)_{10}=(110101)_2$。同理，若将十进制数转换成八进制数，由于基数为8，所以依次除以8取余数即可得 $(53)_{10}=(65)_8$。

2. $(0.375)_{10}=(?)_2$

解：

```
        0.375
    ×     2
    ─────────────
     (0).750        b_{-1}=0
    ×     2
    ─────────────
     (1).500        b_{-2}=1
    ×     2
    ─────────────
     (1).000        b_{-3}=1
```

所以 $(0.375)_{10}=(0.011)_2$。

3.7 本章小结

(1) 二进制由0、1两个数字组成，当某一位上达到2时，需要向前进位。

(2) 八进制由0、1、2、3、4、5、6、7共8个数字组成，当某一位上达到8时，需要向前进位。

(3) 十进制由0、1、2、3、4、5、6、7、8、9共10个数字组成，当某一位上达到10时，需要向前进位。

(4) 十六进制由0、1、2、3、4、5、6、7、8、9、A、B、C、D、E、F共16个数字组成，当某一位上达到16时，需要向前进位。

(5) 将 R 进制数转换为十进制数可采用多项式替代法，即将 R 进制数按权展开，再在十进制的数制系统内进行计算，所得结果就是该 R 进制数的十进制数形式。

(6) 将十进制数转换成 R 进制数可采用基数除乘法，即整数部分的转换采用基数除法，小数部分的转换采用基数乘法，然后再将转换结果合并起来。

3.8　疑难解答

问：十进制整数如何转换成二进制数？

答：整数转换，采用基数除法。

设有一个十进制整数 $(N)_{10}$，将它表示成二进制的形式：

$$(N)_{10} = b_{n-1}2^{n-1} + b_{n-2}2^{n-2} + \cdots + b_1 2^1 + b_0 2^0$$

将 2 从前 $n-1$ 项括出，相当于除以 2，得

$$(N)_{10} = 2(b_{n-1}2^{n-2} + b_{n-2}2^{n-3} + \cdots + b_1) + b_0 = 2A_1 + b_0$$

式中，A_1 为除以 2 后所得的商，b_0 为余数。可见余数 b_0 就是二进制数的最低位。把商 A_1 再除以 2 得到余数 b_1，为二进制数的第二位，如此连续除以 2 得：

$$A_1 = 2A_2 + b_1$$
$$A_2 = 2A_3 + b_2$$
$$\vdots$$
$$A_i = 2A_{i+1} + b_i$$

一直进行到商为 0、余数为 b_{n-1} 为止。

问：十进制小数如何转换成二进制数？

答：小数转换，采用基数乘法。

设有一个十进制小数 $(N)_{10}$，将它表示成二进制的形式：

$$(N)_{10} = b_{-1}2^{-1} + b_{-2}2^{-2} + \cdots + b_{-m}2^{-m}$$

上式两边乘以 2，得

$$2(N)_{10} = b_{-1} + (b_{-2}2^{-1} + \cdots + b_{-m}2^{-m+1})$$

b_{-1} 为 0 或 1，而括号中的数值则小于 1。连续乘以 2，可以得到 b_{-1}，b_{-2}，$\cdots$，b_{-m}，直至最后乘积为 0 或达到一定的精度为止。

3.9　实战练习

(1) $(11010.11)_2 = (?)_{10}$

(2) $(137.504)_8 = (?)_{10}$

(3) $(12AF.B4)_{16} = (?)_{10}$

第 4 章
数据类型

本章导读

　　在日常生活中，描述不同的对象需要使用不同的数据类型。比如描述有多少个人应该使用整数，35 人不能描述成 35.2 人。数据类型越丰富，处理数据能力就越强。这一章，我们就来学习 C 语言中的数据类型。

本章课时：理论 2 学时 + 实践 2 学时

学习目标

▶ 数据类型的分类

▶ 整型

▶ 字符型

▶ 浮点型

▶ 类型转换

▶ 综合应用——类型转换

4.1 数据类型的分类

所谓数据类型，是按被说明量的性质、表示形式、占据存储空间的大小、构造特点来划分的。在 C 语言中，数据类型可分为基本数据类型、构造数据类型、指针数据类型、空类型 4 大类。

4.1.1 基本数据类型

C 语言中常用的数据类型有整型、浮点型、字符型、无值型，如图 4-1 所示。

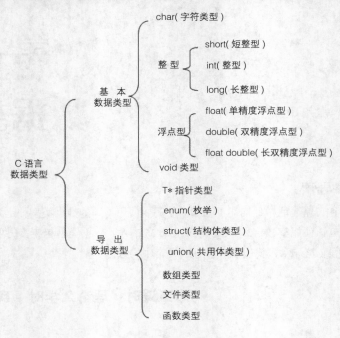

图 4-1

4.1.2 构造数据类型

构造数据类型是根据已定义的一个或多个数据类型用构造的方法来定义的。也就是说，一个构造类型的值可以分解成若干个"成员"或"元素"。每个"成员"都是一个基本数据类型或一个构造类型。在 C 语言中，构造类型有数组类型、结构类型、共用体类型等类型。

前面已介绍了基本类型（即整型、实型、字符型等）的变量，还介绍了构造类型——数组，而数组中的元素是属于同一类型的。

但在实际应用中，有时需要将一些有相互联系但类型不同的数据组合成一个有机的整体，以便于引用。如学生学籍档案中的学号、姓名、性别、年龄、成绩、地址等数据，对每个学生来说，除了各项的值不同外，表示形式是一样的。

这种多项组合又有内在联系的数据称为结构体（structure）。它是可以由用户自己定义的。

4.1.3 指针数据类型

指针是一种既特殊同时又具有重要作用的数据类型，其值用来表示某个量在内存储器中的地址。

虽然指针变量的取值类似于整型量，但这是两个类型完全不同的量，因此不能混为一谈。

4.1.4 空类型

空类型在调用函数值时，通常应向调用者返回一个函数值。这个返回的函数值是具有一定数据类型的，应在函数定义及函数说明中给以说明。例如，max() 函数定义中，函数头为 int max(int a,int b)，其中，"int" 类型说明符表示该函数的返回值为整型量；又如库函数 sin()，如果系统规定其函数返回值为双精度浮点型，那么在赋值语句 s=sin (x); 中，s 也必须是双精度浮点型，以便与 sin() 函数的返回值一致；所以在说明部分，把 s 说明为双精度浮点型。但是，也有一类函数，调用后并不需要向调用者返回函数值，这种函数可以定义为"空类型"，其类型说明符为 void。

4.2 整型

整型数据的英文单词是 Integer，比如 0、-12、255、1、32767 等都是整型数据。整型数据是不允许出现小数点和其他特殊符号的，如图 4-2 所示。

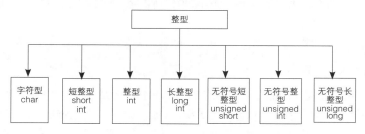

图 4-2

从图中可以看出整型数据共分为 7 类，分别是字符型、短整型、整型、长整型、无符号短整型、无符号整型和无符号长整型。其中，短整型、整型和长整型是有符号数据类型。

1. 取值范围

我们知道，计算机内部的数据都是以二进制形式存储的，把每一个二进制数称为 1 位 (bit)，位是计算机里最小的存储单元，又把一组 8 个二进制数称为 1 字节 (byte)，不同的数据有不同的字节要求。通常来说，整型数据长度的规定是为了程序的执行效率，所以 int 类型可以得到最大的执行速度。以在 Microsoft Visual C++ 4.0 中数据类型所占存储单位为基准，可以建立如表 4-1 所示的整型数据表。

表 4-1

类型	说明	字节	范围
整型	int	4	-2147483648~2147483647
短整型	short (int)	2	-32768~32767
长整型	long (int)	4	-2147483648~2147483647
无符号整型	unsigned (int)	4	0~4294967295
无符号短整型	unsigned short (int)	2	0~65535
无符号长整型	unsigned long (int)	4	0~4294967295
字符型	char	1	0~255

在使用不同的数据类型时，需要注意的是不要让数据超出范围，也就是常说的数据溢出。

2. 有符号数和无符号数

int 类型在内存中占用了 4 字节，也就是 32 位。因为 int 类型是有符号的，所以这 32 位并不是全部用来存储数据的，而是使用其中的 1 位来存储符号，使用其他的 31 位来存储数值。为了简单起见，下面用 1 字节 8 位来说明。

对于有符号整数，以最高位（左边第 1 位）作为符号位，最高位是 0，表示的数据是正数；最高位是 1，表示的数据是负数。

整数 10 二进制形式：	0	0	0	0	1	0	1	0
整数 −10 二进制形式：	1	1	1	1	0	1	1	0

对于无符号整数，因为表述的都是非负数，因此 1 字节中的 8 位全部用来存储数据，不再设置符号位。

整数 10 二进制形式：	0	0	0	0	1	0	1	0
整数 138 二进制形式：	1	0	0	0	1	0	1	0

3. 类型间转换

不同类型的整型数据所占的字节数不同，在相互转换时就需要格外留心，不要将过大的数据放在过小的数据类型中。在把所占字节较大的数据赋值给所占字节较小的数据时，应防止出现以下情况。

例如：

```
int a = 2147483648;
printf("%d",a);
```

这样赋值后，输出变量 a 的值并非预期的 2147483648，而是 −2147483648，原因是 2147483648 超出了 int 类型能够装载的最大值，数据产生了溢出。但是换成如下的输出格式控制符：

```
printf("%u",a);
```

输出的结果就是变量 a 的值，原因是 %u 是按照无符号整型输出的数据，而无符号整型的数据范围上限大于 2147483648 这个值。

例如：

```
unsigned short a = 256;
char b = a;
printf("%d",b);
```

这样赋值后，输出变量 b 的值并非预期的 256，而是 0，原因是 256 超出了 char 类型能够装载的最大值，b 只截取了 a 的低 8 位的数据。

变量 a：

0	0	0	0	0	0	0	1	0	0	0	0	0	0	0	0

变量 b：

高 8 位被截掉！								0	0	0	0	0	0	0	0

当把所占字节较小的数据赋值给所占字节较大的数据时，可能出现以下两种情况。

第一种情况，当字节较大数是无符号数时，转换后新扩充的位被填充成 0。

例如：

```
char b = 10;
```

```
unsigned short a = b;
printf("%u",a);
```

这样赋值后，变量 a 中输出的值是 10，原因如下。

变量 b：

空的!	0	0	0	0	1	0	1	0

变量 a：

0	0	0	0	0	0	0	0	0	0	0	0	1	0	1	0

第二种情况，当字节较大数是有符号数时，转换后新扩充的位被填充成符号位。

例如：

```
char b = 255;
short a = b;
printf("%d",a);
```

这样赋值后，变量 a 输出的值是 –1，变量 a 扩充的高 8 位根据变量 b 的最高位 1 都被填充成了 1，所以数值由正数变成了负数，因为变量 a 的最高位符号位是 1。至于为什么 16 个 1 表示的是 –1，涉及二进制数的原码和补码问题，这里我们先不深究。转换图示如下。

变量 b：

空的!	1	1	1	1	1	1	1	1

变量 a：

1	1	1	1	1	1	1	1	1	1	1	1	1	1	1	1

4.3 字符型

字符型是整型数据中的一种，它存储的是单个的字符，存储方式是按照 ASCII 码（American Standard Code for Information Interchange，美国信息交换标准码）的编码方式，每个字符占 1 字节、8 位。

> 提示：ASCII 虽然用 8 位二进制编码表示字符，但是其有效位为 7 位。

字符使用单引号 "''" 引起来，以与变量和其他数据类型相区别，比如 'A'、'5'、'm'、'$'、';' 等。

又比如有 5 个字符 'H'、'e'、'l'、'l'、'o'，它们在内存中存储的形式如下所示。

01001000	01100101	01101100	01101100	01101111
H	e	l	l	o

字符型的输出既可以使用字符的形式输出，即采用 '%c' 格式控制符，还可以使用其他整数输出方式。比如：

```
char c = 'A';
printf("%c,%u",c,c);
```

输出结果是 A,65 。

此处的 65 是字符 'A' 的 ASCII 码。

【范例 4-1】字符和整数的相互转换输出。

(1) 在 Visual C++ 4.0 中，新建名称为 "字符整数转换 .c" 的【Text File】文件。

(2) 在代码编辑区域输入以下代码（代码 4-1.txt）。

```
01   #include <stdio.h>
02   int main()
03   {
04      char c='a';         /* 字符变量 c 初始化 */
05      unsigned i=97;          /* 无符号变量 i 初始化 */
06      printf("%c,%c\n",c,c);   /* 以字符和整型输出 c*/
07      printf("%u,%u\n",i,i);     /* 以字符和整型输出 i*/
08      return 0;
09   }
```

【运行结果】

编译、连接、运行程序，即可在命令行中输出如图 4-3 所示结果。

图 4-3

【范例分析】

因为字符是以 ACSII 码形式存储的，所以字符 a 和整数 97 是可以相互转换的。

⊘ 提示：字符 'a' 的 ASCII 值为 97。

在字符的家族中，控制符是无法通过正常的字符形式表示的，比如常用的回车、换行、退格等，而需要使用特殊的字符形式来表示，这种特殊字符称为转义符，如表 4-2 所示。

表 4-2

转义符	说明	ASCII 码
\n	换行，移动到下一行首	00001010
\t	水平制表键，移动到下一个制表符位置	00001001
\b	退格，向前退一格	00001000
\r	回车，移动到当前行行首	00001101
\a	报警	00000111
\?	输出问号	00111111
\'	输出单引号	00100111
\"	输出双引号	00100010
\ooo	八进制方式输出字符，o 表示八进制数	空
\xhhh	十六进制方式输出字符，h 表示十六进制数	空
\0	空字符	000000

【范例 4-2】输出字符串，分析转义符的作用。

(1) 在 Visual C++ 4.0 中，新建名称为"转义符 .c"的【Text File】文件。

(2) 在代码编辑区域输入以下代码（代码 4-2.txt）。

```
01  #include <stdio.h>
02  int main()
03  {
04    printf("12345678901234567890\n");        /* 参考数据 */
05    printf("abc\tdef\n");        /* 转移符使用 */
06    printf("abc\tde\bf\n");
07    printf("abc\tde\b\rf\n");
08    printf("abc\"def\"ghi\?\n");
09    printf(" 整数 98\n");        /* 转移符数制 */
10    printf(" 八进制表达整数 98 是 \142\n");
11    printf(" 十六进制表达整数 98 是 \x62\n");
12    return 0;
13  }
```

【运行结果】

编译、连接、运行程序，即可在命令行中输出如图 4-4 所示结果。

图 4-4

【范例分析】

"abc\tdef\n"输出字符 c 后，水平跳一个制表符位置，下一个字符 d 从第 9 位开始，在输出字符 f 后，输出换行转义符，移动到下一行行首。

"abc\tde\bf\n"在输出字符 e 后，后退一格，下一个字符 f 就覆盖了先输出的字符 e。

"abc\tde\b\rf\n"在输出 e 后先向后退一格，又退回到当前行的行首，字符 f 覆盖了先输出的字符 a。

如果在字符串中直接键入 98，则输出就是 98；如果改成转义符的形式，就可以看到 ASCII 码为 98 所对应的字符 b。

4.4 浮点型

C 语言中除了整型外的另外一种数据类型就是浮点型，浮点型可以表示有小数部分的数据。浮点型包含3种数据类型，分别是单精度的float类型、双精度的double类型和长双精度long double类型，如图 4-5 所示。

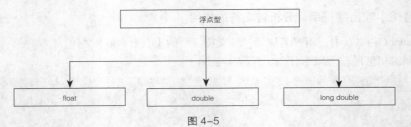

图 4-5

浮点型数据的位数、有效数字和取值范围如表 4-3 所示。

表 4-3

类型	位数	有效数字	取值范围
float	32	6~7	–1.4e–45~3.4e38
double	64	15~16	–4.9e–324~1.8e308
long double	128	18~19	—

浮点数有效数字是有限制的，所以在运算时需要注意，比如不要对两个差别非常大的数值进行求和运算，因为取和后，较小的数据对求和的结果没有什么影响。例如：

```
float f = 123456789.00 + 0.01;
```

当参与运算的表达式中存在 double 类型，或者说，参与运算的表达式不是完全由整型组成的时候，在没有明确的类型转换标识的情况下，表达式的数据类型就是 double 类型。例如：

```
1 + 1.5 + 1.23456789        /* 表达式运算结果是 double 类型 */
1 + 1.5        /* 表达式运算结果是 double 类型 */
1 + 2.0        /* 表达式运算结果是 double 类型 */
1 + 2          /* 表达式运算结果是 int 类型 */
```

对于例子当中的 1.5，编译器也默认它为双精度的 double 类型参与运算，精度高且占据存储空间大。如果只希望以单精度的 float 类型运行，在常量后面添加字符"f"或"F"都可以，比如 1.5F、2.38F。同样，如果希望数据是以精度更高的 long double 类型参与表达式运算，在常量后面添加字符"l"或者"L"都可以，比如 1.51245L、2.38000L。建议使用大写的"L"，因为小写的"l"容易和数字 1 混淆。

下面举几个运算表达式的例子。

```
int i,j;
float m;
double x;
i + j/* 表达式运算结果是 int 类型 */
i + m          /* 表达式运算结果是 float 类型 */
i + m +x       /* 表达式运算结果是 double 类型 */
```

浮点型数据在计算机内存中的存储方式与整型数据不同，浮点型数据是按照指数形式存储的。系统把一个浮点型数据分成小数部分和指数部分，分别存放。指数部分采用规范化的指数形式。根据浮点型表现形式的不同，我们还可以把浮点型分为小数形式和指数形式两种，如图 4-6 所示。

图 4-6

指数形式如下所示（"e"或"E"都可以）。

```
2.0e3      表示 2000.0
1.23e-2    表示 0.0123
.123e2     表示 12.3
1. e-3     表示 0.001
```

对于指数形式，有以下两点要求。

(1) 字母 e 前面必须有数字。

(2) 字母 e 的后面必须是整数。

在 Microsoft Visual C++ 4.0 开发环境下，浮点数默认输出 6 位小数位，虽然有数字输出，但是并非所有的数字都是有效数字。

例如：

```
float f = 12345.6789;
printf("f=%f\n",f);
```

输出结果为 12345.678611（可能还会出现其他相似的结果，均属正常）。

注意：浮点数是有有效位数要求的，所以要比较两个浮点数是否相等，比较这两个浮点数的差值是不是在给定的范围内即可。

例如：

```
float f1=1.0000;
float f2=1.0001;
```

只要 f1 和 f2 的差值不大于 0.001，就认为它们是相等的，可以采用下面的方法表示（伪代码如下所示）。

```
如果 (f1-f2) 的绝对值小于 0.001，则
f1 等于 f2
结束
```

4.5 类型转换

在计算过程中，如果遇到不同的数据类型参与运算，是终止程序还是转换类型后继续计算呢？编译器采取第二种方式，能够转换成功的继续运算，转换失败时程序将报错终止运行。有两种转换方式——隐式转换和显式转换。

4.5.1 隐式转换

C语言中设定了不同数据参与运算时的转换规则，编译器会悄无声息地进行数据类型的转换，进而计算出最终结果，这就是隐式转换。

数据类型转换如图4-7所示。

图 4-7

图中标示的是编译器默认的转换顺序。比如，有char类型和int类型混合运算，则char类型自动转换为int后再进行运算；又比如，有int型和float类型混合运算，则int和float自动转换为double类型后再进行运算。

例如：

```
int i;
i = 2 + 'A';
```

先计算"="号右边的表达式，字符型和整型混合运算，按照数据类型转换先后顺序，把字符型转换为int类型65，然后求和得67，最后把67赋值给变量i。

```
double d;
d = 2 + 'A' + 1.5F;
```

先计算"="号右边的表达式，字符型、整型和单精度的float类型混合运算，因为有浮点型参与运算，所以"="右边表达式的结果是float类型。按照数据类型转换顺序，把字符型转换为double类型65.0，2转换为2.0，1.5F转换为1.5，最后把双精度浮点数68.5赋值给变量d。

上述情况都是由低精度类型向高精度类型转换。如果逆向转换，可能出现丢失数据的危险，编译器会以警告的形式给出提示。例如：

```
int i;
i = 1.2;
```

浮点数1.2舍弃小数位后，把整数部分1赋值给变量i。如果i=1.9，运算后变量i的值依然是1，而不是2。

> ⓘ 注意：把浮点数转换为整数，则直接舍弃小数位。

【范例4-3】整型和浮点型数据类型间的隐式转换。

(1) 在Visual C++ 4.0中，新建名称为"隐式转换.c"的【Text File】文件。

(2) 在代码编辑区域输入以下代码（代码4-3.txt）。

```
01  #include <stdio.h>
02  int main()
03  {
04      int i;
05      i=1+2.0*3+1.234+'c'-'A';          /* 混合运算 */
06      printf("%d\n",i);           /* 输出 i*/
07      return 0;
08  }
```

【运行结果】

编译、连接、运行程序，即可在命令行中输出如图 4-8 所示结果。

图 4-8

【范例分析】

代码经过编译输出如下警告信息：

warning C4244: '=' : conversion from 'const double ' to 'int ', possible loss of data

这句话的含义是，"="两端存在把双精度的 double 类型转换为 int 类型，可能会丢失数据。原因是把高精度类型转换为了低精度，小数位丢失了。题目转换后得到以下结果。

i = 1+4.0 1.234+99-65=1.0+4.0+1.234+99.0+65.0

警告还告诉我们这样一个信息："="右边是 double 类型，这也符合前面所讲的，在有浮点数参与运算而且明确标识出数据类型转换时，表达式的类型是 double 类型。

代码修改如下：

i=1+2.0F*3+1.234F+'c'-'A';

经过编译会输出如下警告信息：

warning C4244: '=' : conversion from 'const float ' to 'int ', possible loss of data

原因是我们给浮点数加了字符 'F'，显式地告诉编译器是 float 类型。

4.5.2 显式转换

隐式类型转换编译器是会产生警告的，提示程序存在潜在的隐患。如果非常明确地希望转换数据类型，就需要用到显式类型转换。

显式转换格式如下：

（类型名称）变量或者常量

或者：

（类型名称）（表达式）

例如，我们需要把一个浮点数以整数的形式使用 printf() 函数输出，怎么办呢？可以调用显示类型转换，代码如下。

```
float f=1.23;
printf("%d\n",(int)f);
```

可以得到输出结果 1，没有因为调用的 printf() 函数格式控制列表和输出列表前后类型不统一导致程序报错。

继续分析上例，我们只是把 f 小数位直接舍弃，输出了整数部分，变量 f 的值没有改变，依然是 1.23，可以再次输出结果查看。

```
printf("%f\n", f);
```

输出结果是 1.230000。

再看下面的例子，分析结果是否相同。

例如：

```
float f1,f2;
f1=(int)1.2+3.4;
f2=(int)(1.2+3.4);
printf("f1=%f,f2=%f",f1,f2);
```

输出结果是 f1=4.4,f2=4.0。

显然结果是不同的，原因是 f1 只对 1.2 取整，相当于 f1=1+3.4；而 f2 是对 1.2 和 3.4 的和 4.6 取整，相当于 f2=(int)4.6。

4.6 综合应用——类型转换

本节综合应用数据类型和类型转换的知识，分析和解决范例中的问题。

【范例 4-4】综合应用数据类型和类型转换知识的例子。

(1) 在 Visual C++ 4.0 中，新建名称为"类型转换 .c"的【Text File】文件。

(2) 在代码编辑区域输入以下代码（代码 4-4.txt）。

```
01  #include <stdio.h>
02  int main()
03  {
04    int i;
05    double d;
06    char c='a';
07    printf(" 不同进制数据输出字符 \'a\'\n");
08    printf("%u,0%o,0x%x\n",c,c,c);  /* 十进制八进制十六进制 */
09    i=2;
10    d=2+c+0.5F;  /* 隐式类型转换 */
```

```
11    printf(" 隐式数据类型转换 %f\n",d);
12    i=d;    /* 隐式类型转换，舍弃小数位 */
13    printf(" 隐式数据类型转换 %d\n",i);
14    d=(int)1.2+3.9;           /* 显式类型转换，1.2 取整 */
15    printf(" 显式数据类型转换 %f\n",d);
16    d=(int)(1.2+3.9);         /* 显式类型转换，和取整 */
17    printf(" 显式数据类型转换 %f\n",d);
18    return 0;
19    }
```

【运行结果】

编译、连接、运行程序，即可在命令行中输出如图 4-9 所示结果。

图 4-9

【范例分析】

本范例综合了本章的知识点，需要注意隐式数据类型转换是否丢失了数据，以及显式数据类型转换的转换对象。

4.7 本章小结

(1) C 语言中的数据类型主要有基本数据类型和构造数据类型。

(2) 基本数据类型包括整型、实型和字符型。

(3) C 语言中没有字符串类型和逻辑类型。

(4) 部分数据类型之间可以相互转换，比如整型和实型。

4.8 疑难解答

问： 学过数据类型这一章后，在以后声明变量以及编写程序时应注意哪些问题？

答： (1) 当标识符由多个词组成时，每个词的第一个字母大写，其余全部小写，比如 int CurrentVal，这样的名字看起来比较清晰，远比一长串字符要好得多。

(2) 尽量避免名字中出现数字编号，如 Value1、Value2 等，除非逻辑上的确需要编号。比如驱动开发时为管脚命名，非编号名字反而不好。初学者总是喜欢用带编号的变量名或函数名，这样子看上去很简单方便，但其实是一颗颗定时炸弹。初学者一定要把这个习惯改过来。

(3) 程序中不得出现仅靠大小写区分的相似的标识符。例如：

int x, X; /* 变量 x 与 X 容易混淆。*/

void foo(int x);

void FOO(float x);/* 函数 foo 与 FOO 容易混淆 */

这里还有一个要特别注意的就是 1（数字 1）和 l（小写字母 l）之间、0（数字 0）和 o（小写字母 o）之间的区别。

(4) 一个函数名禁止被用于其他地方。

问：在类型转换中，如何区分高低呢？

答：高低其实是相对的，比如，int 比 short 高。实际中，区分高低可以按照该类型在系统中的空间大小来区分，比如 short 型 2 字节、int 型 4 字节。当然，如果有小数参与运算，则最终都会被转换成 double 型。

4.9　实战练习

(1) 写出程序运行的结果。

```
main()
{int i,j,m,n;
i=8;
j=10;
m=++i;
n=j++;
printf("%d,%d,%d,%d",i,j,m,n);
}
```

(2) 若有定义 int a=7; float x=2.5,y=4.7，则表达式 a+(int)(b/3*(int)(a+c)/2)%4 的值为多少?

(3) 表达式 8/4*(int)2.5/(int)(1.25*(3.7+2.3)) 的值是什么数据类型?

(4) 求下面算术表达式的值。

① x+a%3*(int)(x+y)%2/4

设 x=2.5,a=7,y=4.7

② (float)(a+b)/2+(int)x%(int)y

设 a=2,b=3,x=3.5,y=2.5

(5) 将 "China" 译成密码。

译码规律：用原来字母后面的第 4 个字母代替原来的字母。例如，字母 "A" 后面第 4 个字母是 "E"，"E" 代替 "A"。因此，"China" 应译为 "Glmre"。编一程序，用赋初值的方法使 c1、c2、c3、c4、c5 这 5 个变量的值分别为 'C'、'h'、'i'、'n'、'a'，经过运算，使 c1、c2、c3、c4、c5 分别变为 'G'、'l'、'm'、'r'、'e' 并输出。

第 5 章
运算符和表达式

本章导读

　　提到运算，大家都不陌生，但是，我们以前只是学习了算术运算，而在 C 语言中，除了算术运算外，还有很多其他的运算，比如关系运算、逻辑运算、赋值运算、逗号运算、条件运算、位运算等。那么这些运算是怎么计算的呢？它们在一起又如何运算呢？这就是我们这一章的任务！

本章课时：理论 4 学时 + 实践 2 学时

学习目标

- ▶ **C 语言中的运算符和表达式**
- ▶ **算术运算符和表达式**
- ▶ **关系运算符和表达式**
- ▶ **逻辑运算符和表达式**
- ▶ **条件运算符和表达式**
- ▶ **赋值运算符和表达式**
- ▶ **自增、自减运算符**
- ▶ **逗号运算符和表达式**
- ▶ **位运算符**
- ▶ **优先级和结合性**

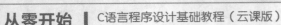

5.1 C 语言中的运算符和表达式

在 C 语言中，程序需要对数据进行大量的运算，就必须利用运算符操纵数据。用来表示各种不同运算的符号称为运算符，而表达式则是由运算符和运算分量（操作数）组成的式子。正是因为有丰富的运算符和表达式，C 语言的功能才能十分完善，这也是 C 语言的主要特点之一。

5.1.1 运算符

在以往学习的数学知识中，总是少不了加、减、乘、除这样的运算，用符号表示出来就是"＋""－""×""÷"。同样，在 C 语言的世界里，也免不了进行各种各样的运算，因此就出现了各种类型的运算符。用来对数据进行运算的符号就称为运算符。例如，C 语言中也有加（+）、减（－）、乘（*）、除（/）等运算符，只是有些运算符与数学符号表示的不一致而已。当然，C 语言除了这些进行算术运算的运算符以外，还有很多其他的运算符，如表 5-1 所示。

表 5-1

运算符种类	作用	包含运算符
算术运算符	用于各类数值运算	加 (+)、减 (–)、乘 (*)、除 (/)、求余 (或称模运算，%)、自增 (++)、自减 (––)
关系运算符	用于比较运算	大于 (>)、小于 (<)、等于 (==)、大于等于 (>=)、小于等于 (<=)、不等于 (!=)
逻辑运算符	用于逻辑运算	与 (&&)、或 (‖)、非 (!)
位操作运算符	参与运算的量，按二进制位进行运算	位与 (&)、位或 (‖)、位非 (~)、位异或 (^)、左移 (<<)、右移 (>>)
赋值运算符	用于赋值运算	简单赋值 (=)、复合算术赋值 (+=, –=, *=, /=, %=)、复合位运算赋值 (&=, ‖=, ^=, >>=, <<=)
条件运算符	用于条件求值	(?:)
逗号运算符	用于把若干个表达式组合成一个表达式	(,)
指针运算符	用于取内容和取地址	取内容 (*)、取地址 (&)
求字节数运算符	用于计算数据类型所占的字节数	(sizeof)
其他运算符	其他	括号 ( ), 下标 [ ], 成员 (→, .) 等

按运算符在表达式中与运算分量的关系（连接运算分量的个数），运算符可分为以下 3 类。
① 单目运算符，即一元运算符，只需要 1 个运算分量，如 –5 和 !a。
② 双目运算符，即二元运算符，需要 2 个运算分量，如 a+b 和 x‖y。
③ 三目运算符，即三元运算符，需要 3 个运算分量，如 a>b?a:b。

5.1.2 表达式

在数学中，将"3+2"称为算式，是由 3 和 2 两个数据通过"+"号相连接构成的一个式子。那么，C 语言中运算符和数据构成的式子，就称为表达式；表达式运算的结果就称为表达式的值。因此，"3+2"在 C 语言中称为表达式，表达式的值为 5。

根据运算符的分类，可以将 C 语言中的表达式分为 8 类——算术表达式、关系表达式、逻辑表达式、赋值表达式、条件表达式、逗号表达式、位表达式和其他表达式。

由上述表达式还可以组成更复杂的表达式，例如：

$$z=x+(y>=0)$$

从整体上来看，这是一个赋值表达式，但在赋值运算符的右边，是由关系表达式和算术表达式组成的。

5.2 算术运算符和表达式

算术运算符和表达式接近于数学上用的算术运算，包含了加、减、乘、除，其运算的规则基本上是一样的。但是 C 语言中还有其特殊运算符和与数学中不同的运算规则。

5.2.1 算术运算符

C 语言基本的算术运算符有 5 个，如表 5-2 所示。

表 5-2

符号	说明
+	加法运算符或正值运算符
−	减法运算符或负值运算符
*	乘法运算符
/	除法运算符
%	求模运算符或求余运算符

5.2.2 算术表达式

C 语言的算术表达式如同数学中的基本四则混合运算，在实际中运用得十分广泛。简单的算术表达式如表 5-3 所示。

表 5-3

算术表达式举例	数学中的表示	含义	表达式的值
2+3	2+3	2 与 3 相加	5
2−3	2−3	2 减 3	−1
2*3	2×3	2 与 3 相乘	6
2/3	2÷3	2 除以 3	0
2%3		2 对 3 求余数	2

复杂的算术表达式，如下所示：

$$2*(9/3) \quad 结果为 6$$
$$10/((12+8)\%9) \quad 结果为 5$$

需要说明的是，"%"运算符要求两侧的运算分量必须为整型数据。这个很好理解，如果是有小数部分，就不存在余数了。例如，6.0%4 为非法表达式。对负数进行求余运算，规定：若第一个运算分量为正数，则结果为正；若第一个运算分量为负，则结果为负。

5.2.3 应用举例

本小节通过两个范例来讲解算术运算符和表达式的使用。

【范例 5-1】使用算术运算符计算结果。

⑴ 在 Visual C++ 6.0 中，新建名称为 "Arithmetic Operation1.c" 的【Text File】文件。

⑵ 在代码编辑区域输入以下代码（代码 5-1.txt）。

```c
01  #include <stdio.h>
02  int main()
03  {
04      int a=99;        /* 定义整型变量 a、b、c、d，并分别赋初值 */
05      int b=5;
06      int c=11;
07      int d=3;
08      printf("a-b=%d\n",a-b);          /* 输出 a-b 的结果 */
09      printf("b*c=%d\n",b*c);          /* 输出 b*c 的结果 */
10      printf("a/b=%d\n",a/b);/* 输出 a/b 的结果 */
11      printf("a%%b=%d\n",a%b);        /* 输出 a%b 的结果 */
12      printf("a%%d+b/c=%d\n",a%d+b/c);      /* 输出 a%d+b/c 的结果 */
13      return 0;
14  }
```

【运行结果】

编译、连接、运行程序，即可在命令行中输出如图 5-1 所示结果。

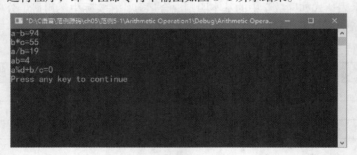

图 5-1

【范例分析】

此范例中使用了本节介绍的 5 种运算符，分别输出不同算术表达式的值。其中，"printf("a-b=%d\n",a-b);"表示先输出"a-b="，然后输出 a-b 的值，最后输出"a-b=94"。其余按相同方法处理。

【范例 5-2】算术运算符和表达式的应用。

⑴ 在 Visual C++ 6.0 中，新建名称为 "Arithmetic Operation 2.c" 的【Text File】文件。

⑵ 在代码编辑区域输入以下代码（代码 5-2.txt）。

```
01   #include <stdio.h>
02   int main()
03   {
04       int x,a=3;
05       float y;
06       x=20+25/5*2;
07       printf("(1)x=%d\n",x);
08       x=25/2*2;
09       printf("(2)x=%d\n",x);
10       x=-a+4*5-6;
11       printf("(3)x=%d\n",x);
12       x=a+4%5-6;
13       printf("(4)x=%d\n",x);
14       x=-3*4%-6/5;
15       printf("(5)x=%d\n",x);
16       x=(7+6)%5/2;
17       printf("(6)x=%d\n",x);
18       y=25.0/2.0*2.0;
19       printf("(7)y=%f\n",y);
20       return 0;
21   }
```

【运行结果】

编译、连接、运行程序，即可在命令行中输出如图 5-2 所示结果。

图 5-2

【范例分析】

此范例中使用了复杂的算术表达式，即同一个表达式中出现了多个运算符，因此计算结果应根据不同运算符的优先级与结合性进行运算。如 20+25/5*2，应先计算 25/5 的值，再乘以 2，最后与 20 相加，因为 "/" 与 "*" 运算符的优先级高于 "+" 运算符，而 "/" 与 "*" 优先级相同，自左向右进行计算，结果为 30。

5.3 关系运算符和表达式

关系运算符中的"关系"两字指的是两个运算分量间的大小关系，与数学意义上的比较概念相同，只不过 C 语言中关系运算符的表示方式有所不同。

5.3.1 关系运算符

C 语言提供了 6 种关系运算符，分别是 >（大于）、>=（大于等于）、<（小于）、<=（小于等于）、==（等于）、!=（不等于）。它们都是双目运算符。

5.3.2 关系表达式

用关系运算符把两个 C 语言表达式连接起来的式子称为关系表达式。关系表达式的结果只有两个——1 和 0。关系表达式成立时值为 1，不成立时值为 0。

例如，若 x=3，y=5，z=−2，则：

(1) x+y<z 的结果不成立，表达式的值为 0；

(2) x!=(y>z) 的结果成立，表达式的值为 1（因为 y>z 的结果成立，值为 1，x 不等于 1 结果成立，整个表达式的值为 1）。

5.3.3 应用举例

本小节通过一个范例来说明关系运算符和表达式的使用。

【范例 5-3】输出程序中表达式的值。

(1) 在 Visual C++ 6.0 中，新建名称为"Relational Operator.c"的【Text File】文件。

(2) 在代码编辑区域输入以下代码（代码 5-3.txt）。

```
01   #include<stdio.h>
02   int main()
03   {
04       int a,b,c;
05       a=b=c=10;    /*a、b、c 均赋值为 10*/
06       a=b==c;        /* 将 b==c 的结果赋值变量 a*/
07       printf(" a=%d,b=%d,c=%d\n",a,b,c);    /* 分别输出 a、b、c 的值 */
08       a=b>c>=100;          /* 将 b>c>=100 的结果赋给变量 a*/
09       printf(" a=%d,b=%d,c=%d\n",a,b,c);    /* 分别输出 a、b、c 的值 */
10       return 0;
11   }
```

【运行结果】

编译、连接、运行程序，即可在命令行中输出如图 5-3 所示结果。

图 5-3

【范例分析】

本范例重点考查了逻辑运算符的使用及表达式的值。如 a=b==c; 是先计算 b==c 的值，由于逻辑表达式的值只有 0 和 1，由于 b 与 c 相等，则 b==c 的值为 1，然后再将 1 赋给变量 a，通过 printf 语句输出 3 个变量的值，观察是否有变量。

5.4 逻辑运算符和表达式

什么是逻辑运算？逻辑运算用来判断一件事情是"成立"还是"不成立"或者是"真"还是"假"，判断的结果只有两个值，用数字表示就是"1"和"0"。其中，"1"表示该逻辑运算的结果是"成立"的，"0"表示这个逻辑运算式表达的结果"不成立"。这两个值称为"逻辑值"。

假如一个房间有两个门——A 门和 B 门。要进房间从 A 门进可以，从 B 门进也可以。用一句话来说是"要进房间去，可以从 A 门进'或者'从 B 门进"，用逻辑符号来表示这一个过程，如下所示。

能否进房间用符号 C 表示，C 的值为 1 表示可以进房间，为 0 表示进不了房间；A 和 B 的值为 1 时表示门是开的，为 0 表示门是关着的。那么：

(1) 房间的两个门都关着（A、B 均为 0），进不去房间（C 为 0）；

(2) B 是开着的（A 为 0、B 为 1），可以进去（C 为 1）；

(3) A 是开着的（A 为 1、B 为 0），可以进去（C 为 1）；

(4) A 和 B 都是开着的（A、B 均为 1），可以进去（C 为 1）。

5.4.1 逻辑运算符

逻辑运算符主要用于逻辑运算，包含"&&"（逻辑与）、"||"（逻辑或）、"!"（逻辑非）3 种。逻辑运算符的真值表如表 5-4 所示。

表 5-4

a	b	a&&b	a||b	!a
1	1	1	1	0
1	0	0	1	0
0	1	0	1	1
0	0	0	0	1

其中，"！"是单目运算符，"&&"和"‖"是双目运算符。

5.4.2　逻辑表达式

逻辑运算符把各个表达式连接起来组成一个逻辑表达式，如 a&&b、1‖(!x)。逻辑表达式的值也只有两个——0 和 1。0 代表结果为假，1 代表结果为真。

例如，当 x 为 0 时，x<-2 && x>=5 的值为多少？

当 x=0 时，0<-2 结果为假，值等于 0；0>=5 结果也为假，值为 0。所以 0&&0 结果仍为 0。

当对一个量（可以是单一的一个常量或变量）进行判断时，C 编译系统认为 0 代表"假"，非 0 代表"真"。如以下例子。

若 a=4，则：

(1) !a 的值为 0（因为 a 为 4，非 0，被认为是真，对真取反结果为假，假用 0 表示）；

(2) a&&-5 的值为 1（因为 a 为非 0，认为是真，-5 也为非 0，也是真，真与真，结果仍为真，真用 1 表示）；

(3) 4‖0 的值为 1（因为 4 为真，0 为假，真‖假，结果为真，用 1 表示）。

5.4.3　应用举例

本小节通过两个范例来讲解逻辑运算符和表达式的使用。

【范例 5-4】试写出判断某数 x 是否小于 -2 且大于等于 5 的逻辑表达式。当 x 值为 0 时，分析程序运行结果。

(1) 在 Visual C++ 6.0 中，新建名称为"Logic Operation 1.c"的【Text File】文件。

(2) 在代码编辑区域输入以下代码（代码 5-4.txt）。

```
01   #include<stdio.h>
02   int main()
03   {
04     int x,y;           /* 定义整型变量 x、y */
05     x=0;
06     y=x<-2 && x>=5;         /* 将表达式的值赋给变量 y*/
07     printf("x<-2 && x>=5=%d\n",y); /* 输出结果 */
08      return 0;
09   }
```

【运行结果】

编译、连接、运行程序，即可在命令行中输出如图 5-4 所示结果。

```
"D:\C语言\范例源码\ch05\范例5-4\Logic Operation 1\Debug\Logic Operation 1.exe"
x<-2 && x>=5=0
Press any key to continue
```

图 5-4

【范例分析】

本范例中判断某数 x 是否小于 −2 且大于等于 5 的逻辑表达式可写为 "x<−2 && x>=5"，因为是两个条件同时成立，应使用 "&&" 运算符将两个关系表达式连接在一起，所以表达式从整体上看是逻辑表达式，而逻辑符左右两边的运算分量又分别是关系表达式。该例应先计算 x<−2（不成立，值为 1）与 x>=5（不成立，值为 0），再用 1&&0，结果为 0。

【范例 5-5】试判断给定的某年是否为闰年（闰年的条件是符合下面两个条件之一：能被 4 整除，但不能被 100 整除；能被 400 整除）。

(1) 在 Visual C++ 6.0 中，新建名称为 "Logic Operation 2.c" 的【Text File】文件。

(2) 在代码编辑区域输入以下代码（代码 5-5.txt）。

```
01  #include<stdio.h>
02  int main()
03  {
04    int year;          /* 定义整型变量 year 表示年份 */
05    printf(" 请输入任意年份 :");        /* 提示用户输入 */
06    scanf("%d",&year);      /* 由用户输入某一年份 */
07    if(year%4==0&&year%100!=0||year%400==0)   /* 判断 year 是否为闰年 */
08      printf("%d 是闰年 \n",year);     /* 若为闰年，则输出 year 是闰年 */
09    else
10      printf("%d 不是闰年 \n",year); /* 否则输出 year 不是闰年 */
11    return 0;
12  }
```

【运行结果】

编译、连接、运行程序，根据提示输入任意年份，按【Enter】键即可将该年份是否为闰年输出，如图 5-5 所示。

图 5-5

【范例分析】

本范例中，用了 3 个求余操作表示对某一个数能否整除。通常，我们采用此方法表示某一个量能够被整除。判断 year 是否为闰年有两个条件，这两个条件是或的关系，第一个条件可表示为 year%4==0&&year%100!=0，第二个条件可表示为 year%400==0。两个条件中间用 "||" 运算符连接即可，即表达式可表示为 (year%4==0&&year%100!=0)||(year%400==0)。

由于逻辑运算符的优先级高于关系运算符，且 ! 的优先级高于 &&，&& 的优先级又高于 ||，因此上式可以将括号去掉，写为：

year%4==0 && year%100!=0 ‖ year %400==0

如果判断 year 为平年（非闰年），可以写成：

！（year%4==0 && year%100!=0‖ year %400==0）

因为是对整个表达式取反，所以要用圆括号括起来。否则就成了 !year%4==0，由于 ! 的优先级高，会先计算 ! year，因此后面必须用圆括号括起来。

本例中使用了 if–else 语句，可理解为若 if 后面括号中的表达式成立，则执行 printf("%d 是闰年 \n",year); 语句，否则执行 printf("%d 不是闰年 \n",year); 语句。

如果要判断一个变量 a 的值是否为 0~5，很自然想到了这样一个表达式：

if(0<a<5)

这个表达式没有什么不正常的，编译可以通过。但是仔细分析一下 if 语句的运行过程，表达式 0<a<5 中首先判断 0<a，如果 a>0 则为真，否则为假。

设 a 的值为 3，此时表达式结果为逻辑真，那么整个表达式 if(0<a<5) 成为 if(1<5)（注意这个新表达式中的 1 是 0<a 的逻辑值），这时问题就出现了，可以看到当变量 a 的值大于 0 的时候总有 1<5，所以后面的 <5 这个关系表达式是多余的。另外，假设 a 的值小于 0，也会出现这样的情况。由此看来上述写法肯定是错误的。

正确的写法应该是：

if((0<a)&&(a<5))   /* 如果变量 a 的值大于 0 并且小于 5*/

5.5　条件运算符和表达式

条件运算符由 "?" 和 ":" 组成，是 C 语言中唯一的三目运算符，是一种功能很强的运算符。用条件运算符将运算分量连接起来的式子称为条件表达式。

条件表达式的一般构成形式是：

表达式 1？表达式 2：表达式 3

条件表达式的执行过程如下。

(1) 计算表达式 1 的值。

(2) 若该值不为 0，则计算表达式 2 的值，并将表达式 2 的值作为整个条件表达式的值。

(3) 否则，就计算表达式 3 的值，并将该值作为整个条件表达式的值。

例如（x>=0）?1:–1，该表达式的值取决于 x 的值，如果 x 的值大于等于 0，该表达式的值为 1，否则表达式的值为 –1。

条件运算符的结合性是 "右结合"，它的优先级别低于算术运算符、关系运算符和逻辑运算符。

例如 a>b?a:c>d?c:d，等价于 a>b?a:(c>d?c:d)。

【范例 5-6】条件运算符和表达式的应用。

(1) 在 Visual C++ 6.0 中，新建名称为 "Conditional Operation.c" 的【Text File】文件。

(2) 在代码编辑区域输入以下代码（代码 5-6.txt）。

```
01   #include<stdio.h>
02   int main()
03   {
04      int a=6,b=7,m;
05      m=a<b?a:b;   /* 若 a<b 返回 a 的值，否则返回 b 的值 */
06      printf("%d、%d 两者的较小值为 :%d\n",a,b,m);   /* 输出两者的较小值 */
07      return 0;
08   }
```

【运行结果】

编译、连接、运行程序，即可计算并输出 6 和 7 两者的较小值，如图 5-6 所示。

图 5-6

【范例分析】

本范例实际上是通过条件表达式来计算两个数的较小值，并将较小值赋给变量 m，从而输出 a 和 b 两个数中相对较小的一个。

5.6　赋值运算符和表达式

赋值运算符是用来给变量赋值的。它是双目运算符，用来将一个表达式的值送给一个变量。

5.6.1　赋值运算符

在 C 语言中，赋值运算符有一个基本的运算符（=）。

C 语言允许在赋值运算符 "=" 的前面加上一些其他的运算符，构成复合的赋值运算符。复合赋值运算符共有 10 种，分别为 +=、− =、*=、/=、%=、<<=、>>=、&=、^=、!=。

后 5 种是与位运算符组合而成的，将在后面的章节中介绍。

5.6.2　赋值表达式

由赋值运算符将一个变量和一个表达式连接起来的式子称为赋值表达式。赋值表达式的一般格式为：

变量 = 表达式

对赋值表达式求解的过程是将赋值运算符右侧"表达式"的值赋给左侧的变量。整个赋值表达式的结果就是被赋值的变量的值。

赋值运算符右侧的表达式可以是任何常量、变量或表达式（只要它能生成一个值就行）。但左侧必须是一个明确的、已命名的变量，也就是说，必须有一个物理空间可以存储赋值号右侧的值。例如：

```
a=5;    //a 的值为 5，整个表达式的值为 5
x=10+y;
```

对赋值运算符的说明如下。

（1）赋值运算符"="与数学中的等式形式一样，但含义不同。"="在 C 语言中作为赋值运算符，是将"="右边的值赋给左边的变量；在数学中则表示两边相等。

（2）注意"=="与"="的区别。例如，a==b<c 等价于 a==(b<c)，作用是判断 a 与 (b<c) 的结果是否相等；a=b<c 等价于 a=(b<c)，作用是将 b<c 的值赋给变量 a。

（3）赋值表达式的值等于右边表达式的值，而结果的类型则由左边变量的类型决定。比如：

① 浮点型数据赋给整型变量，截去浮点数据的小数部分；

② 整型数据赋给浮点型变量，值不变，但以浮点数的形式存储到变量中；

③ 字符型赋给整型，由于字符型为 1 字节，而整型为 2 字节，故将字符的 ASCII 码值放到整型量的低 8 位中，高 8 位为 0；

④ 整型赋给字符型，只把低 8 位赋予字符量。

例如：

```
int i;
float f;
i=1.2*3;  //i 的值为 3，因为 i 为整型变量，所以只能存储右边表达式的整数部分
f=23;     //f 的值为 23.000000，因为 f 为浮点型数据，所以 23 虽然是整数，但仍以浮点形式存储到变量中，即增加小数部分。
```

（4）使用复合的赋值运算符构成的表达式，例如：

a+=b+c 等价于 a=a+(b+c)

a−=b+c 等价于 a=a−(b+c)

a*=b+c 等价于 a=a*(b+c)

a/=b+c 等价于 a=a/(b+c)

a%=b+c 等价于 a=a%(b+c)

5.6.3 应用举例

本小节通过两个范例来讲解赋值运算符和表达式的使用。

【范例 5-7】分析下面程序的运行结果。

（1）在 Visual C++ 6.0 中，新建名称为"Assignment Operation 1.c"的【Text File】文件。

(2) 在代码编辑区域输入以下代码（代码 5-7.txt）。

```
01  #include<stdio.h>
02  int main()
03  {
04      int a,b,c;
05      a=b=c=1;
06      a+=b;           /* 等价于 a=a+b*/
07      b+=c;
08      c+=a;
09      printf(" (1)%d\n",a>b?a:b);          /* 输出 a、b 两者的较大者 */
10      (a>=b>=c)? printf(" AA"):printf(" CC");      /* 若 a>=b>=c 成立则输出 AA, 否则输出 CC*/
11      printf(" \n a=%d,b=%d,c=%d\n",a,b,c);
12      return 0;
13  }
```

【运行结果】

编译、连接、运行程序，即可在命令行中输出如图 5-7 所示程序运行结果。

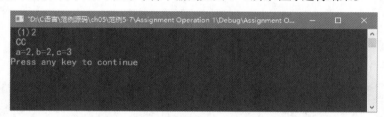

图 5-7

【范例分析】

本范例中通过 3 个复合的赋值运算对 a、b、c 重新赋值。其中，a+=b 相当于执行了 a=a+b，将 a+b 的值重新赋给了变量 a，此时变量 a 的值变为 2。后面的两句也按此处理，最终 3 个变量的值分别变化为 2、2、3。

5.7 自增、自减运算符

C 语言提供了通常在其他计算机语言中找不到的两个特殊运算符，即自增运算符 ++ 和自减运算符 --。它们都是单目运算符，运算的结果是使变量值增 1 或减 1，可以在变量之前（称为前置运算）也可以在变量之后（称为后置运算），它们都具有"右结合性"。

这两个运算符有以下几种形式。

```
++i   /* 相当于 i=i+1，i 自增 1 后再参与其他运算 */
--i   /* 相当于 i=i-1，i 自减 1 后再参与其他运算 */
```

```
i++      /* 相当于 i=i+1，i 参与运算后，i 的值再自增 1*/
i--      /* 相当于 i=i-1，i 参与运算后，i 的值再自减 1*/
```

【范例 5-8】前置加和后置加的区别。

(1) 在 Visual C++ 6.0 中，新建名称为 "Increment Operation.c" 的【Text File】文件。

(2) 在代码编辑区域输入以下代码（代码 5-8.txt）。

```
01  #include <stdio.h>
02  int main()
03  {
04     int a,b,c;
05     a=9;
06     b=++a;        /* 前置加 */
07     printf(" (1) a=%d ***b=%d\n",a,b);
08     a=9;
09     c=a++;        /* 后置加 */
10     printf(" (2) a=%d ***c=%d\n",a,c);
11     return 0;
12  }
```

【运行结果】

编译、连接、运行程序，即可在命令行中输出如图 5-8 所示程序运行结果。

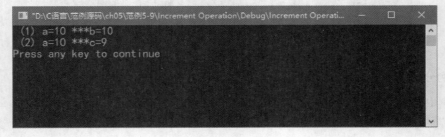

图 5-8

【范例分析】

本范例中，变量 a 开始赋初值为 9，执行 b=++a 时，相当于先执行 a=a+1=10，再将 10 赋给变量 b，然后输出此时 a、b 的值。a 的值又重新赋值为 9，执行 c=a++，相当于先执行 c=a，c 的值为 9，然后才执行 a++，即 a=a+1=10，此时 a、b 的值分别为 10 和 9。

但是当表达式中连续出现多个加号 (+) 或减号（-）时，如何区分它们是增量运算符还是加法或减法运算符呢？例如：

y=i+++j;

是应该理解成 y=i+(++j)，还是应该理解成 y=(i++)+j 呢？在 C 语言中，词语分析遵循"最长匹配"原则。即如果在两个运算分量之间连续出现多个表示运算符的字符（中间没有空格），那么在确保有意义的条件下，则从左到右尽可能多地将若干个字符组成一个运算符，所以上面的表达式就等价于 y=(i++)+j，而不是 y=i+(++j)。如果读者在录入程序时有类似的操作，可以在运算符之间加上空格，如 i+ ++j，或者加上圆括号，如 y=i+(++j)，作为整体部分处理。

5.8 逗号运算符和表达式

在 C 语言中，逗号不仅作为函数参数列表的分隔符使用，也作为运算符使用。逗号运算符的功能是把两个表达式连接起来，使之构成一个逗号表达式。逗号运算符在所有运算符中是级别最低的，其一般形式为：

表达式 1, 表达式 2

求解的过程是先计算表达式 1，再计算表达式 2，最后整个逗号表达式的值就是表达式 2 的值。

【范例 5-9】逗号表达式的应用。

(1) 在 Visual C++ 6.0 中，新建名称为 "Comma Operation.c" 的【Text File】文件。
(2) 在代码编辑区域输入以下代码（代码 5-9.txt）。

```
01  #include<stdio.h>
02  int main()
03  {
04  int a=2,b=4,c=6,x,y;
05  y=(x=a+b),(b+c);
06  printf("y=%d,x=%d\n",y,x);
07    return 0;
08  }
```

【运行结果】

编译、连接、运行程序，即可在命令行中输出如图 5-9 所示程序运行结果。

图 5-9

【范例分析】

在本范例代码第 5 行，由于逗号运算符的优先级比赋值运算符优先级低，所以该语句整体看是个逗号表达式，第一个表达式是 y=(x=a+b)，第二个表达式是 b+c。先计算 y=(x=a+b)，其中，

x=a+b=8， y=(x=a+b)=8；再计算 b+c=10。这条语句的值等于第二个表达式的值 10。

对于逗号表达式还要说明 3 点。

⑴ 逗号表达式一般形式中的表达式 1 和表达式 2 也可以是逗号表达式。例如表达式 1，(表达式 2，表达式 3)，形成了嵌套情形。因此可以把逗号表达式扩展为以下形式：表达式 1，表达式 2，…，表达式 n，整个逗号表达式的值等于表达式 n 的值。

⑵ 程序中使用逗号表达式，通常是要分别求逗号表达式内各表达式的值，并不一定要求整个逗号表达式的值。

⑶ 并不是在所有出现逗号的地方都组成逗号表达式，如【范例 5–9】中代码的第 4 行。在变量说明中，函数参数表中的逗号只是用作各变量之间的间隔符。

5.9 位运算符

C 语言中提供了 6 种位运算符，如表 5–5 所示。

表 5–5

位运算符	描述
&	按位与
|	按位或
^	按位异或
~	取反
<<	左移
>>	右移

关于位运算符的说明如下。

⑴ 位运算符中，除 ~ 以外，均为双目（元）运算符，即要求两侧各有一个运算量。

⑵ 运算量只能是整型或字符型的数据，不能为实型数据。

5.9.1 按位与运算符

按位与运算符“&”是双目运算符，其功能是参与运算的两个数各对应的二进位相与。只有对应的两个二进位均为 1 时，结果位才为 1，否则为 0。即：

0 & 0 = 0，0 & 1 = 0，1 & 0 = 0，1 & 1 = 1

1. 正数的按位与运算

例如，计算 10 & 5。需要先把十进制数转换为补码形式，再按位与运算，计算如下。

	0000 1010	10 的二进制补码
&	0000 0101	5 的二进制补码
	0000 0000	按位与运算，结果转成十进制后为 0

所以，10 & 5 = 0。

2. 负数的按位与运算

例如，计算 –9 & –5。

第1步：转换为补码形式。

-9 的原码：1000 1001，反码：1111 0110，补码：1111 0111

-5 的原码：1000 0101，反码：1111 1010，补码：1111 1011

第2步：补码进行位与运算。

$$
\begin{array}{ll}
& 1111\ 0111 \qquad\qquad\qquad –9\ \text{的二进制补码} \\
\&\ & 1111\ 1011 \qquad\qquad\qquad –5\ \text{的二进制补码} \\
\hline
& 1111\ 0011 \qquad\qquad\qquad \text{按位与运算}
\end{array}
$$

第3步：将结果转换为原码。

补码：1111 0011，反码：1111 0010，原码：1000 1101，原码：–13。

所以，–9 & –5 = –13。

3. 按位与的作用

按位与运算通常用来对某些位清零或保留某些位。例如，把 a 的高 8 位清零，保留低 8 位，可以使用 a&255 运算 (255 的二进制数为 0000000011111111)。

又比如，有一个数是 0110 1101，我们希望保留从右边开始的第 3、4 位，以满足程序的某些要求，可以这样运算：

$$
\begin{array}{ll}
& 0110\ 1101 \\
\&\ & 0000\ 1100 \\
\hline
& 0000\ 1100
\end{array}
$$

上式描述的就是为了保留指定位进行的按位与运算。如果写成十进制形式，可以写成 109 & 12。

5.9.2 按位或运算符

按位或运算符 "|" 是双目运算符，其功能是参与运算的两个数各对应的二进位相或。只要对应的两个二进位有一个为 1，结果位就为 1。即：

0 | 0 = 0，0 | 1 = 1，1 | 0 = 1，1 | 1 = 1

参与运算的两个数均以补码出现。例如，10 | 5 可写成如下算式。

$$
\begin{array}{ll}
& 0000\ 1010 \\
|\ & 0000\ 0101 \\
\hline
& 0000\ 1111 \qquad\qquad 15\ \text{的二进制补码}
\end{array}
$$

所以，10 | 5 = 13。

按位或运算符常用来让源操作数的某些位置为 1，其他位不变。

首先设置一个二进制掩码 mask，执行 s=s|mask，让其中的特定位置为 1，其他位为 0。比如有一个数是 0000 0011，希望从右边开始的第 3、4 位置为 1，其他位不变，可以写成 0000 0011 | 0000 1100 = 0000 1111，也就是 3 | 12 = 15。

5.9.3　按位异或运算符

按位异或运算符"^"是双目运算符，其功能是参与运算的两个数各对应的二进位相异或。当两对应的二进位相异时，结果为1。即：

0^0=0，0^1=1，1^0=1，1^1=0

参与运算数仍以补码出现，例如，10^5可写成如下的算式。

```
      0000 1010
^     0000 0101
      0000 1111          15 的二进制补码
```

所以，10^5 = 15。

充分利用按位异或的特性，可以实现以下效果。

(1) 设置一个二进制掩码 mask，执行 s = s^mask，设置特定位置是1，可以使特定位的值取反；设置掩码中特定位置的其他位是0，可以保留原值。

设有 0111 1010，要使其低4位翻转，即1变为0，0变为1，可以将它与0000 1111进行^运算，即：

```
      0111 1010
^     0000 1111
      0111 0101
```

(2) 不引入第三变量，交换两个变量的值。

要将 a 和 b 的值互换，可以用以下赋值语句实现。

$$a = a \verb|^| b;$$
$$b = b \verb|^| a;$$
$$a = a \verb|^| b;$$

分析如下（按位异或满足交换率）：

$$a = a \verb|^| b;$$
$$b = b \verb|^| a = b \verb|^| a \verb|^| b = b \verb|^| b \verb|^| a = 0 \verb|^| a = a;$$
$$a = a \verb|^| b = a \verb|^| b \verb|^| a = a \verb|^| a \verb|^| b = 0 \verb|^| b = b;$$

假设 a = 3，b = 4，验证如下。

```
      a = 011
^     b = 100
      a = 111（a^b 的结果，a 变成 7）
^     b = 100
      b = 011（b^a 的结果，b 变成 3）
^     a = 111
      a = 100（a^b 的结果，a 变成 4）
```

5.9.4　按位取反运算符

求反运算符"~"为单目运算符，具有右结合性，其功能是对参与运算的数的各二进位按位求反。例如，~9 的运算为 ~（0000 1001)，结果为（1111 0110），如果表示无符号数是 246，如果表示有符号数是 −10。

5.9.5 左移运算符

左移运算符"<<"是双目运算符,其功能是把"<<"左边运算数的各二进位全部左移若干位,由"<<"右边的数指定移动的位数。

1. 无符号数的左移

如果是无符号数,则向左移动 n 位时,丢弃左边 n 位数据,并在右边填充 0,如表 5-6 所示。

表 5-6

十进制 n=1 :	0	0	0	0	0	0	0	1
n<<1,十进制 2 :	0	0	0	0	0	0	1	0
n<<1,十进制 4 :	0	0	0	0	0	1	0	0
n<<1,十进制 8 :	0	0	0	0	1	0	0	0
n<<1,十进制 16 :	0	0	0	1	0	0	0	0
n<<1,十进制 32 :	0	0	1	0	0	0	0	0
n<<1,十进制 64 :	0	1	0	0	0	0	0	0
n<<1,十进制 128 :	1	0	0	0	0	0	0	0

程序到这里还都是很正常的,每次左移一位,结果是以 2 的幂次方不断变化,此时继续左移。

n<<1,十进制 0 :	0	0	0	0	0	0	0	0

结果变成了 0,显然结果是不对的,所以左移时一旦溢出就不再正确了。

2. 有符号数的左移

如果是有符号数,则向左移动 n 位时,丢弃左边 n 位数据,并在右边填充 0,同时把最高位作为符号位。

这种情况对于正数,与无符号数左移结果是一样的,不再分析;对于负数,如表 5-7 所示。

表 5-7

十进制 n=-128 :	1	0	0	0	0	0	0	1
n<<1,十进制 2 :	0	0	0	0	0	0	1	0
n<<1,十进制 4 :	0	0	0	0	0	1	0	0
n<<1,十进制 8 :	0	0	0	0	1	0	0	0
n<<1,十进制 16 :	0	0	0	1	0	0	0	0
n<<1,十进制 32 :	0	0	1	0	0	0	0	0
n<<1,十进制 64 :	0	1	0	0	0	0	0	0
n<<1,十进制 128 :	1	0	0	0	0	0	0	0
n<<1,十进制 0 :	0	0	0	0	0	0	0	0
n<<1,十进制 0 :	0	0	0	0	0	0	0	0

我们已经看到了有符号数左移是如何进行的。有符号数的左移操作也非常简单,只不过要把最高位考虑成符号位而已,遇到 1 就是负数,遇到 0 就是正数,就是这么简单,直到全部移除变成 0。

5.9.6 右移运算符

右移运算符">>"是双目运算符,其功能是把">>"左边运算数的各二进位全部右移若干位,由"＞＞"右边的数指定移动的位数。

1. 无符号数的右移

如果是无符号数，则向右移动 n 位时，丢弃右边 n 位数据，并在左边填充 0，如表 5-8 所示。

表 5-8

十进制 n=128：1	0	0	0	0	0	0	0
n>>1，十进制 64：0	1	0	0	0	0	0	0
n>>1，十进制 32：0	0	1	0	0	0	0	0
n>>1，十进制 16：0	0	0	1	0	0	0	0
n>>1，十进制 8：0	0	0	0	1	0	0	0
n>>1，十进制 4：0	0	0	0	0	1	0	0
n>>1，十进制 2：0	0	0	0	0	0	1	0
n>>1，十进制 1：0	0	0	0	0	0	0	1

程序到这里还都是正常的，每次右移一位，结果是以 2 的幂次方不断变化，此时继续右移。

n<<1，十进制 0：0	0	0	0	0	0	0	0

结果变成了 0，显然结果是不对的，所以右移时一旦溢出就不再正确了。在溢出的情况下，右移一位相当于乘以 2，右移 n 位相当于乘以 2^n。

2. 有符号数的右移

如果是有符号数，则向右移动 n 位时，丢弃右边 n 位数据，而左边填充的内容则依赖于具体的机器，可能是 1，也可能是 0。

对于有符号数 (1000 1010) 来说，右移有以下两种情况。

(1) (1000 1010) >> 2 =(00 10 0010)。

(2) (1000 1010) >> 2 = (11 10 0010)。

具体的机器是按上面哪种方式右移运算的不能一概而论。例如，机器安装的是 Windows XP 系统，使用 Microsoft Visual C++ 6.0 是按照方式(2)运行的有符号运算，如表 5-9 所示。

表 5-9

十进制 n=−64：1	1	0	0	0	0	0	0
n>>1，十进制 −32：1	1	1	0	0	0	0	0
n>>1，十进制 −16：1	1	1	1	0	0	0	0
n>>1，十进制 −8：1	1	1	1	1	0	0	0
n>>1，十进制 −4：1	1	1	1	1	1	0	0
n>>1，十进制 −2：1	1	1	1	1	1	1	0
n>>1，十进制 −1：1	1	1	1	1	1	1	1
n>>1，十进制 −1：1	1	1	1	1	1	1	1

最高的符号位保持原来的符号位，不断右移，直到全部变成 1。在溢出的情况下，右移一位相当于除以 2，右移 n 位相当于除以 2 的 n 次幂。

5.9.7 位运算赋值运算符

位运算符与赋值运算符可以组成位运算赋值运算符，如表 5–10 所示。

表 5–10

位运算赋值运算符	举例	等价于
&=	a &= b	a = a & b
|=	a | = b	a = a | b
^=	a ^= b	a = a ^ b
>>=	a <<=2	a = a << 2
<<=	a >>=2	a = a >> 2

5.9.8 位运算应用

本小节通过 3 个范例来讲解位运算的应用。

【范例 5-10】分析以下程序位运算的结果。

(1) 在 Visual C++ 6.0 中，新建名称为 "位运算符简单使用 .c" 的【Text File】文件。

(2) 在代码编辑区域输入以下代码（代码 5–10.txt）。

```
01  #include <stdio.h>
02  int main()
03  {
04    unsigned char a,b,c;    /* 声明字符型变量 */
05    a=0x3;          /*a 是十六进制数 */
06    b=al0x8;        /* 按位或 */
07    c=b<<1;         /* 左移运算 */
08    printf("%d\n%d\n",b,c);
09    return 0;
10  }
```

【运行结果】

编译、连接、运行程序，即可在命令行中输出如图 5–10 所示结果。

图 5–10

【范例分析】

变量 a 的二进制数：

| 0 | 0 | 0 | 0 | 0 | 0 | 1 | 1 |

0x8 的二进制数：

| 0 | 0 | 0 | 0 | 1 | 0 | 0 | 0 |

变量 b 的二进制数：

$$
\begin{array}{r}
0000\ 0011 \\
|\quad 0000\ 1000 \\
\hline
0000\ 1011 \quad \text{十进制 11 的二进制码}
\end{array}
$$

变量 b 左移 1 位，结果如下所示。

| 0 | 0 | 0 | 1 | 0 | 1 | 1 | 0 |

所以，变量 c 的值是十进制 22。

【范例 5-11】取一个整数 a 的二进制形式从右端开始的 4 ~ 7 位，并以八进制形式输出。

(1) 在 Visual C++ 6.0 中，新建名称为"部分移位 .c"的【Text File】文件。

(2) 在代码编辑区域输入以下代码（代码 5-11.txt）。

```
01  #include <stdio.h>
02  int main()
03  {
04     unsigned short a,b,c,d;          /* 声明字符型变量 */
05     scanf("%ho,&a);
06     b=a>>4;      /* 右移运算 */
07     c=~(~0<<4);  /* 取反左移后再取反 */
08     d=b&c;       /* 按位与 */
09     printf("%o\n%o\n",a,d);
10     return 0;
11  }
```

【运行结果】

编译、连接、运行程序，输入 1 个整数并按【Enter】键，即可在命令行中输出如图 5-12 所示结果。

图 5-11

【范例分析】

本范例分 3 步进行，先使 a 右移 4 位，然后设置一个低 4 位全为 1、其余全为 0 的数，可用 ~(~0<<4)；最后将两者进行 & 运算。

我们输入的八进制数是 1640，转换为二进制数是 0000 0011 1010 0000，获取其右端开始的 4 ~ 7 位是二进制数 1010，转换为八进制数就是 12。

【范例 5-12】将无符号数 a 右循环移 n 位，即将 a 中原来左面 (16-n) 位右移 n 位，原来右端 n 位移到最左面 n 位。

(1) 在 Visual C++ 6.0 中，新建名称为"循环移位 .c"的【Text File】文件。

(2) 在代码编辑区域输入以下代码（代码 5-12.txt）。

```
01  #include <stdio.h>
02  int main()
03  {
04    unsigned short a,b,c;   /* 声明字符型变量 */
05    int n;
06    scanf("%o,%d",&a,&n); /* 输入八进制和十进制数 */
07    b=a<<(16-n); /* 左移运算 */
08    c=a>>n;        /* 右移运算 */
09    c=c|b;          /* 按位或 */
10    printf("%o\n%o\n",a,c); /* 输出八进制数 */
11      return 0;
12  }
```

【运行结果】

编译、连接、运行程序，输入 1 个无符号数（如 1641.3）并按【Enter】键，即可在命令行中输出如图 5-12 所示结果。

图 5-12

【范例分析】

本范例分 3 步进行：先将 a 的右端 n 位先放到 b 中的高 n 位中，实现语句 b = a<<（16-n）；然后将 a 右移 n 位，其左面高位 n 位补 0，实现语句 c = a>>n；最后 c 与 b 进行按位或运算，即 c = c | b。

我们输入的八进制数是 1641，转换为二进制数是 0000 0011 1010 0001，获取其循环移 3 位，结果是 0010 0000 0111 0100，转换为八进制数就是 20164。

5.10　优先级和结合性

C 语言中规定了运算符的优先级和结合性。优先级是指当不同的运算符进行混合运算时，运算顺序是根据运算符的优先级而定的，优先级高的运算符先运算，优先级低的运算符后运算。在一个表达式中，如果各个运算符有相同的优先级，运算顺序是从左向右，还是从右向左，是由运算符的结合性确定的。所谓结合性，是指运算符可以与左边的表达式结合，也可以与右边的表达式结合。

比如 x+y*z，应该先做乘法运算，再做加法运算，相当于 x+(y*z)，这是因为乘号的优先级高于加号。当一个运算分量两侧的运算符优先级相同时，要按运算符的结合性所规定的结合方向，即左结合性（自左至右运算）和右结合性（自右至左运算）。例如表达式 x–y+z，应该先进行 x–y 运算，然后再进行 +z 的运算，这就称为"左结合性"，即从左向右进行计算。

比较典型的是右结合性算术运算符，它的结合性是自右向左，如 x=y=z，由于"="的右结合性，因此应先进行 y=z 运算，再进行 x=(y=z) 运算。

C 语言中，运算符的优先级共分为 15 级。1 级最高，15 级最低。在表达式中，优先级较高的先于优先级较低的进行运算。当在一个运算量两侧的运算符优先级相同时，则按运算符的结合性所规定的结合方向处理。

5.10.1 算术运算符的优先级和结合性

在复杂的算术表达式中，"( )"的优先级最高，"*、/、%"运算符的优先级高于"+、–"运算符。因此，可适当添加括号改变表达式的运算顺序，并且算术运算符中的结合性均为"左结合"，可概括如下。

(1) 先计算括号内，再计算括号外。

(2) 在没有括号或在同层括号内，先进行乘除运算，后进行加减运算。

(3) 相同优先级运算，从左向右依次进行。

5.10.2 关系运算符的优先级和结合性

在 6 种关系运算符中，">"">="""<"和"<="的优先级相同，"=="和"!= "的优先级相同，前 4 种的优先级高于后两种。

例如：

a==b<c　　等价于　a==(b<c)

a>b>c　　　等价于　(a>b)>c

关系运算符中的结合性均为"左结合"。

5.10.3 逻辑运算符的优先级和结合性

在 3 种逻辑运算符中，它们的优先级别各不相同。逻辑非（!）的优先级别最高，逻辑与（&&）的优先级高于逻辑或(||)。

如果将前面介绍的算术运算符和关系运算符结合在一起使用时，逻辑非(!) 优先级最高，然后是算术运算符、关系运算符、逻辑与 (&&)、逻辑或 (||)。

比如，5>3&&2||!8<4–2 等价于 ((5>3)&&2)||((!8)<(4–2))，结果为 1。

运算符! 的结合性是"右结合"，而 && 和 || 的结合性是"左结合"。

5.10.4 赋值运算符的优先级和结合性

在使用赋值表达式时有以下几点说明。

(1) 赋值运算可连续进行。例如：

a = b = c = 0 等价于 a = (b = (c = 0))，即先求 c=0，c 的值为 0，再把 0 赋给 b，b 的值为 0，最后再把 0 赋给 a，a 的值为 0，整个表达式的值也为 0，因为赋值运算符是"右结合"。

(2) 赋值运算符的优先级比前面介绍的几种运算符的优先级都低。例如：

a = (b = 9)*(c = 7)　　等价于　a =（(b = 9)*(c = 7)）

y=x==0?1:sin(x)/x　　　等价于　y=（x==0?1:sin(x)/x）

max=a>b?a:b　　　　　等价于　max=（a>b?a:b）

5.11　本章小结

(1) 除求余运算符只适用整型数运算外，其余运算符可以作整数运算，也可以作浮点数运算。加、减法运算符还可作字符运算。

(2) 两个整数相除的结果为整数。

(3) 求余运算符的功能是舍掉两整数相除的商，只取其余数。

(4) 在计算条件表达式的值时，先找出"条件"来，然后计算其值，分析是非零还是零来选取冒号(:)前还是冒号后的表达式的值作为条件表达式的值。

(5) 任何一个表达式都具有一个确定的值和一种类型。

(6) 在包含 && 和 {} 运算符的逻辑表达式的求值过程中，当计算出某个操作数的值后就可以确定整个表达式的值时，计算便不再继续进行。

5.12　疑难解答

问：在运算符和表达式的学习中，需要注意哪些问题？

答：(1) 两个整数相除的结果为整数。例如，8/5 结果为 1，小数部分舍去。如果两个操作数有一个为负数，则舍入方法与机器有关。多数机器是取整后向零靠拢。例如，8/5 取值为 1；−8/5 取值为 −1，但也有的机器例外。

(2) 求余运算符的功能是舍掉两个整数相除的商，只取其余数。两个整数能够整除，其余数为 0。例如，8%4 的值为 0，当两个整数中有一个为负数时，其余数如何处理呢？记住，按照下述规则处理，即余数 = 被除数 − 除数 * 商。这里，被除数是指 % 左边的操作数，除数是指 % 右边的操作数，商是两个整数相除的整数商。

问：运算中的优先级关系如何？

答："算术 2"表明算术运算符又分两个优先级，、、/ 和 % 在前，+、− 在后。"关系 2"表明它在算术运算符后边有两类优先级，<、<=、>、>= 在前，+、− 在后。"逻辑 2"表明它在关系运算符之后。又分两个优先级，&& 在前，|| 在后。"移位 1 插在前"表明移位运算符是一个优先级插在算术和关系之间，即 >> 和 <<。"逻辑位 3 插在后"表明逻辑位运算符有 3 个优先级，& 在前，− 在中，| 在后，它们插在关系和逻辑之间，这样，15 种优先级的顺序就容易记住了。

问：在书写和计算表达式时，需要注意什么问题？

答：任何一个表达式都具有一个确定的值和一种类型。正确书写表达式和计算表达式的值和类型是编程和分析程序中重要的工作。在书写表达式和计算表达式时，必须搞清楚表达式的计算顺序。表达式的计算顺序首先是由运算符的优先级决定的，优先级高的先做，优先级低的后做；其次是由运算符的结合性决定的，在优先级相同的情况下，由结合性决定，有少数运算符的结合性从右至左，而多数运算符的结合性是从左至右。

问：逻辑运算中，有什么需要特别注意的吗？

答： 在包含 && 和 || 运算符的逻辑表达式的求值过程中，当计算出某个操作数的值后就可以确定整个表达式的值时，计算便不再继续进行。这就是说，并不是所有的操作数都被求值，只是在必须求得下一个操作数的值才能求出逻辑表达式的值时，才计算该操作数的值。例如，在由一个或多个&&运算符组成的逻辑表达式中，自左向右计算各个操作数时，当计算到某个操作数的值为0时，则不再继续进行计算，这时，该逻辑表达式的值为0。同样，在由一个或多个 || 运算符组成的逻辑表达式中，自左向右顺序计算各个操作数时，当计算到某个操作数的值为非0时，则不再继续进行计算，这时该逻辑表达式的值为1。这就是说，在由 && 运算符组成的逻辑表达式中，只有所有的操作数都不为0时，所有的操作数才都被计算；而在由 || 运算符组成的逻辑表达式中，只有所有的操作数的值都不为非0时，所有的操作数才都被计算。

5.13　实战练习

(1) 有 3 个整数 a、b、c，由键盘输入，输出其中最大的数。

(2) 有一函数：当 x<1 时，y=x；当 1 ≤ x<10 时，y=2*x−1；当 10 ≤ x 时，y=3*x−11。写一个程序，任意输入一个整数 x，求出输出 y。

(3) 给一个百分制成绩，要求输出等级 'A'、'B'、'C'、'D'、'E'。90 分以上为 'A'，80~90 分为 'B'，70~79 分为 'C'，60 分以下为 'D'。

说明：对输入的数据进行检查，如小于 0 或大于 100，要求重新输入。(int)(score/10) 的作用是将 (score/10) 的值进行强制类型转换，得到一个整型值。

(4) 给定一个不多于 5 位的正整数，要求：① 求它是几位数；② 分别打印出每一位数字；③ 按逆序打印出各位数字，例如，原数为 321，应输出 123。

(5) 企业发放的奖金根据利润提成。利润 I 低于或等于 10 万元时，奖金可提成 10%；利润高于 10 万元低于 20 万元（100000<I ≤ 200000）时，10 万元按 10% 提成，高于 10 万元的部分，可提成 7.5%；200000<I ≤ 400000 时，20 万元仍按上述办法提成（下同），高于 20 万元的部分按 5% 提成；400000<I ≤ 600000 时，高于 40 万元的部分按 3% 提成；600000<I ≤ 1000000 时，高于 60 万元的部分按 1.5% 提成；I>1000000 时，超过 100 万元的部分按 1% 提成。从键盘输入当月利润 I，求应发放奖金总数。要求：

①用 if 语句编程序；

②用 switch 语句编程序。

第6章
顺序结构和选择结构

本章导读

    C 语言有 3 种控制结构，分别是顺序结构、选择结构和循环结构。顺序结构就是从上到下顺序执行，那么选择结构呢？什么时候选择呢？该如何选择呢？别急，一起来看看本章的内容吧。

本章课时：理论 4 学时 + 实践 2 学时

学习目标

- ▶ 程序流程概述
- ▶ 语句
- ▶ 顺序结构和语句
- ▶ 选择结构
- ▶ 综合应用——根据不同的利润计算奖金
- ▶ 综合应用——求解一元二次方程

6.1　程序流程概述

无论我们做什么事，无论是在生活、休闲还是在工作中，都有一个"先做什么、接着做什么、最后做什么"的先后顺序，这就是生活中的流程。如厨师烧制美味的菜肴，先购买所需的材料，然后按照烧制的顺序，什么时候放油，什么时候放肉类，什么时候放蔬菜，什么时候放调料，火调至多大，都是有讲究的。按菜谱的顺序和要求来做，便会制作出美味可口的菜肴。

在编程世界中，程序就相当于"菜谱"，是计算机动作执行的过程。而程序的流程便是"菜谱"中规定的执行顺序，即先做什么、后做什么。

程序的流程有顺序结构、选择结构和循环结构3种。

比如生产线上零件的流动过程，应该顺序地从一个工序流向下一个工序，这就是顺序结构。但当检测不合格时，就需要从这道工序中退出，或继续在这道工序中再加工，直到检测通过为止，这就是选择结构和循环结构。

6.2　语句

和其他的高级语言一样，C语言的语句用来对数据进行加工处理，完成一定的任务。一个程序或函数包含有若干条语句。利用语句不仅可以表达编程人员所要达到的目标，而且规定了达到此目标所要经历的步骤——这就是程序的执行流向。

下面先来了解C语言中有哪些语句。

C语言属于第三代语言，是过程性语言，具有结构化程序设计的方法。从程序执行流向的角度上讲，程序可以分为顺序、选择和循环3种基本结构，任何复杂的问题都可以由这3种基本结构结合而完成。但是每个结构中又包含若干条语句，C语句可以分为4类，即表达式语句、控制语句、空语句和复合语句。另外，本节还将介绍基本的赋值语句和输入/输出语句。

> 注意：C语句都是用来完成一定操作任务的。声明部分的内容不应称为语句。如 int a; 不是一个C语句，它不产生机器操作，只是对变量的定义。一个函数包含声明部分和执行部分，执行部分即由语句组成。

6.2.1　基本赋值语句

我们已经学习了赋值运算符和表达式，赋值语句就是在赋值表达式的后面加上分号，是C语言中比较典型的一种语句，而且也是程序设计中使用频率最高、最基本的语句之一，其一般形式为：

变量 = 表达式 ;

功能：首先计算"="右边表达式的值，将值类型转换成"="左边变量的数据类型后，赋给该变量（即把表达式的值存入该变量存储单元）。

说明：赋值语句中，"="左边是以变量名标识的内存中的存储单元。在程序中定义变量，编译程序将为该变量分配存储单元，以变量名代表该存储单元。所以出现在"="左边的通常是变量。例如：

```
int i; float a=3.5;
i=1;
```

```
i=i+a;
a+1=a+1;    /* 错误 */
```

分析：先把 1 赋给变量 i，则 i 变量的值为 1，接着计算 i+a 的值为 4.5，把 4.5 转换成 int 类型，即 4，再赋给 i，则 i 的值变为 4。原来的值 1 消失了，这是因为 i 代表的存储单元任何时刻都只存放一个值，后存入的数据 4 把原先的 1 覆盖了。a+1=a+1; 是错误的，因为 "=" 左边的 a+1 不代表存储单元。

6.2.2　表达式语句

由一个表达式加一个分号构成一个表达式语句，这是 C 语言中最简单的语句之一，其一般形式为：

表达式；

注意：从语法上讲，任何表达式的后面加上分号都可以构成一条语句，例如 a*b; 也是一条语句，实现 a、b 相乘，但相乘的结果没有赋给任何变量，也没有影响 a、b 本身的值，所以这条语句并没有实际意义。

6.2.3　基本输入 / 输出语句

在前面的程序中已经使用过 printf() 函数和 scanf() 函数，分别用来实现数据的输出和输入。这两个函数是 C 语言提供的格式化的输入 / 输出函数。在这两个函数后面加分号，就构成了函数调用语句，它也属于表达式语句的一种。

1. 基本输出语句

printf() 本身是 C 语言的输出函数，功能是按指定的输出格式把相应的参数值在标准输出设备（通常是终端）上显示出来。其一般使用格式是：

printf(格式控制串，参数 1，参数 2，…);

例如：

printf("a,b 的值分别为：%d,%d",a,b);

其中，格式控制串是由双引号引起来的字符串，如 "a、b 的值分别为：%d,%d"。如上例的 "%d"，称为转换说明，是由 "%" 和类型描述字符构成的，它的作用是将指定的数据按该格式输出。在格式控制串与参数之间用逗号作为分隔符。参数就是所要输出的数据。每一个转换说明就对应一个参数，如第 1 个 "%d" 对应参数 a，第 2 个 "%d" 对应参数 b。

那么 "%d" 后面为什么是 d 呢？表 6-1 列出了常用的转换说明及作用。

表 6-1

转换说明	输出形式	举　例	输　出
%d	十进制的 int 型	printf("count is %d",34);	count is 34
%f	十进制的 double 型	printf("the max is %f",max=3.123);	the max is 3.123
%c	单个字符	printf("**%c**",a='A');	**A**
%s	字符串	printf("%s", "hello world! ");	hello world!
%o	无符号八进制数	printf("Oce=%o",a=034);	Oce=34
%x	无符号十六进制数	printf("Hex=%x",a=0xFF4e);	Hex=FF4e
%%	% 本身	printf("a%%b==3");	a%b==3

【范例 6-1】分析下面程序的输出结果。

(1) 在 Visual C++ 6.0 中，新建名称为 "analysis program.c" 的【Text File】文件。

(2) 在代码编辑区域输入以下代码（代码 6-1.txt）。

```
01  #include<stdio.h>   /*stdio.h 是指标准库中输入输出的头文件 */
02  int main()
03  {
04    printf("%d,%c\n",65,65);
05    printf("%d,%c,%o\n",66,66+32,66+32);
06    return 0;
07  }
```

【运行结果】

编译、连接、运行程序，即可在控制台输出如图 6-1 所示结果。

图 6-1

【范例分析】

本范例中，使用了 3 种常用的输出格式来输出不同类型的数据。其中需要注意的是，十进制整型的输出格式设为 %d，则输出为该数据对应的 ASCII 码表示的字符。如第 1 条输出语句 "printf("%d,%c\n",65,65);" 中的第 2 个格式符是 "%c"，而对应的输出数据是十进制整型的 65，输出结果为字符 "A"，是因为 65 在 ASCII 编码集中对应的是字符大写 A，而输出格式是以字符格式输出，因此输出为字符 A。

反之，若字符 A 以 %d 格式输出，则会输出在 ASCII 编码集中对应的十进制数 65。

2. 基本输入语句

基本输入语句的功能是接收用户从键盘上输入的数据，并按照格式控制符的要求进行类型转换，然后送到由对应参数所指定的变量单元中。其一般格式为：

scanf(格式控制串，参数地址 1，参数地址 2，…);

例如：

scanf("%d%f",&a,&b);

与 printf() 类似，格式控制串是用双引号引起来的字符串，如 "%d" 和 "%f"，其作用是将用户输入的数据转换成指定的输入格式。参数地址是指明输入数据所要放置的地址，因此参数地址部分必须为变量，且变量名之前要加上 & 运算符，表示取变量的地址，如 "&a,&b"。而且，一个转换说明对应一个参数，如 "%d" 对应参数 "&a"、"%f" 对应参数 "&b"。表 6-2 列出了常用的转换说明及作用。

表 6-2

转换说明	输出形式	举 例	输 入
%d	匹配带符号的十进制的 int 型	scanf("%d",&a);	输入 20，则 a 为 20
%f	匹配带符号的十进制的浮点数	scanf("%f",&a);	输入 2.0，则 a 为 2.000000
%c	匹配单个字符	scanf("%c",&a);	输入 a，则 a 为 'a'
%s	匹配非空白的字符序列	scanf("%s",&s);	输入 hello，则数组 s 中放置 hello，末尾自动加上空字符
%o	匹配带符号的八进制数	scanf("%o",&a);	输入 754，则 a 为八进制 754
%x	匹配带符号的十六进制数	scanf("%x",&a);	输入 123，则 a 为十六进制 123

【范例 6-2】计算圆的面积，其半径由用户指定。

(1) 在 Visual C++ 6.0 中，新建名称为 "Circle Area.c" 的【Text File】文件。

(2) 在代码编辑区域输入以下代码（代码 6-2.txt）。

```
01  #include <stdio.h>        /*stdio.h 是指标准库中输入输出流的头文件 */
02  int main()
03  {
04    float radius,area ;
05    printf(" 请输入半径值：  " );
06    scanf("%f",&radius);    /* 输入半径 */
07    area=3.1416*radius*radius;
08    printf("area=%f\n",area);        /* 输出圆的面积 */
09     return 0;
10  }
```

【运行结果】

编译、连接、运行程序，根据提示输入圆的半径值 4，按【Enter】键，即可计算并输出圆的面积，如图 6-2 所示。

图 6-2

【范例分析】

该程序首先定义两个 float 类型的变量 radius 和 area，在屏幕上输出 "请输入半径值："的提示语句，接着从键盘获取数据传给变量 radius，然后为变量 area 赋值，最后将 area 的值输出。

6.2.4 控制语句

控制语句用于完成一定的控制功能，由特定的语句定义符组成。C 语言中有 9 种控制语句，分别是 if-else 语句、for 语句、while 语句、do-while 语句、break 语句、switch 语句、goto 语句、continue 语句和 return 语句。

6.2.5　空语句和复合语句

空语句只由一个分号构成。即：

```
;
```

它表示什么都不做，有时用来作被转向点，或为循环体提供空体（循环什么也不做）。例如：

```
while(getchar()! = '\n');
```

或写为：

```
while(getchar()! = '\n')
;
```

复合语句就是用"{ }"把多个单一的语句括起来。
复合语句的一般形式为：

```
{
  z=x+y;
  t=z/100;
  printf("%f",t);
}
```

> ⚠ 注意：复合语句中最后一条语句的分号不能忽略不写（这是和 PASCAL 的不同之处），而且复合语句的"{ }"之后不能有"；"。"{ }"必须成对使用。复合语句当中可以是表达式语句、复合语句、空语句等。

6.3　顺序结构和语句

顺序结构是程序设计中最常用、最简单的基本结构之一。在顺序结构中，程序是按照语句的书写顺序依次执行的，语句在前的先执行，语句在后的后执行。顺序结构虽然只能满足设计简单程序的要求，但它是任何一个程序的主体结构，即从整体上看，都是从上向下依次执行的。但在顺序结构中又包含了选择结构或循环结构，而在选择和循环结构中往往也以顺序结构作为其子结构。

顺序结构的流程图如图 6-3 所示。

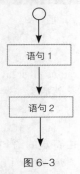

图 6-3

其含义为：先执行语句 1，再执行语句 2。执行顺序与书写的顺序一致。
例如：

```
a=3;
b=4;
c=a+b;
```

其执行顺序是先执行 a=3，再执行 b=4，最后执行 c=a+b。

【范例 6-3】"鸡兔同笼问题"。鸡有 2 只脚，兔有 4 只脚，如果已经鸡和兔的总头数为 h，总脚数为 f。问笼中各有多少只鸡和兔。

第 1 步：问题分析。

设笼中的鸡有 m 只，兔有 n 只，可以列出方程组：

$$\begin{cases} m+n=h \\ 2m+4n=f \end{cases} \quad \text{解方程组得：} \quad \begin{cases} m=\dfrac{4h-f}{2} \\ n=\dfrac{f-2h}{2} \end{cases}$$

第 2 步：编程实现。

(1) 在 Visual C++ 6.0 中，新建名称为 "hens and rabbits.c" 的【Text File】文件。
(2) 在代码编辑区域输入以下代码（代码 6-3.txt）。

```
01  #include<stdio.h>
02  int main()
03  {
04      int h,f,m,n;
05      printf(" 请输入鸡和兔的总头数： ");
06      scanf("%d",&h);          /* 由用户输入总头数 */
07      printf(" 请输入鸡和兔的总脚数： ");
08      scanf("%d",&f);          /* 由用户输入总脚数 */
09      m=(4*h-f)/2;
10      n=(f-2*h)/2;    /* 根据方程求解 */
11      printf(" 笼中鸡有 %d 只，兔有 %d 只 !\n",m,n);    /* 输出结果 */
12      return 0;
13  }
```

【运行结果】

编译、连接、运行程序，根据提示输入总头数 10 和总脚数 32，按【Enter】键，即可计算并输出笼中有多少只鸡、多少只兔，如图 6-4 所示。

图 6-4

【范例分析】

该程序是一个顺序结构的程序，首先定义 4 个 int 类型的变量，在屏幕上输出"请输入鸡和兔的总头数："及"请输入鸡和兔的总脚数："的提示语句，之后从键盘获取数据赋值给变量 h 和 f，

从零开始 ▎C语言程序设计基础教程（云课版）

然后列出由上面方程求解得到的公式，计算出鸡和兔各有多少只，最后输出结果。程序的执行过程是按照书写语句，一步一步地按顺序执行，直至程序结束的。

在该程序中，运算的结果是由用户输入的总头数与总脚数决定的，也就是说，程序运行的结果可能每次都是不同的，是由用户决定的。

注意：第 9、10 两行的语句是由方程求解得到的，在编写程序时，不能按数学公式输入。如：

$$m= \frac{4h-f}{2}$$

这样的输入是错误的，必须把公式写在一行上，因此分子必须加上圆括号，保证分子部分是个整体。但是这样输入也是不对的，如 m=(4h-f)/2。C 程序中的相乘操作中间必须有乘号 "*"，而不能写成数学上的 4h。

6.4　选择结构

选择结构通过对给定的条件进行判断来确定执行哪些语句。

6.4.1　选择结构

C 语言中的选择结构也称为分支结构，选择结构可以用分支语句来实现。分支语句包括 if 语句和 switch 语句。if 语句提供一种二路选择，它根据表达式的值来决定执行给出的两个程序段之一；switch 是一种专门进行多路选择问题的语句。

6.4.2　单分支选择结构——if 语句

单分支结构是 if 语句的最简单形式之一，其一般语法为：

```
if( 表达式 )
    语句;
```

其执行过程为，先计算表达式的值，如果表达式为非 0（即为真），则执行语句；否则不执行任何语句，退出 if 语句，继续执行 if 语句之后的部分。该格式中的"语句"有可能不被执行（当表达式为假时）。

其中，表达式必须是关系表达式或逻辑表达式，语句可以为简单语句或复合语句，本书后面的内容凡提到"语句"的部分都是指简单语句或复合语句。用流程图表示如图 6-5 所示。

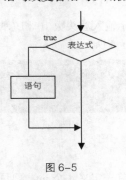

图 6-5

例如：

```
if(x>y)
    printf("%d",x);
```

这个语句的含义为：如果 x 大于 y，输出 x 的值，否则什么也不做。

⚠️ 提示：初学者容易在语句 (if) 后面误加分号，例如：

f(x>y)；x+=y；

这样相当于满足条件执行空语句，下面的 x+=y 语句将被无条件执行。一般情况下，if 条件后面不需要加分号。

【范例 6-4】输入 3 个不同的数，按从大到小的顺序输出。

第 1 步：问题分析。

假设 3 个数分别为 a、b、c。
(1) 将 a 与 b 比较，把较大者放在 a 中，较小者放在 b 中。
(2) 将 a 与 c 比较，把较大者放在 a 中，较小者放在 c 中。此时，a 为三者中的最大者。
(3) 将 b 与 c 比较，把较大者放在 b 中，较小者放在 c 中。此时，a、b、c 已经按从大到小的顺序排列。

用流程图描述如图 6-6 所示。

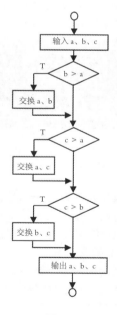

图 6-6

第 2 步：编程实现。

(1) 在 Visual C++ 6.0 中，新建名称为 "sort.c" 的【Text File】文件。
(2) 在代码编辑区域输入以下代码（代码 6-4.txt）。

```
01  #include<stdio.h>
```

```
02   int main()
03   {
04     int a,b,c,t;      /*t 为临时变量 */
05     printf(" 请输入 a,b,c?:");
06     scanf("%d%d%d",&a,&b,&c);
07     if(a<b)           /* 如果 a<b, 交换 a、b 的值, 通过下面 3 条语句实现, 使 a 中始终存放较大者 */
08     {
09       t=a;
10       a=b;
11       b=t;
12     }
13     if(a<c) {t=a;a=c;c=t;} /* 若 a<c, 交换 a、c 的值, 那么 a 是三者的最大值 */
14     if(b<c) {t=b,b=c,c=t;}/* 再比较 b 与 c 的大小, 使 b 为第二大者 */
15     printf(" 从大到小输出为: \n");
16     printf("%d\t %d \t%d\n",a,b,c); /* 输出排序后的结果 */
17     return 0;
18   }
```

【运行结果】

编译、连接、运行程序, 根据提示分别输入 a、b、c 的值 20、–9、3 后, 按【Enter】键, 即可输出 a、b、c 这 3 个数从大到小排序的结果, 如图 6-7 所示。

图 6-7

【范例分析】

实现两个变量的交换, 通常要引用第 3 个变量, 进行 3 次赋值操作。假设 a 的值为 2, b 的值为 3, 交换 a、b 两个变量, 需要引用第 3 个变量 t, 执行 t=a;a=b;b=t 才可以。其过程为将 a 的值 2 赋给 t, 此时变量 a 与 t 的值都为 2; 再将 b 的值赋给 a, a 中的值已经变成了 3; 最后将 t 中的值赋给 b, t 中存放的是原来 a 的值即 2, 赋给 b 后, b 的值就是 2。

但是如果写成 "a=b; b=a;" 就错了。因为 b 的值赋给 a 后, a 的值变成了 3, 原来的 2 已经不存在了, 再执行 b=a, 结果两个变量是同值, 都是 3。可见这两条语句并不能实现变量的交换。

提示: 在 if 语句中, 可以包含多个操作语句（如【范例 6-4】）, 此时必须用 "{}" 将几条语句括起来作为一个复合语句。

6.4.3 双分支选择结构——if-else 语句

if 语句的标准形式为 if-else, 当给定的条件满足时, 执行一个语句; 当条件不满足时, 执行另一个语句。其一般语法格式为:

```
if ( 表达式 )
语句 1;
else
语句 2;
```

其执行过程为：先计算表达式的值，如果表达式的值为非 0（即为真），则执行语句 1，否则执行语句 2。总之，该格式中的"语句 1"和"语句 2"总会有一个得到执行。

图 6-8 展示了 if-else 语句的流程。

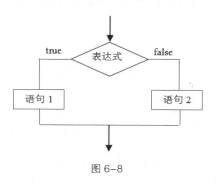

图 6-8

例如：

```
if(a>0)
    printf("a is positive.\n");
    else
    printf("a is not positive.\n");
```

该程序段的含义为，如果 a 大于 0，输出"a is positive."，否则输出"a is not positive."。

注意：else 部分不能独立存在，即 else 前面一定有一个"；"，它一定是 if 语句的一部分。

【范例 6-5】判断输入的整数是否是 13 的倍数。

(1) 在 Visual C++ 6.0 中，新建名称为"13 times.c"的【Text File】文件。
(2) 在代码编辑区域输入以下代码（代码 6-5.txt）。

```
01  #include<stdio.h>
02  int main()
03  {
04    int num;
05    printf(" 请输入一个整数: ");
06    scanf("%d",&num);      /* 由用户输入 */
07    if(num%13==0)          /* 若输入的数是 13 的倍数，则执行下面的语句 */
08      printf("%d 是 13 的倍数 !\n",num);
09    else   /* 若输入的数不是 13 的倍数，则执行下面的语句 */
10      printf("%d 不是 13 的倍数 !\n",num);
11    return 0;
12  }
```

【运行结果】

编译、连接、运行程序，根据提示输入任意一个整数，按【Enter】键，即输出该整数是否为13倍数的信息，如图6-9所示。

图 6-9

【范例分析】

本范例中判定一个整数是否为13的倍数的方法是该数被13除，如果能除尽（即余数为0），就是13的倍数，否则就不是13的倍数。

if 后面"()"内的表达式应该为关系或逻辑表达式，该范例中是一个逻辑表达式，判断两式是否相等。如果在条件括号内只是单一的一个量，则 C 语言规定：以数值 0 表示"假"，以非 0 值表示"真"。因为在 C 语言中，没有表示"真""假"的逻辑量。

本范例是一个比较简单的例子，现实中的各种条件是很复杂的，在一定的条件下，又需要满足其他的条件才能确定相应的动作。为此，C 语言提供了 if 语句的嵌套功能，即一个 if 语句能够出现在另一个 if 语句或 if-else 语句里，详见 6.4.4 节的内容。

6.4.4 多分支选择结构——if-else 的嵌套形式

前两种形式的 if 语句一般用于两个分支的情况。在 if 语句中又可以包含一个或多个 if 语句，这种形式称作 if 语句的嵌套。if 语句嵌套的目的是解决多路选择问题。

嵌套有如下两种形式。

1. 嵌套在 else 分支中，形成 if...else...if 语句。

其形式表示为：

```
if ( 表达式 1)   语句 1;
else  if ( 表达式 2) 语句 2;
else  if ( 表达式 3) 语句 3;
 ...
else   语句 n;
```

该结构的流程图如图 6-10 所示。

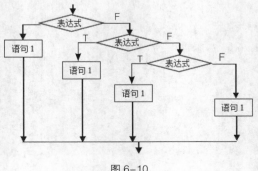

图 6-10

【范例 6-6】评价学生的成绩。按分数 score 输出等级：score ≥ 90 为优，80 ≤ score < 90 为良，70 ≤ score < 80 为中等，60 ≤ score < 70 为及格，score < 60 为不及格。

(1) 在 Visual C++ 6.0 中，新建名称为"evaluate grade1.c"的【Text File】文件。
(2) 在代码编辑区域输入以下代码（代码 6-6.txt）。

```
01  #include<stdio.h>
02  int main()
03  {
04      int score;
05      printf(" 请输入成绩 :");
06      scanf("%d",&score);    /* 由用户输入成绩 */
07      if(score>=90)/* 判断成绩是否大于等于 90*/
08          printf("\n 优 \n");
09      else if(score>=80)     /* 判断成绩是否大于等于 80 小于 90*/
10          printf("\n 良 \n");
11      else if(score>=70)     /* 判断成绩是否大于等于 70 小于 80*/
12          printf("\n 中 \n");
13      else if(score>=60)     /* 判断成绩是否大于等于 60 小于 70*/
14          printf("\n 及格 \n");
15      else  /* 成绩小于 60*/
16          printf("\n 不及格 \n");
17      return 0;
18  }
```

【运行结果】

编译、连接、运行程序，根据提示输入任意一个成绩，按【Enter】键，即输出该成绩对应等级的信息，如图 6-11 所示。

图 6-11

【范例分析】

本范例中，5 个输出语句只能有一个得到执行。在处理类似的多分支结构时，我们可以画一条数轴，将各个条件的分界点标在数轴上，并且要从数轴的其中一端开始判断。例如，本范例中共有 5 种情况，每种情况对应不同的结果，是从高向低判断的，90 分开始判断，先考虑大于 90 分的情况，然后是小于 90 分的情况，再考虑大于等于 80 分的情况等，一直将所有的情况分析完毕。如果从最低点 60 分处开始判断，即先考虑小于 60 分的情况，再考虑大于等于 60 分的情况，程序分支部分可以改写为：

```
if(score<60)
```

```
        printf("\n 不及格 \n");
else if(score<70)
        printf("\n 及格 \n");
else if(score<80)
        printf("\n 中等 \n");
else if(score<90)
        printf("\n 良 \n");
else
        printf("\n 优 \n");
```

> 注意：一般使用嵌套结构的 if 语句时，需注意合理地安排给定的条件，即既要符合给定问题在逻辑功能上的要求，又要增加可读性。

2. 嵌套在 if 分支中。

其形式为：

```
if( 表达式 1)
        if( 表达式 2)
                语句 1;
        else
                语句 2;
else  语句 3;
```

该结构的流程图如图 6-12 所示。

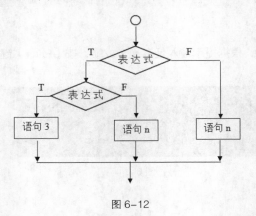

图 6-12

【范例 6-7】判断某学生的成绩 score 是否及格，如果及格是否达到优秀（score ≥ 90 ）。

(1) 在 Visual C++ 6.0 中，新建名称为 "evaluate grade2.c" 的【Text File】文件。

(2) 在代码编辑区域输入以下代码（代码 6-7.txt ）。

```
01  #include<stdio.h>
02  int main()
03  {
```

```
04     int score;
05     printf(" 请输入该学生成绩 :");
06     scanf("%d",&score);    /* 由用户输入成绩 */
07     if(score>=60)/* 判断成绩是否大于等于 60*/
08      if(score>=90)            /* 若大于 60，是不是还大于等于 90*/
09          printf("\n 优秀 \n");
10      else /* 大于 60 但小于 90*/
11          printf("\n 及格 \n");
12      else/* 小于 60*/
13          printf("\n 不及格 \n");
14     return 0;
15   }
```

【运行结果】

编译、连接、运行程序，根据提示输入任意一个成绩，按【Enter】键，即输回该成绩对应等级的信息，如图 6-13 所示。

图 6-13

【范例分析】

本范例中采用的是第 2 种嵌套形式，如果在 if 分支中嵌套的是 if 语句的单分支结构，就成了下面的情况。

```
if( 表达式 1)
    if( 表达式 2)
      语句 1;
else  语句 2;
```

改写【范例 6-7】，即把 "else printf("\n 及格 \n");" 去掉，整个程序就变成了下面的情况。

```
if(score>60)
   if(score>=90)
      printf("\n 优秀 \n");
else
      printf("\n 不及格 \n");
```

此时，从书写形式上看，"else printf("\n 不及格 \n");" 似乎与 if(score>60) 是匹配的，它们上下是对齐的，但是 C 语言是一种无格式语言，可以不分行、不分结构，只要语法关系对，就能通过编译。所以说，C 语言不会按所写的格式来分析语法。

C 语言规定了 if 和 else 的 "就近配对" 原则，即 else 总是与前面最近的（未曾配对的）if 配对。

那么上面的代码实际等价于下面的情况。

```
if(score>60)
{   if(score>=90)
        printf("\n 优秀 \n");
else
        printf("\n 不及格 \n");
}
```

也就是 else 与第 2 个 if 构成了 if–else 语句，但从逻辑上来看，与题目是矛盾的。为了保证 else 与第 1 个 if 配对，必须用圆括号将第 2 个 if 语句括起来作为第 1 个 if 语句的分支，即：

```
if(score>60)
{   if(score>=90)
        printf("\n 优秀 \n");
}
else
    printf("\n 不及格 \n");
```

> 提示：if 语句的嵌套结构可以是 if...else 形式和 if 形式的任意组合，被嵌套的 if 语句仍然可以是 if 语句的嵌套结构，但在实际使用中是根据实际问题来决定的，如果需要改变配对关系，可以加 "{}"。

为了便于书写和阅读，可采用左对齐形式，即相匹配的 "if" 和 "else" 左对齐，上下都在同一列上，这样显得层次清晰。

6.4.5　多分支选择结构——switch 语句

前面介绍了 if 语句的嵌套结构可以实现多分支，但实现起来，if 的嵌套层数过多，程序冗长且较难懂，还会使得程序的逻辑关系变得不清晰。如果采用 switch 语句实现分支结构则比较清晰，而且更容易阅读及编写。

switch 语句的一般语法格式为：

```
switch( 表达式 )
{
    case 常量表达式 1：语句 1；[break; ]
    case 常量表达式 2：语句 2；[break; ]
    …
    case 常量表达式 n：语句 n；[break; ]
    [default：语句 n+1； ]
}
```

其中，[ ] 括起来的部分是可选的。

执行过程：先计算表达式的值，并逐个与 case 后面的常量表达式的值进行比较，当表达式的值与某个常量表达式 i 的值一致时，就从语句 i 开始执行，直到遇到 break 语句或 switch 语句的 "}"；

若表达式与任何常量表达式的值均不一致，则执行 default 后面的语句或执行后续语句。

例如：

```
switch(x)
{  case 1:  printf("statement 1.\n");  break;
     case 2:  printf("statement 2.\n");  break;
     default: printf("default");
}
```

以上代码在执行时，如果 x 的值为 1，则输出 statement 1.。

说明：x 的值与 1 一致就处理后面的输出语句，然后遇到 break 语句，退出 switch 结构。同样，如果 x 的值为 2，则输出"statement 2."；如果 x 的值是除了 1 和 2 以外的其他值，程序则输出"default"，遇到"}"退出 switch 结构。

switch 结构的说明如下。

(1) switch 后面的表达式类型一般为整型、字符型和枚举型，但不能为浮点型。

(2) 常量表达式 i 仅起语句标号作用，不作求值判断。

(3) 每个常量表达式的值必须各不相同，没有先后次序。

(4) 多个 case 语句可以共用一组执行语句，如：

```
switch(x)
{  case 1:
     case 2:  printf("statement 2.\n");
     default: printf("");
}
```

表示 x 的值为 1 或 2 都执行" printf("statement 2.\n");"语句。

【范例 6-8】根据一个代表星期几的 0~6 之间的整数，在屏幕上输出它代表的是星期几。

(1) 在 Visual C++ 6.0 中，新建名称为"Numerical Week.c"的【Text File】文件。

(2) 在代码编辑区域输入以下代码（代码 6-6.txt）。

```
01  # include  <stdio.h >
02  int main()
03  {
04     int w ;          /* 定义代表星期几的整数变量 w*/
05     printf( " 请输入代表星期几的整数 (0-6)：") ;
06     scanf("%d",&w);          /* 从键盘获取数据赋值给变量 w*/
07     switch ( w ) {          /* 根据变量 w 的取值选择执行不同的语句 */
08     case 0：     /* 当 w 的值为 0 时执行下面的语句 */
09       printf(" It's Sunday .\n");
10           break ;
11     case 1：     /* 当 w 的值为 1 时执行下面的语句 */
12       printf(" It's Monday .\n");
13       break ;
14     case 2：     /* 当 w 的值为 2 时执行下面的语句 */
```

```
15        printf(" It's Tuesday .\n");
16        break ;
17    case 3:      /* 当 w 的值为 3 时执行下面的语句 */
18        printf(" It's Wednesday .\n");
19        break ;
20    case 4:      /* 当 w 的值为 4 时执行下面的语句 */
21        printf(" It's Thuesday .\n");
22        break ;
23    case 5:      /* 当 w 的值为 5 时执行下面的语句 */
24        printf(" It's Friday .\n");
25        break ;
26    case 6:      /* 当 w 的值为 6 时执行下面的语句 */
27        printf(" It's Saturday .\n");
28        break ;
29    default : printf(" Invalid data!\n");        /* 当 w 取别的值时 */
30    }
31    return 0;
32 }
```

【运行结果】

编译、连接、运行程序，根据提示输入"6"（0~6 中的任意一个整数），按【Enter】键，即可在命令行中输出如图 6-14 所示结果。

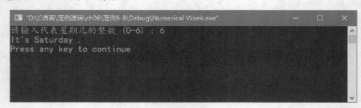

图 6-14

【范例分析】

本范例中，首先从键盘输入一个整数赋值给变量 w，根据 w 的取值分别执行不同的 case 语句。例如当从键盘为 w 赋值 6 时，执行 case 6 后面的语句。

```
printf(" It's Saturday .\n");
break ;
```

于是，在屏幕上输出"It's Saturday."。从本范例可以看到，switch 语句中的每一个 case 的结尾通常有一个 break 语句，它停止 switch 语句的继续执行，而转向该 switch 语句的下一个语句。但是，使用 switch 语句比用 if-else 语句简洁得多，可读性也好得多。因此遇到多分支选择的情形，应当尽量选用 switch 语句，而避免采用嵌套较深的 if-else 语句。

技巧：case 后面的常量表达式可以是一条语句，也可以是多条语句，甚至可以是在 case 后面的语句中再嵌套一个 switch 语句。

6.5 综合应用——根据不同的利润计算奖金

【范例6-9】企业发放的奖金根据利润提成。从键盘输入当月利润，求应发放奖金总数。

$$
奖金 = \begin{cases}
利润 \times 10\% & 利润 \leq 10\ 万元 \\
利润 \times 12\% & 10\ 万元 < 利润 \leq 20\ 万元 \\
利润 \times 14\% & 20\ 万元 < 利润 \leq 40\ 万元 \\
利润 \times 16\% & 40\ 万元 < 利润 \leq 60\ 万元 \\
利润 \times 18\% & 60\ 万元 < 利润 \leq 100\ 万元 \\
利润 \times 20\% & 利润 > 100\ 万元
\end{cases}
$$

(1) 在 Visual C++ 6.0 中，新建名称为 "numSum.c" 的【Text File】源文件。
(2) 在代码编辑区域输入以下代码（代码6-9.txt）。

```c
01   #include <stdio.h>
02   int main()
03   {
04       float x,y;
05       int n;
06       scanf("%f",&x);
07       n=(int)x/10;
08       if((int)x/10==x/10) n--;
09       switch(n)
10       {
11       case 0:y=x*0.1;break;
12       case 1:y=x*0.12;break;
13       case 2:case 3:y=x*0.14;break;
14       case 4:case 5:y=x*0.16;break;
15       case 6:case 7:case 8:case 9:y=x*0.18;break;
16       default:y=x*0.2;
17       }
18       printf("y=%.2f\n",y);
19       return 0;
20   }
```

【运行结果】

编译、连接、运行程序，根据提示从键盘输入当月利润，按【Enter】键，即可输出应发放奖金数，如图6-15所示。

图 6-15

【范例分析】

程序中的变量 x 表示当月利润，为浮点型，scanf() 函数用于输入 x 的值，变量 y 表示应发奖金的总数，为程序的输出值。本程序主要采用 switch 选择结构，而使用 switch 解题的关键，是通过分析找到表达式，将问题分成几种情况，如图 6-16 所示。

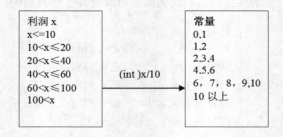

图 6-16

用这种方法转换后，n 出现了在不同区域有重复数字的情况。解决的方法有很多，其中一种是可以采用当 x 为 10 的整数倍时，将计算出的 n 值减 1。例如，当输入的 x 值为 9.700 时，(int)x/10=1，即 n=1。此时如果 n 不做减 1 处理，那么所求发放奖金总额为 y=x*0.12，但按照题目要求，此时发放金额总数应为 y=x*0.1，将 n 减 1 后便可采用 switch 语句处理了。

6.6　综合应用——求解一元二次方程

【范例 6-10】求一元二次方程 $ax^2+bx+c=0$ 的根。

第 1 步：结构化分析。

先从最上层考虑，求解问题的算法可以分成 3 个小问题，即输入问题、求解问题和输出问题。这 3 个小问题就是求一元二次方程根的 3 个功能模块——输入模块 M1、计算处理模块 M2 和输出模块 M3。其中，M1 模块用于输入必要的原始数据，M2 模块根据求根算法求解，M3 模块完成所得结果的显示或打印。这样的划分，可使求一元二次方程根的问题变成 3 个相对独立的子问题。其模块结构如图 6-17 所示。

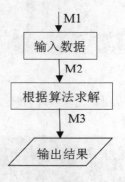

图 6-17

分解出来的 3 个模块在总体上是顺序结构。其中，M1 和 M3 模块完成简单的输入和输出，可以直接设计出程序流程，不需要再分解。而 M2 模块完成求根计算，求根则需要首先判断二次项系数 a 是否为 0。当 a=0 时，方程蜕化成一次方程，求根方法就不同于二次方程。如果 a ≠ 0，则要根据 b^2-4ac 的情况求二次方程的根。其模块结构如图 6-18 所示。

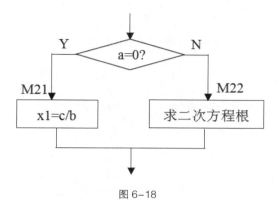

图 6-18

此次分解后，M21 子模块的功能是求一次方程的根，其算法简单，可以直接表示。M22 的功能是求二次方程的根，用流程图表示算法如图 6-19 所示，它由简单的顺序结构和一个选择结构组成，这就是 M22 模块的流程。

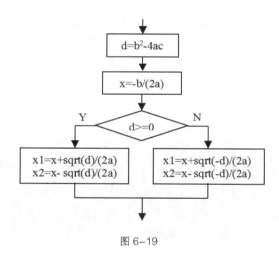

图 6-19

第 2 步：编程实现。

(1) 在 Visual C++ 6.0 中，新建名称为 "Root.c" 的【Text File】文件。

(2) 在代码编辑区域输入以下代码（代码 6-10.txt）。

```
01   #include<stdio.h>
02   #include<math.h>           /* 调用 sqrt() 函数，必须包含头文件 math.h*/
03   int main()
04   {
05     float a,b,c,d;
06     float x1,x2,x;
07     printf(" 请输入 a、b、c 值: ");  /* 提示用户输入 */
08     scanf("%f%f%f",&a,&b,&c);        /* 用户由键盘输入 a、b、c 的值 */
```

```
09      if(a==0.0)       /* 如果 a 为 0，方程的两个根均为 -c/b*/
10      {
11          x1=x2=-c/b;
12      }
13      else   /* 如果 a 不为 0，执行以下代码 */
14      {
15          d=b*b-4*a*c;
16          x=-b/(2*a);
17          if(d>=0)       /* 如果 b*b-4*a*c>=0，计算出如下平方根 */
18          {
19              x1=x+sqrt(d)/(2*a);
20              x2=x-sqrt(d)/(2*a);
21          }
22          else/* 如果 b*b-4*a*c<0，计算出如下平方根 */
23          {
24              x1=x+sqrt(-d)/(2*a);
25              x2=x-sqrt(-d)/(2*a);
26          }
27      }
28      printf("\n 该方程式的两个根分别为：%f,%f\n",x1,x2);        /* 输出结果 */
29      return 0;
30  }
```

【运行结果】

编译、连接、运行程序，从键盘输入 a、b、c 这 3 个数的值，按【Enter】键，即可计算出方程的两个根，如图 6-20 所示。

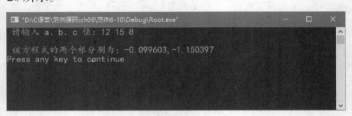

图 6-20

6.7 本章小结

(1) 在 if 的 3 种形式中，所有的语句应均为单个语句，当满足条件需要执行多个语句时，应用一对大括号 "{}" 将需要执行的多个语句括起，形成一个复合语句。

(2) if 语句中表达式形式很灵活，可以是常量、变量、任何类型表达式、函数、指针等。只要表达式的值为非零值，条件就为真，反之条件为假。

(3) else 与 if 的匹配原则是 "就近一致原则"，即 else 总是与它前面最近的 if 相匹配。

(4) switch 语句，根据表达式的不同值，可以选择不同的程序分支，又称开关语句。case 中常量表达式的值必须互不相同，否则执行时将出现矛盾，即同一个开关值将对应多种执行方案。

(5)C语言提供了一种 break 语句，其功能是可以跳出它所在的 switch 语句。

(6)在编写 switch 语句时，switch 中的表达式一般为数值型或字符型。

6.8 疑难解答

问：在使用 if 语句时，我们还要注意哪些问题呢？

答：在 if 的 3 种形式中，所有的语句应均为单个语句，当满足条件需要执行多个语句时，应用一对大括号 "{}" 将需要执行的多个语句括起，形成一个复合语句。例如：

```
if(a>b){a++; b--;}
else {a=0;b=5; }/* 大括号后不加分号 */
```

同时，if 语句中表达式形式很灵活，可以是常量、变量、任何类型表达式、函数、指针等。只要表达式的值为非零值，条件就为真，反之条件为假。下面的 if 语句也是可以的：

```
int main()
{
int a=3,b=6;
if(a=b) printf("%d",a);
if(3) printf("OK");
if('a') printf("%d",'a');
return 0;
}
```

当 if 语句中出现多个 if 与 else 的时候，要特别注意它们之间的匹配关系，否则就可能导致程序逻辑错误。else 与 if 的匹配原则是 "就近一致原则"，即 else 总是与它前面最近的 if 相匹配。

问：在使用 switch 语句时，我们还要注意哪些问题呢？

答：另一种重要的选择语句是 switch 语句，根据表达式的不同值，可以选择不同的程序分支，又称开关语句。case 中常量表达式的值必须互不相同，否则执行时将出现矛盾，即同一个开关值将对应多种执行方案。例如，下面是一种错误的表达方式。

```
switch （n）
{ case 1: n*n;
case 3: n--;
…
case 1: n++;  /*错误语句，case 中常量表达式的值必须互不相同 */
default : n+1;
}
```

在 switch 语句中，case 常量表达式只相当于一个语句标号，表达式的值和某标号相等则转向该标号执行，但不能在执行完该标号的语句后自动跳出整个 switch 语句，导致继续执行所有后面语句的情况。因此 C 语言提供了一种 break 语句，其功能是可以跳出它所在的 switch 语句。

```
switch(grade)
{
```

```
case 'A':
default:printf("grade<60");
case 'B':
case 'C':printf("grade>=60\n");break;
}
```

各 case 和 default 子句的先后顺序可以变动，不会影响程序执行结果。并且，default 语句可以省略。在格式方面，case 和 default 与其后面的常量表达式间至少有一个空格。switch 语句可以嵌套，break 语句只跳出它所在的 switch 语句。

最后，在编写 switch 语句时，switch 中的表达式一般为数值型或字符型。

6.9 实战练习

(1) 从键盘输入两个整数 a 和 b，如果 a 大于 b 则交换两个数，最后输出两个数。

(2) 输入两个整数，输出其中较大的数。

(3) 假设用 0、1、2……6 分别表示星期日、星期一……星期六。现输入一个数字，输出对应的星期几的英文单词。如果输入 3，输出 "Wednesday"。

(4) 将任意 3 个整数按从大到小的顺序排列。

(5) 给出一个不多于 4 位的正整数，求出它是几位数，逆序打印出各位数字。

(6) 任意输入 3 个数，判断能否构成三角形。若能构成三角形，是等边三角形、等腰三角形还是其他三角形?

(7) 从键盘输入一个年份，判断是否为闰年。

第 7 章
循环结构和转向语句

本章导读

    循环结构指的是在某一特定条件下，反复执行一个或者多个操作，直到该条件不再成立。在 C 语言中，合理地利用顺序、选择和循环 3 种控制结构，可以解决所有问题。

本章课时：理论 4 学时 + 实践 4 学时

学习目标

▶ 循环结构和语句

▶ 转向语句

▶ 经典循环案例

▶ 综合应用——简单计算器

7.1 循环结构和语句

当我们遇到的问题需要做重复、有规律的运算时，可以使用循环结构来实现。循环结构是程序中一种很重要的结构，其特点是，在给定条件成立时，反复执行某程序段，直到条件不成立为止。给定的条件称为循环条件，反复执行的程序段称为循环体。C语言提供有以下3种循环语句，可以组成各种不同形式的循环结构。

(1) for 语句。

(2) while 语句。

(3) do–while 语句。

7.1.1 循环结构

循环结构是指在满足循环条件时反复执行循环代码块，直到循环条件不能满足为止。C语言中有3种循环语句可用来实现循环结构，即 for 语句、while 语句和 do–while。这些语句各有特点，而且常常可以互相替代。在编程时，应根据不同要求选择合适的循环语句。下面先来看一个具有循环结构程序的例子。

【范例 7-1】 计算 100 之内的奇数之和。

(1) 在 Visual C++ 6.0 中，新建名称为 "Odd Sum.c" 的【Text File】文件。

(2) 在代码编辑区域输入以下代码（代码 7-1.txt）。

```
01  # include <stdio.h>        /* 是指标准库中输入输出流的头文件 */
02  int main()
03  {
04    int n = 1 ;    /* 为奇数变量 n 赋初值为 1*/
05    int sum = 0 ; /* 奇数的累加和 */
06    while ( n < 100 )      /* n 不能超过 100*/
07    {
08      sum += n ; /* 累加 */
09      n += 2 ;     /* 修改 n 为下一个奇数 */
10    }
11    printf("100 以内的奇数和是：%d\n",sum);
12    return 0;
13  }
```

【运行结果】

编译、连接、运行程序，即可计算出 100 之内的奇数之和，并在命令行中输出，如图 7–1 所示。

图 7–1

【范例分析】

在本例中，程序实现了 1+3+5+……+99 的计算，即求 100 以内所有正奇数的和。代码的第 4 行，设定了循环的初始条件，表示从 1 开始计算。代码的第 6 行，设定了循环条件，表示只要 n 小于 100，就执行循环体，也就是下面"{}"里的代码。代码的第 7~10 行是循环体，也就是需要被反复执行的代码，其中第 08 行是求和，第 09 行是改变循环变量 n 的值，以便进行下一次循环。随着 n 值不断被 +2，n 的值也会不断增加，直到 n 的值不再小于 100（本例中 n 达到 101 时），循环条件不再成立，循环结束，程序将执行循环结构后面的代码，也就是第 11 行，然后执行到第 12 行时，程序执行完毕。

7.1.2 for 循环

for 语句是 C 语言最为灵活的循环语句之一，不但可以用于循环次数确定的情况，而且可以用于循环次数不确定（只给出循环结束条件）的情况。其一般语法格式为：

```
for( 表达式 1; 表达式 2; 表达式 3)
    循环体语句;
```

它的执行过程如下。

（1）计算表达式 1 的值。

（2）判断表达式 2，如果其值为非 0（真），则执行循环体语句，然后执行第(3)步；如果其值为 0（假），则结束循环，执行第(5)步。

（3）计算表达式 3。

（4）返回，继续执行第(2)步。

（5）循环结束，执行 for 语句的后续语句。

该循环的流程图如图 7-2 所示。

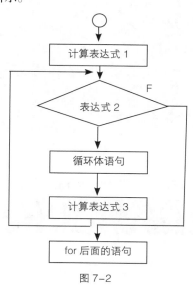

图 7-2

例如：

```
sum=0;
for(i=0;i<=100;i++)
    sum+=i;
```

其中，"i"是循环变量，表达式 1（i=0）是给循环变量赋初值；表达式 2（i<=100）决定了循环能否执行的条件，称为循环条件；循环体部分（重复执行的语句）是 sum+=i；表达式 3（i++）是使循环变量每次增 1，又称为步长（在这里步长为 1）。

它的执行过程是，先给循环变量 i 赋初值为 0，再判断 i 是否小于等于 100，如果为真，执行语句（sum+=i），将 i 的值自增 1，再判断 i 是否小于等于 100，再执行循环体和 i 增 1……一直到 i<=100 不成立时，循环结束。因此上面代码的作用是计算 1+2+…+100 的和。

为了更容易理解，可以将 for 语句的形式改写如下。

```
for( 循环变量赋初值 ; 循环条件 ; 循环变量增值 )
  循环体语句;
```

【范例 7-2】经典问题：打印出所有的“水仙花数”。所谓“水仙花数”是指一个三位数，其各位数字的立方和等于该数本身。例如，153 是一个“水仙花数”，因为 153=13 + 53 + 33。

(1) 在 Visual C++ 6.0 中，新建名称为“Narcissistic Number.c”的【Text File】文件。

(2) 在代码编辑区域输入以下代码（代码 7-2.txt）。

```
01  #include <stdio.h>
02  int main()
03  {   int a,b,c;
04      int i;
05      for(i=100;i<1000;i++) /* 从 100 循环到 999，依次判断每个数是否为水仙花数 */
06      {
07          a=i%10;    /* 分解出个位 */
08          b=(i/10)%10;        /* 分解出十位 */
09          c=i/100;    /* 分解出百位 */
10          if(a*a*a+b*b*b+c*c*c==i)   /* 判断 3 个数的立方数和是否等于该数本身，若是则打印出来 */
11          printf("%d\t",i);       /* 输出当前水仙花数，并用 Tab 键隔开（\t 为 Tab 键）*/
12      }
13      return 0;
14  }
```

【运行结果】

编译、连接、运行程序，即可输出指定范围内所有的水仙花数，如图 7-3 所示。

图 7-3

【代码详解】

第 3~ 第 4 行定义变量，用整型变量 a、b、c 分别存放每个三位数的个位、十位和百位；i 是循环控制变量，控制从 100~999 之间的数。

第 5~ 第 12 行是 for 循环，其中：

第 5 行，给循环控制变量赋初值为 1，循环条件是 i<1000，每次 i 的值自增 1；

第 7~ 第 9 行，分解当前 i 的个位、十位和百位；

第 10~ 第 11 行，判断该数是否满足条件，满足则输出。

【范例分析】

本范例中利用 for 循环控制 100~999 之间的数，每个数分解出个位、十位和百位，然后再判断

立方和是否等于该数本身。

在编写 for 循环时，注意 3 个表达式所起的作用是不同的，而且 3 个表达式的运行时刻也不同，表达式 1 在循环开始之前只计算一次，而表达式 2 和表达式 3 则要执行若干次。

如果循环体的语句多于一条，则需要用大括号括起来作为复合语句使用。

【范例 7-3】计算 n!，n!=1*2*…*n。

(1) 在 Visual C++ 6.0 中，新建名称为 "Cycle Index.c" 的【Text File】文件。

(2) 在代码编辑区域输入以下代码（代码 7-3.txt）。

```
01  #include <stdio.h>
02  int main()
03  {   int i,n;
04      long t=1;
05      printf(" 请输入一个整数： ");
06      scanf("%d",&n);            /* 用户从键盘输入一个整数 */
07      for(i=1;i<=n;i++)          /* 从 1 循环到 n*/
08        t=t*i;
09      printf("%d! 为 %ld\n",n,t);        /* 输出 n! */
10      return 0;
11  }
```

【运行结果】

编译、连接、运行程序，由用户输入任意整数（如 4），即可在命令窗口输出其阶乘值（如 "4! 为 24"），如图 7-4 所示。

图 7-4

【范例分析】

本范例中利用循环变量 i 存放自然数 1、2、…、n；变量 t 存放阶乘，初值为 1，重复执行的是 t=t*i，即：

当 i=1 时，t=t*i=1   (1!)
当 i=2 时，t=t*i=1*2   (2!)
当 i=3 时，t=t*i=1*2*3   (3!)
……
当 i=n 时，t=t*i=1*2*…*(n-1)*n   (n!)

累加与累乘是比较常见的算法，这类算法就是在原有的基础上不断地加上或乘以一个新的数。这类算法至少需要设置两个变量，一个变量作为循环变量控制自然数的变化，另一个变量用来存放累加或累乘的结果，通过循环将变量变成下一个数的累加和或阶乘。所以一般求阶乘时存放阶乘的循环变量的初值应设置为 1，求累加初值应设置为 0。

1. for 循环扩展形式

(1) 表达式 1 和表达式 3 可以是一个简单的表达式，也可以是逗号表达式（即包含了一个以上的简单表达式），例如：

```
for(i=0,j=100;i<j;i++,j--)   k=i+j;
```

这里的循环控制变量可以不止一个，而且表达式 1 也可以是与循环变量无关的其他表达式。

（2）表达式 2 一般是关系表达式或逻辑表达式，但也可以是数值表达式或字符表达式，只要其值不等于 0 就执行循环体。如：

```
for(k=1;k-4;k++)   s=s+k;
```

仅当 k 的值等于 4 时终止循环。k–4 是数值表达式。

2. for 循环省略形式

for 循环语句中的 3 个表达式都是可以省略的。

（1）省略"表达式 1"，此时应在 for 语句之前给循环变量赋初值。如：

```
i=1;
for(;i<=100;i++)   sum+=i;
```

（2）省略"表达式 2"，表示不判断循环条件，循环无终止地进行下去，也可以认为表达式 2 始终为真。如：

```
for(i=1;;i++)   sum+=i;
```

上面的代码将无休止地执行循环体，一直进行累加和。

（3）省略"表达式 3"，此时应在循环体内部实现循环变量的增量，以保证循环能够正常结束。如：

```
for(i=1;i<=100;)  {sum+=i;i++;}
```

相当于把表达式 3 写在了循环体内部，作为循环体的一部分。

（4）省略"表达式 1"和"表达式 3"，此时只给出了循环条件。如：

```
i=1;
for(;i<=100;)
{sum+=i;i++}
```

相当于把表达式 1 放在了循环的外面，表达式 3 作为循环体的一部分。这种情况与 7.1.3 小节将介绍的 while 语句完全相同。

7.1.3   while 循环

while 语句用来实现当型循环，即先判断循环条件，再执行循环体。其一般语法格式为：

```
while（表达式）
    循环体语句；
```

它的执行过程是，当表达式为非 0（真）时，执行循环体语句，然后重复上述过程，一直到表达式为 0（假）时，while 语句结束。例如：

```
i=0;
while(i<=100)
{
    sum+=i;
    i++;
```

}

说明：

（1）循环体包含一条以上语句时，应用"{}"括起来，以复合语句的形式出现，否则它只认为while后面的第一条语句是循环体。

（2）循环前，必须给循环控制变量赋初值，如上例中的"i=0;"。

（3）循环体中，必须有改变循环控制变量值的语句（使循环趋向结束的语句），如上例中的"i++;"，否则循环永远不会结束。

【范例7-4】求数列 1/2、2/3、3/4……前 20 项的和。

（1）在 Visual C++ 6.0 中，新建名称为"Sequence Sum.c"的【Text File】文件。

（2）在代码编辑区域输入如下代码（代码 7-4.txt）。

```
01  #include <stdio.h>
02  int main()
03  { int i;   /* 定义整型变量 i 用于存放整型数据 */
04    double sum=0;        /* 定义浮点型变量 sum 用于存放累加和 */
05    i=1;  /* 循环变量赋初值 */
06    while(i<=20)  /* 循环的终止条件是 i<=20*/
07    {
08      sum=sum+i/(i+1.0); /* 每次把新值加到 sum 中 */
09      i++;/* 循环变量增值，此句一定要有 */
10    }
11    printf(" 该数列前 20 项的和为：%f\n",sum);
12    return 0;
13  }
```

【运行结果】

编译、连接、运行程序，即可计算 1/2、2/3、3/4……前20项的和，并在命令行中输出，如图7-5所示。

图 7-5

【范例分析】

本范例中的数列可以写成通项式 n/(n+1)，n=1，2，…，20，n 从 1 递增到 20，计算每次得到当前项的值，然后加到 sum 中即可求出。

与 for 不同的是，while 必须在循环之前设置循环变量的初值，在循环中有改变循环变量的语句存在；for 语句是在"表达式 1"处设置循环变量的初值，在"表达式 3"处进行循环变量的增值。

7.1.4 do-while 循环

do-while 语句实现的是直到型循环，即先执行语句，后判断表达式。其一般的语法格式为：

do{

```
    循环体语句；
}while（表达式）；
```

它的执行过程是，先执行一次循环体语句，然后判断表达式是否为非 0（真），如果为真，则再次执行循环体语句，如此反复，一直到表达式的值等于 0（假）时，循环结束。

图 7-6 展示了 do-while 语句的流程。

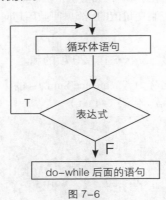

图 7-6

说明：

(1) do-while 语句是先执行循环体"语句"，后判断循环终止条件。与 while 语句不同，两者的区别在于，当 while 后面的表达式一开始的值为 0（假）时，while 语句的循环体一次也不执行，而 do-while 语句的循环体至少要执行一次。

(2) 在书写格式上，循环体部分要用花括号括起来，即使只有一条语句也如此；do-while 语句最后以分号结束。

(3) 通常情况下，do-while 语句是从后面控制表达式退出循环。

【范例 7-5】计算两个数的最大公约数。

(1) 在 Visual C++ 6.0 中，新建名称为 "Greatest Common Divisor.c" 的【Text File】文件。

(2) 在代码编辑区域输入以下代码（代码 7-5.txt）。

```
01  #include <stdio.h>
02  int main()
03  {
04    int m,n,r,t;
05    int m1,n1;
06    printf(" 请输入第 1 个数 :");
07    scanf("%d",&m);        /* 由用户输入第 1 个数 */
08    printf("\n 请输入第 2 个数 :");
09    scanf("%d",&n);        /* 由用户输入第 2 个数 */
10    m1=m; n1=n; /* 保存原始数据供输出使用 */
11    if(m<n)
12    {t=m; m=n; n=t;}       /*m、n 交换值，使 m 存放大值，n 存放小值 */
13    do    /* 使用辗转相除法求得最大公约数 */
14    {
15      r=m%n;
16      m=n;
```

```
17      n=r;
18    }while(r!=0);
19    printf("%d 和 %d 的最大公约数是 %d\n",m1,n1,m);
20    return 0;
21 }
```

【运行结果】

编译、连接、运行程序，从键盘输入任意两个数，按【Enter】键，即可计算它们的最大公约数，如图 7-7 所示。

图 7-7

【范例分析】

本范例中，求两个数的最大公约数采用"辗转相除法"，具体方法如下。

(1) 比较两个数，并使 m 大于 n。

(2) 将 m 作被除数，n 作除数，相除后余数为 r。

(3) 将 n 的值赋给 m，将 r 的值赋给 n。

(4) 若 r=0，则 m 为最大公约数，结束循环。若 r ≠ 0，执行步骤(2)和(3)。

由于在求解过程中，m 和 n 已经发生了变化，所以要将它们保存在另外两个变量 m1 和 n1 中，以便输出时可以显示这两个原始数据。

如果要求两个数的最小公倍数，只需要将两个数相乘再除以最大公约数，即 m1*n1/m 即可。

7.1.5 循环的嵌套

循环的嵌套是指一个循环结构的循环体内又包含另一个完整的循环结构。内嵌的循环中还可以再嵌套循环，这样就构成了多重循环。

本节介绍的 3 种循环（for 语句、while 语句和 do-while 语句）之间可以互相嵌套。例如下面几种形式。

1. while 嵌套 while

```
while(  )
{
    …
    while(  )
    {  …  }
    …
}
```

2. do-while 嵌套 do-while

```
do
{
```

```
   …
   do
   { … }
   while( );
   …
} while(  );
```

3. for 嵌套 for

```
for(  ; ;  )
{
   …
   for(  ;  ;  )
   { … }
    …

}
```

4. while 嵌套 do-while

```
while(  )
{
   …
   do
   { … }
    while( );
   …

}
```

5. for 嵌套 while

```
for(  ; ;  )
{
   …
   while(   )
     { … }
   …

}
```

【范例 7-6】编写程序打印如图 7-8 所示的金字塔图形。

```
        *
       * * *
      * * * * *
     * * * * * * *
    * * * * * * * * *
```

图 7-8

(1) 在 Visual C++ 6.0 中，新建名称为 "Pyramid.c" 的【Text File】文件。

(2) 在代码编辑区域输入以下代码（代码 7–6.txt）。

```
01  #include<stdio.h>
02  int main()
03  { int i,j,k;
04    for(i=1;i<=5;i++)        /* 控制行数 */
05    {
06      for(j=1;j<=5-i;j++)    /* 控制输出 5-i 个空格 */
07        printf(" ");
08      for(k=1;k<=2*i-1;k++)          /* 控制输出 2i-1 个星号 */
09        printf("*");
10      printf("\n");    /* 一行输出完，最后输出换行 */
11    }
12    return 0;
13  }
```

【运行结果】

编译、连接、运行程序，即可在控制台中输出金字塔图形，如图 7-9 所示。

图 7-9

【代码详解】

第 4~ 第 11 行，是一个双重循环结构，外层循环控制行数，其中：

第 6~ 第 7 行，是一个完整的 for 循环，用来控制输出空格，由于每行的空格数不同，但有规律，因此用循环变量 j 循环 5-i 次，每次输出一个空格即可。

第 8~ 第 9 行，也是一个完整的 for 循环，与上面的 for 是并列的关系，即上面的 for 执行完毕再执行这个循环；循环 2*i-1 次，每次输出一个星号，即可输出 2i-1 个星号。

第 10 行，上面的两个 for 循环控制输出了一行符号，需要换行继续下一行的输出，这样才能形成金字塔的形式。

【范例分析】

本范例利用双重 for 循环，外层循环控制行数 i，内层循环控制星号的个数。该图形有 5 行，用外层循环控制。

每行星号的起始位置不同，即前面的空格数 j 是递减的，与行的关系可以用公式 j=5-i 表示。

每行的星号数 k 不同，与行的关系可以用公式 k=2*i-1 表示。

内循环控制由两个并列的循环构成，控制输出空格数和星号数。

本范例还可以改变输出的图形形状，如矩形、菱形等。

对于双重循环或多重循环的设计，内层循环必须被完全包含在外层循环当中，不得交叉。

内、外循环的循环控制变量尽可能不要相同，否则会造成程序的混乱。

在嵌套循环中，外层循环执行一次，内层循环要执行若干次（即内层循环结束）后，才能进入外层循环的下一次循环，因此，内循环变化快，外循环变化慢。

【范例 7-7】在《算经》中张邱建曾提出过一个"百鸡问题"，就是 1 只公鸡值 5 块钱，1 只母鸡值 3 块钱，3 只小鸡值 1 块钱。用 100 元钱买 100 只鸡，问公鸡、母鸡、小鸡各买多少只？

(1) 在 Visual C++ 6.0 中，新建名称为 "Hundred Chickens.c" 的【Text File】文件。

(2) 在代码编辑区域输入以下代码（代码 7-7.txt）。

```
01   #include<stdio.h>
02   int main()
03   {
04      int x,y,z;
05      for(x=0;x<=20;x++)     /* 公鸡的循环次数 */
06        for(y=0;y<=33;y++)  /* 母鸡的循环次数 */
07        {
08          z=100-x-y;/* 某次循环中公鸡、母鸡数确定后，计算出小鸡数 */
09          if(5*x+3*y+z/3.0==100)     /* 是否满足 100 元钱 */
10          printf(" 公鸡 %d 只 , 母鸡 %d 只 , 小鸡 %d 只 \n",x,y,z);
11        }
12      return 0;
13   }
```

【运行结果】

编译、连接、运行程序，即可在控制台中输出公鸡、母鸡、小鸡各有多少只，如图 7-10 所示。

图 7-10

【代码详解】

第 4~ 第 10 行，是一个双重循环结构，外层循环控制公鸡的只数，从 0~20，找到满足条件的母鸡数和小鸡数。其中：

第 6~ 第 10 行，内层循环，用来控制母鸡数从 0~33 变化，从而找到满足条件的小鸡数；

第 7~ 第 9 行，找到满足条件的小鸡并输出。

【范例分析】

本范例中，"百钱买百鸡"问题是枚举法的典型应用。枚举法又称穷举法或试探法，是对所有可能出现的情况——进行测试，从中找出符合条件的所有结果。该方法特别适合用计算机求解。如果人工求解，工作量就太大了。

对于本范例，设能买 x 只公鸡，y 只母鸡，z 只小鸡，由题意可列出方程组：

x+y+z=100

5x+3y+z/3.0=100

两个方程 3 个未知数，在数学上是无解的，可以采用枚举法把每一种可能的组合方案都进行测试，输出满足条件者。

由题意可知，公鸡 x 的取值范围是 $0 \leq x \leq 20$，母鸡 y 的取值范围是 $0 \leq y \leq 33$，小鸡 z 的值可由 $100-x-y$ 得到（即已经满足了"百鸡"的条件）。当每一次 x、y、z 取一个值后，再验证是否符合条件。

$5x+3y+(100-x-y)/3=100$

用枚举法共可列出 $21 \times 34=714$ 种组合，计算机对这 714 种组合一一测试，最后求出符合条件的解输出。如果不考虑 x、y 的取值范围，写成：

```
for(x=0;x<=100;x++)
for(y=0;y<=100;y++)
{
  …
}
```

这种方法虽然也可以，但组合数更多，有 101×101 种，不能使程序得到优化，会降低程序的运行效率，因此建议采用前面的方法。

7.2　转向语句

在 C 语言中还有一类语句，即转向语句，它可以改变程序的流程，使程序从其所在的位置转向另一处执行。转向语句包括 goto 语句、break 语句和 continue 语句 3 种。

其中，goto 语句是无条件转移语句。break、continue 语句经常用在 while 语句、do-while 语句、for 语句和 switch 语句中，两者使用时有区别。continue 只结束本次循环，而不是中止整个循环；break 则是中止本循环，并从循环中跳出。

7.2.1　goto 语句

goto 语句是无条件转向语句，即转向到指定语句标号处，执行标号后面的程序。其一般语法格式为：

```
goto 语句标号；
```

例如：

```
goto end；
```

结构化程序设计不主张使用 goto 语句，因为 goto 语句会使程序的流程无规律、可读性差，但也不是绝对禁止使用的。goto 语句主要应用在以下两个方面。

（1）goto 语句与 if 语句一起构成循环结构。

（2）从循环体中跳转到循环体外，甚至一次性跳出多重循环，而 C 语言中的 break 语句和 continue 语句可以跳出本层循环和结束本次循环。

【范例 7-8】用 goto 语句来显示 1 ~ 100 的数字。

（1）在 Visual C++ 6.0 中，新建名称为 "Mark Label.c" 的【Text File】文件。

（2）在代码编辑区域输入以下代码（代码 7-8.txt）。

```
01  #include <stdio.h>        /* 是指标准库中输入输出流的头文件 */
02  int main()
03  {
```

```
04      int count=1;
05      label:           /* 标记 label 标签 */
06      printf("%d ",count++);
07      if(count <= 100)
08      goto label;      /* 如果 count 的值不大于 100，则转到 label 标签处开始执行程序 */
09      printf("\n");
10      return 0;
11      }
```

【运行结果】

编译、连接、运行程序，即可在命令行中输出 1~100 的数字，如图 7-11 所示。

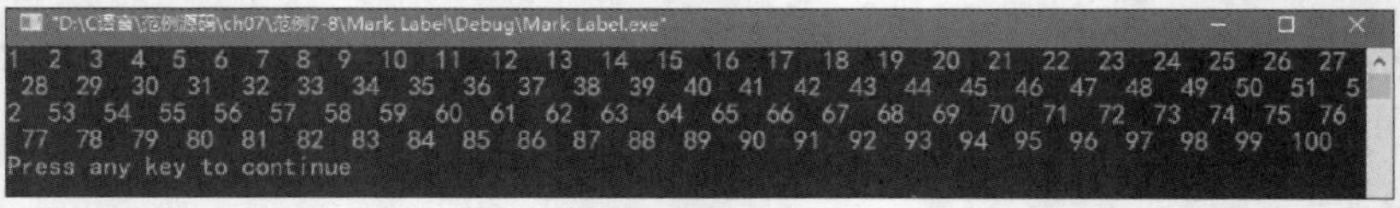

图 7-11

【范例分析】

本范例使用 goto 语句对程序运行进行了转向。在代码中标记了一个位置（label），后面使用"goto label;"来跳转到这个位置。

所以程序在运行时，会先输出 count 的初值 1，然后跳转回 label 标记处，在值上加 1 后再输出，即 2，直到不再满足"count <= 100"的条件即停止循环，然后运行"printf（"\n"）;"结束。

7.2.2 break 语句

break 语句在 switch 语句中的作用是退出 switch 语句。break 语句在循环语句中使用时，可使程序跳出当前循环结构，执行循环后面的语句。根据程序的目的，有时需要程序在满足另一个特定条件时立即终止循环，程序继续执行循环体后面的语句，使用 break 语句可以实现此功能。

其一般的语句格式为：

```
break;
```

break 语句用在循环语句的循环体内的作用是终止当前的循环语句。例如：

```
  /* 无 break 语句 */
  int sum = 0, number;
  scanf("%d",&number);
  while (number != 0) {
    sum += number;
    scanf("%d",&number);
  }
  /* 有 break 语句 */
  int sum = 0, number;
  while (1) {
    scanf("%d",&number);
    if (number == 0)
      break;
    sum += number;
```

```
     }
```

　　这两段程序产生的效果一样。需要注意的是，break 语句只是跳出当前的循环语句，对于嵌套的循环语句，break 语句的功能是从内层循环跳到外层循环。例如：

```
int i = 0, j, sum = 0;
while (i < 5) {
  for ( j = 0; j < 5; j++) {
    sum + = i + j;
    if ( j == i) break;
  }
  i++;
}
```

　　本例中的 break 语句执行后，程序立即终止 for 循环语句，并转向 for 循环语句的下一个语句，即 while 循环体中的 i++ 语句，继续执行 while 循环语句。

　　【范例 7-9】输入一个大于 2 的整数，判断该数是否为素数。若是素数，输出"是素数"，否则输出"不是素数"。

　　(1) 在 Visual C++ 6.0 中，新建名称为 "Prime.c" 的【Text File】文件。
　　(2) 在代码编辑区域输入以下代码（代码 7-7.txt）。

```
01   #include<stdio.h>
02   int main()
03   {
04     int m,i,flag;      /* 引入标志性变量 flag，用 0 和 1 分别表示 m 不是素数或是素数 */
05     flag=1;
06     printf(" 请输入一个大于 2 的整数：");
07     scanf("%d",&m);
08     for(i=2;i<m;i++)          /*i 从 2 变化到 m-1，并依次去除 m*/
09     {
10       if(m%i==0)  /* 如果能整除 m，表示 m 不是素数，可提前结束循环 */
11       {
12         flag=0;      /* 给 flag 赋值为 0*/
13         break;
14       }
15     }
16     if(flag)
17       printf("%d 是素数！\n",m);
18     else
19       printf("%d 不是素数！\n",m);
20     return 0;
21   }
```

　　【运行结果】

　　编译、连接、运行程序，从键盘输入任意一个整数，按【Enter】键后，即可输出该数是否为素数，如图 7-12 所示。

图 7-12

【代码详解】

第 5 行，假设 m 是素数，先给 flag 赋初值为 1，如果不是素数再重新赋值，否则不用改变。

第 8~ 第 15 行，通过 for 循环依次用 2~(m−1) 去整除 m，如果能整除，说明 m 不是素数，给 flag 变量赋值为 0，并用 break 语句退出循环（不用再继续循环到 i<m，此时足以说明 m 不是素数）。

第 16~ 第 19 行，通过判断 flag 的值决定输出的内容。

【范例分析】

素数是除了 1 和本身外不能被其他任何整数整除的整数。判断一个数 m 是否为素数，只要依次用 2、3、4、……、m−1 作除数去除 m，只要有一个能被整除，m 就不是素数；如果没有一个能被整除，m 就是素数。

在求解过程中，可以通过使用 break 语句使循环提前结束，不必等到循环条件起作用。而且 break 语句总是作 if 的内嵌语句，即总是与 if 语句一同使用，表示满足什么条件时才结束循环。

7.2.3 continue 语句

根据程序的目的，有时需要程序在满足另一个特定条件时跳出本次循环，使用 continue 语句可实现该功能。continue 语句的功能与 break 语句不同，其功能是结束当前循环语句的当前循环而执行下一次循环。在循环体中，continue 语句被执行之后，其后面的语句均不再执行。

图 7-13 是针对 for 循环的 continue 流程。

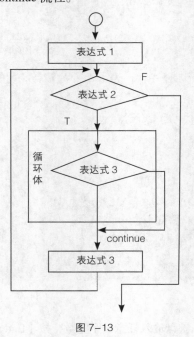

图 7-13

【范例 7-10】输出 100~200 中所有不能被 3 和 7 同时整除的整数。

(1) 在 Visual C++ 6.0 中，新建名称为"Continue.c"的【Text File】文件。
(2) 在代码编辑区域输入以下代码（代码 7-10.txt）。

```
01  #include<stdio.h>
02  int main()
03  { int i,n=0; /*n 计数 */
04    for(i=100;i<=200;i++)
05    {
06      if(i%3==0&&i%7==0)          /* 如果能同时被 3 和 7 整除，不打印 */
07      {
08        continue;  /* 结束本次循环未执行的语句，继续下次判断 */
09      }
10      printf("%d\t",i);
11      n++;
12      if(n%10==0)/*10 个数输出一行 */
13        printf("\n");
14    }
15    return 0;
16  }
```

【运行结果】

编译、连接、运行程序，即可在命令控制台中显示 100~200 之间不能同时被 3 和 7 整除的所有整数，每 10 个数输出一行，如图 7-14 所示。

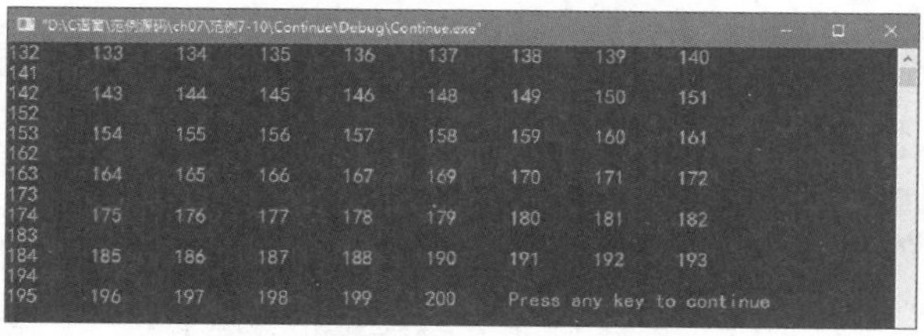

图 7-14

【范例分析】

本范例中，只有当 i 的值能同时被 3 和 7 整除时，才执行 continue 语句，执行后越过后面的语句（printf 语句及后面的部分不执行），直接判断循环条件 i<=200，再进行下一次循环。只有当 i 的值不能同时被 3 和 7 整除时，才执行后面的 printf 语句。

一般来说，continue 语句的功能可以用单个的 if 语句代替，如本例可改为：

```
if(i%3==0&&i%7==0)             /* 如果能同时被 3 和 7 整除，不打印 */
{
    printf("%d\t",i);
}
```

这样编写比用 continue 语句更清晰，又不用增加嵌套深度，因此如果能用 if 语句，就尽量不要用 continue 语句。

7.3　经典循环案例

7.3.1　冒泡排序法

冒泡排序法的基本思想：在要排序的一组数中，对当前还未排好序的数，自上而下对相邻的两个数依次进行比较和调整，让较大的数往下移，较小的数往上冒。即对相邻的两个数进行比较，将数字大的数放在下面。简单地说：首先通过相邻两个数的比较，找到 n 个数中最大的数；然后将最大的数排除，在剩余的 n–1 数中再通过相邻两个数的比较得到最大的数，以此类推，直到剩余最后两个数为止。例如：

对 5 个数 [10，2，3，21，5] 进行从小到大的排序。

第一次排序后：2，3，10，5，21

第二次排序后：2，3，5，10

第三次排序后：2，3，5

第四次排序后：2，3

对于 n 个数进行冒泡排序，需要进行 n–1 次排序。

【范例 7-11】对 5 个数 [10，2，3，21，5] 进行从大到小的排序。

(1) 在 Visual C++ 6.0 中，新建名称为 "Bubble_Sort.c" 的【Text File】文件。

(2) 在代码编辑区域输入以下代码（代码 7–11.txt）。

```
01  #include<stdio.h>
02  int main()
03  {
04    int M[5]={ 10，2，3，21，5};
05    int max=0;
06    int i,j;
07    for(j=5;j>1;j--)
08     for(i=1;i<j;i++)
09     {
10      if(M[i]> M[i-1])              /* 如果后面的数比前面的数大，则交换位置 */
11      {
12        max= M[i];
13        M[i]= M[i-1];
14        M[i-1]=max;
15      }
16     for(i=0;i<5;i++)              /* 输出结果 */
17     {
18        printf("%d ",M[i]);
19     }
20    printf("\n");;
21    return 0;
```

```
23    }
```

【运行结果】

编译、连接、运行程序，即可在命令行中输出如图 7-15 所示结果。

图 7-15

【范例分析】

本范例使用冒泡法实现排序过程，先通过相邻两个数的比较，找到 5 个数中最小的数；然后将最小的数交换到数组中最后的位置 M[4]，在剩余的 4 个数中再通过相邻两个数的比较得到最小的数，放在 M[3] 中，以此类推，最终得到排序结果。

7.3.2 快速排序法

快速排序是对冒泡排序的一种改进，它的基本思想是：首先选择排序数组中的一个数（通常为数组中的第一个数）作为基准元素，然后通过一次排序将要排序的数据分割成独立的两部分，其中一部分的所有数据都比基准元素小，另外一部分的所有数据都比基准元素大，然后再按此方法对这两部分数据分别进行快速排序，整个排序过程可以递归进行，以此达到整个数据变成有序序列。

假设要排序的数组是 A[0]……A[N-1]，首先以 A[0] 作为基准元素，然后将所有比它小的数都放到它前面，所有比它大的数都放到它后面，这个过程称为一次快速排序。

一次快速排序算法的步骤如下：

(1) 设置两个变量 i、j，排序开始时 i=0，j=N-1；

(2) 以第一个数组元素 A[0]（即 A[i]）作为基准元素；

(3) 从 j 开始从后往前搜索 (j--)，找到第一个小于 A[i] 的数 A[j]，将 A[j] 和 A[i] 互换位置，此时基准元素的位置在数组的第 j 个位置；

(4) 从 i 开始从前向后搜索 (i++)，找到第一个大于 A[j] 的 A[i]，将 A[i] 和 A[j] 互换位置，此时基准元素的位置在数组的第 i 个位置；

(5) 重复第(3)、(4)步，直到 i=j，此时令循环结束。

【范例 7-12】对 5 个数 [10，2，3，21，5] 进行从小到大的排序。

(1) 在 Visual C++ 6.0 中，新建名称为 "Quick_sort.c" 的【Text File】文件。
(2) 在代码编辑区域输入以下代码（代码 7-12.txt）。

```
01   #include<stdio.h>
02   void sort(int a[],int left ,int right)
03   {
04     int i,j,temp;
05     i=left;
06     j=right;
07     temp=a[left];
```

```
08      if(left>right) return;
09      while(i!=j)                      /*i 不等于 j 时，循环进行 */
10        {
11          while(a[j]>=temp&&j>i)
12            j--;
13        if(j>i)
14          a[i++]=a[j];
15        while(a[i]<=temp&&j>i)
16            i++;
17        if(j>i)
18          a[j--]=a[i];
19          }
20        a[i]=temp;
21    sort(a,left,i-1);              /* 对小于基准元素的部分进行快速排序 */
22    sort(a,i+1,right);             /* 对大于基准元素的部分进行快速排序 */
23    }
24    int main()
25    {
26      int M[5]={ 10, 2, 3, 21, 5};
27      int i=0;
28      sort(M,0,4);
29      printf(" 从小到大排序后：\n");
30      for(i=0;i<5;i++)
31        {
32        printf( "%d ",M[i]);              /* 输出排序结果 */
33        }
34      printf( " \n" );;
35      return 0;
36    }
```

【运行结果】

编译、连接、运行程序，即可在命令行中输出如图 7-16 所示结果。

图 7-16

【范例分析】

本范例使用快速排序法实现排序过程，需要注意：

(1) 当 i=j 时，循环停止，并不代表排序结束，只是代表一次快速排列完成，若要实现最终的排列顺序，可能要经过几次快速排列才能完成；

(2) 在一次快速排列过程中，基准元素是不变的；

(3) 完成整个过程的快速排列，采用了递归算法。

7.3.3 质因数分解

把一个合数分解成若干个质因数乘积的形式，即求质因数的过程叫作分解质因数。分解质因数针对的是合数，也称分解素因数。求一个数分解质因数，首先要从最小的质数除起，一直除到结果为质数为止。分解质因数的算式叫短除法，可以用来求多个合数的公因式，和除法的性质类似。

本小节通过一个范例来讲解质因数分解的使用。

【范例 7-13】将一个正整数分解质因数。例如，输入 90，打印出 90=2*3*3*5。

问题分析：对 N 进行分解质因数，应先找到一个最小的质数 K，然后按下述步骤完成。

(1) 如果这个质数恰等于 N，则说明分解质因数的过程已经结束，打印出即可。

(2) 如果 N>K，但 N 能被 K 整除，则应打印出 K 的值，并用 N 除以 K 的商，作为新的正整数 N，重复执行第(1)步。

(3) 如果 N 不能被 K 整除，则用 K+1 作为 K 的值，重复执行第(1)步。

(4) 在 Visual C++ 6.0 中，新建名称为 "Prime Factorization.c" 的【Text File】文件。

(5) 在代码编辑区域输入以下代码（代码 7-13.txt）。

```
01   #include <stdio.h>
02   int main()
03   {
04      int n,a;
05      printf("\n 请输入任意一个数 :\n");
06      scanf("%d",&n);                /* 输入一个整数 */
07      printf("%d=",n);
08      for(a=2;a<=n;a++)
09        while(n!=a)
10        {
11          if(n%a==0)
12          {
13            printf("%d*",a);
14            n=n/a;
15          }
16          else
17            break;
18        }
19      printf("%d",n);              /* 输出结果 */
20      getchar();
21      return 0;
22   }
```

【运行结果】

编译、连接、运行程序，输入任意数值，按【Enter】键，即可输出它的质因数分解结果，如图7-17所示。

图 7-17

【范例分析】

根据质因数分解的规则，很明显每个正整数的质因数分解形式是唯一确定的。所以，本范例中就可以用输入的90去除以质数，从小到大去除，首先除以2，得到45，再除以3，得到15，然后再除以3得到5，5也是质数，所以最终输出90质因数分解结果为90=2*3*3*5。

7.3.4 最大公约数的欧几里得算法

欧几里得算法的思想基于辗转相除法的原理，其原理为：假设两数为a、b(b<a)，用gcd(a,b)表示a、b的最大公约数，r=a mod b为a除以b以后的余数，k为a除以b的商，即a÷b=k……r。辗转相除法是欧几里得算法的核心思想。

欧几里得算法的操作步骤如下。

第一步：令c为a和b的最大公约数，数学符号表示为c=gcd(a,b)。因为任何两个实数的最大公约数c一定是存在的，也就是说必然存在两个数k1、k2使得a=k1*c，b=k2*c。

第二步：a mod (b) 等价于存在整数r，k3使得余数r=a−k3*b。即

r = a − k3*b = k1.c − k3*k2*c = (k1 − k3*k2)*c

显然，a和b的余数r是最大公因数c的倍数。

通过模运算的余数是最大公约数之间存在的整数倍的关系，来给比较大的数字进行降维，便于手动计算。同时，也避免了在可行区间内进行全局的最大公约数的判断测试，只需要选取其余数进行相应的计算就可以直接得到最大公约数，大大提高了运算效率。

本小节通过一个范例来讲解最大公约数的欧几里得算法的使用。

【范例 7-14】利用欧几里得算法，求任意两个正整数的最大公约数。

(1) 在 Visual C++ 6.0 中，新建名称为"Euclidean Algorithm.c"的【Text File】文件。
(2) 在代码编辑区域输入以下代码（代码7-14.txt）。

```
01  #include<stdio.h>
02  unsigned int Gcd(unsigned int M,unsigned int N)
03  {
04      unsigned int Rem; /* 定义一个无符号整型变量 */
05      while(N > 0)          /* 辗转相除法 */
06      {
07          Rem = M % N;        /* 取余操作 */
08          M = N;
09          N = Rem;
```

```
10        }
11        return M;
12    }
13    int main(void)
14    {
15        int a,b;
16        printf(" 请输入任意两个正整数：\n");
17        scanf("%d %d",&a,&b);
18        printf("%d 和 %d 的最大公约数是： ",a,b);
19        printf("%d\n",Gcd(a,b));        /* 输出结果值 */
20        return 0;
21    }
```

【运行结果】

编译、连接、运行程序，输入任意两个数，按【Enter】键，即可输出这两个数的最大公约数，如图 7-18 所示。

图 7-18

【范例分析】

本范例着重介绍了利用欧几里得算法求最大公约数。当 a>b 时，有两种情况：b<=a/2，gcd(a,b) 变为 gcd（b，a%b）；b>a/2，则 a%b。经过迭代，gca（a，b）的数据量减小了 50%。

7.4　综合应用——简单计算器

经过学习，我们知道顺序结构指的是 C 程序的代码在正常情况下都是从上到下依次执行的，而选择结构指的是当某一条件成立时，系统会根据题目需要，选择一段代码去执行，循环结构更特殊，当某一条件成立时，反复执行一段代码，直到该条件不再成立。下面我们来看一个综合应用的例子，再熟悉一下这 3 种结构。

【范例 7-15】编写一个程序，模拟具有加、减、乘、除 4 种功能的简单计算器。

(1) 在 Visual C++ 6.0 中，新建名称为 "Simple Calculator.c" 的【Text File】文件。
(2) 在代码编辑区域输入以下代码（代码 7-15.txt）。

```
01    #include <stdio.h>
02    int main()
03    {
```

```
04    char command_begin; /* 开始字符 */
05    double first_number;  /* 第 1 个数 */
06    char character;            /* 运算符 (+、-、*、/)*/
07    double second_number;        /* 第 2 个数 */
08    double value; /* 计算结果 */
09    printf(" 简单计算器程序 \n---------------\n");
10    printf(" 在 '>' 提示后输入一个命令字符 \n");         /* 输出提示信息 */
11    printf(" 是否开始?（Y/N)>");       /* 输出提示信息 */
12    scanf("%c",&command_begin); /* 输入 Y/N; */
13    while(command_begin=='Y'||command_begin=='y')
14    {  /* 当接收 Y/y 命令时执行计算器程序 */
15      printf(" 请输入一个简单的算式: ");      /* 输出提示信息 */
16      scanf("%lf%c%lf",&first_number,&character,&second_number); /* 输入一个算式，如
3+5*/

17      switch(character)
18      {    /* 判断 switch 语句的处理命令 */
19       case '+':   /* 当输入运算符为 "+" 时，执行如下语句 */
20        value=first_number+second_number;        /* 进行加法运算 */
21        printf(" 等于 %lf\n",value);
22        break;   /* 转向 switch 语句的下一条语句 */
23       case '-':   /* 当输入运算符为 "-" 时，执行如下语句 */
24        value=first_number-second_number;         /* 进行减法运算 */
25        printf(" 等于 %lf\n",value);
26        break;    /* 转向 switch 语句的下一条语句 */
27       case '*':    /* 当输入运算符为 "*" 时，执行如下语句 */
28        value=first_number*second_number;        /* 进行乘法运算 */
29        printf(" 等于 %lf\n",value);
30        break;    /* 转向 switch 语句的下一条语句 */
31       case '/':    /* 当输入运算符为 "\" 时，执行如下语句 */
32        while(second_number==0)
33        {/* 若除数为 0，重新输入算式，直到除数不为 0 为止 */
34          printf(" 除数为 0, 请输入一个算式: ");        /* 输出提示信息 */
35          scanf("%lf%c%lf",&first_number,&character,&second_number);       /* 输入一个
算式，如 3+5*/
36        }
37        value=first_number/second_number;         /* 进行乘法运算 */
38        printf(" 等于 %lf\n",value);
39        break;    /* 转向 switch 语句的下一条语句 */
40        default:
41        printf(" 非法输入 !\n");      /* 当输入命令为其他字符时，执行如下语句 */
42      }   /* 结束 switch 语句 */
43      printf(" 是否继续运算?（Y/N)>");        /* 输出提示信息 */
44      fflush(stdin);  // 清空缓冲区
```

```
45        scanf("%c",&command_begin);          /* 输入命令类型，如 y/Y*/
46    }      /* 结束 while 循环语句 */
47    printf("程序退出！\n"); /* 退出循环时显示提示信息 */
48    return 0;
49 }
```

【运行结果】

编译、连接、运行程序，根据提示输入 Y 或 y 时，开始计算，从键盘输入一个简单的算式，如 5/3，按【Enter】键，即可计算出结果。按 Y 或 y，可继续使用计算器运算。

当进行除法运算时，若除数为 0，程序会提醒用户再一次输入算式，直到除数不为 0 为止。

当输入的运算符为其他字符时，程序会提醒"非法输入"。是否进行运算，根据提示按 Y 或 y 即可。若此时输入的符号为除 Y 和 y 以外的其他符号，计算器结束运行，如图 7-19 所示。

图 7-19

【范例分析】

该范例合理地利用顺序、选择和循环 3 种控制结构，实现了简单计算器功能。程序首先要求用户输入一个决定（第 12 行），如果输入的是"y"或"Y"，那么就开始循环。在循环中，输入两个计算数和一个运算符（第 16 行），然后使用 switch 语句检测输入的运算符（第 17 行），接着每一个 case 分支会根据运算符 character 来执行运算并输出结果。

7.5 本章小结

（1）循环是指在某一条件成立的情况下，反复执行一段代码，直到条件不成立或者其他特殊条件成立。

（2）3 种循环语句一般情况下可以互相替换。

（3）while 和 do-while 循环变量赋初值应在循环进行之前完成，for 可以在循环结构内进行。

（4）为了保证循环结构正常结束，在 while 和 do-while 的循环体语句中必须包含使循环趋于结束的语句，而在 for 中，既可以用表达式 3 完成，也可以在循环体中完成。

（5）do-while 语句先执行循环体语句，后判断表达式的值；while 语句先判断表达式的值，后执行循环体语句。do-while 语句的循环体语句至少执行一次，while 语句的循环体语有可能一次也不执行。

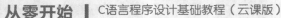

7.6　疑难解答

问：在使用 break 语句的时候，需要注意什么问题？

答：在循环体中使用 break 语句时应注意，只能在 do-while、for、while 循环语句或 switch 语句体内使用 break 语句，其作用是使程序提前终止它所在的语句结构，转去执行下一条语句；若程序中有这 4 种结构语句的嵌套使用，则 break 语句只能终止它所在的最内层的语句结构。

问：continue 语句的使用范围是什么？作用是什么？

答：continue 语句只能在 do-while、for 和 while 循环语句中使用，其作用是提前结束多次循环中的某一次循环。

问：break 和 continue 的区别是什么？

答：break 语句和 continue 语句的区别在于：continue 语句只是结束本次循环，而不是终止整个循环的执行；break 语句则是结束整个循环过程，不再判断执行循环条件是否成立。

7.7　实战练习

(1) 输入两个正整数 m 和 n，求其最大公约数和最小公倍数。

(2) 输入一行字符，分别统计出其中英文字母、空格、数字和其他字符的个数。

(3) 求 Sn=a+aa+aaa+…+aa…aaa（有 n 个 a）之值，其中 a 是一个数字。例如，2+22+222+2222+22222（n=5），n 由键盘输入。

(4) 打印出所有"水仙花数"。所谓"水仙花数"，是指一个三位数，其各位数字立方和等于该三位数本身。例如，153 是一个水仙花数，因为 $153=1^3+5^3+3^3$。

(5) 一个数如果恰好等于它的因子之和，这个数就称为"完数"。例如，6 的因子为 1、2、3，而 6=1+2+3，因此 6 是"完数"。编程序找出 1000 之内的所有完数，并按下面格式输出其因子：6 its factors are 1、2、3。

(6) 有一分数序列：1/2，1/4，…，1/2n，n 为正整数。求出这个数列的前 20 项之和。

(7) 一球从 100 米高度自由下落，每次落地后返回原高度的一半，再落下。求它在第 10 次落地时共经过多少米？第 10 次反弹多高？

第 8 章
输入和输出

本章导读

　　有时候，我们希望告诉计算机一些数据，让计算机去计算，然后计算机告诉我们结果。看起来，这是一个很简单的过程，可是，你想过没有，我们该如何向计算机或者说向我们的 C 程序传递数据呢？而计算机又如何把结果告诉我们呢？这就是输入和输出的作用了！

本章课时：理论 4 学时 + 实践 2 学时

学习目标

▶ 标准输入 / 输出

▶ 格式化输入 / 输出

▶ 字符输入 / 输出

8.1　标准输入/输出

程序如何知道用户希望的内容，用户又如何得知程序运算的结果呢？可以通过输入/输出来实现。我们先来看看如图 8-1 所示程序运行结果。

图 8-1

在命令行中，提示用户输入 1 个整数，当用户输入 100，并按【Enter】键后，程序显示"您输入的整数是：100"，这就是一个简单的输入/输出的过程——程序提示 ➤ 用户输入数据 ➤ 程序读取后输出，实现了用户与计算机的交互。

此程序的代码如下：

```
01  #include<stdio.h>
02  int main()
03  {
04    int i;
05    printf(" 请输入 1 个整数 :\n");       /* 提示用户输入数据 */
06    scanf("%d",&i);            /* 读取用户输入的数据 */
07    printf(" 您输入的整数是 :%d\n",i);        /* 输出数据 */
08    return 0;
09  }
```

程序是通过 printf() 函数和 scanf() 函数来实现输入/输出的，这些函数都包含在 C 语言的库函数中。

C 语言本身并不提供输入/输出语句，而是用一组库函数来实现数据的输入和输出。由于不同的 C 系统提供不同的输入/输出函数，而一些常用的函数是各系统中共有的，所以称之为标准输入/输出函数。

本章介绍这些标准的输入/输出函数，包括上面程序中提到的格式化输入（printf）/输出（scanf）函数，以及字符输入（getchar）/输出（putchar）函数和字符串输入（gets）/输出（puts）函数等。

8.2　格式化输入/输出

格式化是指按照一定的格式，格式化输入/输出就是指按照一定的格式读取来自输入设备的数据和向输出设备输出数据。符合格式化输入/输出的代表函数是 printf() 函数和 scanf() 函数。这两个函数是程序中用得比较多的输入 / 输出函数，也是本章要讲解的重点。

8.2.1 格式化输出函数——printf()

在前面的章节中我们用得比较多的就是 printf() 函数，但代码中包含的 %d、%f 和 %c 有什么含义和区别呢？本小节深入学习此函数的详细用法。

printf() 函数的作用是将计算机中的数据按照特定的格式输出到终端，使用户能从终端查看数据，它是输出数据的接口。其使用格式如下：

```
printf("< 格式化字符串 >",< 参数列表 >);
```

例如：

```
int i=10,j=20;
printf(" 欢迎来到 C 语言的世界！ \n");          /* 输出引号内的内容并换行 */
printf("i=%d,j=%d\n",i,j);     /* 输出变量 i 和 j 的值并换行 */
```

注意：使用这两个函数时必须包含头文件"stdio.h"，stdio.h 是 standard input & output 的缩写。

我们再来看看下面的代码：

```
printf("Hello \n")
printf("a,A \n");
printf(" 班级平均成绩为 :%f\n",avg);
printf("First output i=%d\n",i);
```

从这些语句中，可以很容易地看出第 1 行和第 2 行没有参数，原样输出，第 3 行和第 4 行都用到了参数。

根据上面的语句，我们还可以把该函数的使用格式进行细分。

(1) 没有参数时，调用格式如下：

```
printf(" 非格式字符串 ");
```

使用这种格式输出的是双引号内的原样内容，通常用于提示信息的输出。

(2) 有参数时，调用格式如下：

```
printf(" 格式字符串 ", 参数列表 );
```

使用这种格式时，格式字符串内包含一个或多个格式控制字符。格式控制字符以"%"开头，紧跟其后的 d、s、f、c 等字符用以说明输出数据的类型。格式控制字符的个数与参数列表中参数的个数相等，并且一一对应，输出时，用参数来代替对应的格式控制字符。参数可以是变量，也可以是表达式等。

【范例 8-1】printf() 函数的使用。

(1) 在 Visual C++ 6.0 中，新建名称为"printfxl.c"的【Text File】源文件。

(2) 在代码编辑区域输入以下代码（代码 8-1.txt）。

```
01   #include<stdio.h>
```

```
02    int main()
03    {
04        int num;
05        char r;
06        float f;
07        printf(" 请输入 1 个整数 ,1 个字符 ,1 个浮点型的数据 :\n"); /* 输出引号中的内容并换行 */
08        scanf("%d,%c,%f",&num,&r,&f); /* 输入数据， 给 num、r、f 分别赋值 */
09        printf(" 输入的数据是： num=%d,r=%c,f=%f",num,r,f);       /* 输出变量的值 */
10        printf("\n");      /* 换行 */
11        return 0;
12    }
```

【运行结果】

编译、连接、运行程序，根据命令行中的提示输入 1 个整数（如 58）、1 个字符（如 a）和 1 个浮点型数据（如 5.325），中间用 ","隔开，输入完成后按【Enter】键，即可输出如图 8-2 所示结果。

图 8-2

 注意：使用 scanf() 函数一次输入多个数据时，数据之间可以用逗号隔开。

【范例分析】

此段代码定义了 3 个变量，分别是 int、char 和 float 类型。第 7 行没有参数，原样输出引号中的内容后换行；第 8 行是输入数据，给 num、r 和 f 分别赋值；第 9 行是输出变量的值，用到了格式控制字符 %d、%c 和 %f，其中，%d 代表的是 int 类型的格式，%c 代表的是 char 类型的格式，%f 代表的是 float 类型的格式，与后面的参数类型一一对应；第 10 行的调用格式与第 7 行的一样，但第 10 行双括号内的是转义字符，起到换行的作用。

其实，格式控制字符不止这些，还有很多，下面就来总结一下格式控制字符的种类和作用。

提示：printf() 函数的输出参数必须和格式化字符串中的格式说明相对应，并且它们的类型、个数和位置要一一对应。

8.2.2　格式控制字符

上面的程序中所使用的 %d、%c 和 %f 就是格式控制字符。除了这些，格式控制字符还有很多，表 8-1 所示是 C 语言程序中常用的格式控制字符。

表 8-1

格式控制字符	含义
d	以十进制形式输出整数
o	以八进制形式输出整数值
x	以十六进制形式输出整数值
u	以十进制形式输出无符号的整数
c	输出单个字符
s	输出字符串
f	输出十进制浮点数
e	以科学计数法输出浮点数
g	等价于 %f 或 %e，输出两者中占位较短的

下面详细介绍这些格式控制字符的使用方法。

1. d 格式控制字符

(1) %d：以十进制形式输出整数。

(2) %md：与 %d 相比，用 m 限制了数据的宽度，是指数据的位数，当数据的位数小于 m 时，以前面补空格的方式输出；反之，如果位数大于 m，则按原数输出。

(3) %ld：输出长整型的数据，表示数据的位数比 %d 多。

【范例 8-2】格式控制字符 d 的应用。

(1) 在 Visual C++ 6.0 中，新建名称为"printf-d.c"的【Text File】文件。

(2) 在代码编辑区域输入以下代码（代码 8-2.txt）。

```
01  #include <stdio.h>
02  int main()
03  {
04      int i=123456;   /* 初始化变量 */
05      printf("%d\n",i);/* 按 %d 格式输出数据 */
06      printf("%5d\n",i);        /* 按 %md 格式输出数据 */
07      printf("%7d\n",i);        /* 按 %md 格式输出数据 */
08      return 0;
09  }
```

【运行结果】

编译、连接、运行程序，即可在命令行中输出如图 8-3 所示结果。

图 8-3

【范例分析】

本范例主要练习 d 格式符的使用，第 5 行中使用 %d 形式按原数据输出。

第 6、第 7 行中使用了 %md 形式。其中，第 6 行中的 m=5，数据位数 6>m，输出原数据；第 7 行中的 m=7，数据位数 6<m，以前面补空格的方式输出。所以在输出结果中第 3 行的 123456 前面多了一个空格。

2. u 格式控制字符

(1) %u：以十进制形式输出无符号的整数。

(2) %mu：与 %md 类似，限制了数据的位数。

(3) %lu：与 %ld 类似，输出的数据是长整型，范围较大。

3. f 格式控制字符

%f：以小数形式输出实数，整数部分全部输出，小数部分为 6 位。

【范例 8-3】格式控制字符 f 的应用。

(1) 在 Visual C++ 6.0 中，新建名称为 "printff.c" 的【Text File】文件。

(2) 在代码编辑区域输入以下代码（代码 8-3.txt）。

```
01  #include<stdio.h>
02  int main()
03  {
04    float f1=11.110000811; /* 定义一个 float 类型的变量 f1 并赋值 */
05    float f2=11.110000;      /* 定义一个 float 类型的变量 f2 并赋值 */
06    printf("%f\n",f1);        /* 按 %f 的格式输出 f1*/
07    printf("%f\n",f2);        /* 按 %f 的格式输出 f2*/
08    return 0;
09  }
```

【运行结果】

编译、连接、运行程序，即可在命令行中输出如图 8-4 所示结果。

图 8-4

【范例分析】

(1) 本范例中定义的 f1 和 f2 的小数位数不同，但是输出后的位数都为 6 位，这是为什么呢？这是因为 %f 格式输出的数据小数部分必须是 6 位，如果原数据不符合，位数少的时候补 0，位数多的时候小数部分取前 6 位，第 7 位四舍五入。

（2）%m.nf：以固定的格式输出小数，m 指的是包括小数点在内的数据的位数，n 是指小数的位数。当总的数据位数小于 m 时，数据左端补空格；如果大于 m，则原样输出。

（3）%-m.nf：除了 %m.nf 的功能以外，还要求输出的数据向左靠齐，右端补空格。

【范例 8-4】格式控制字符 %m.nf 和 %-m.nf 练习。

（1）在 Visual C++ 6.0 中，新建名称为"printfmnf.c"的【Text File】文件。
（2）在代码编辑区域输入以下代码（代码 8-4.txt）。

```
01  #include <stdio.h>
02  int main()
03  {
04    float f=123.456;          /* 初始化变量 */
05    printf("%f\n",f); /* 按 %f 格式输出 */
06    printf("%10.1f\n",f);       /* 按 %m.nf 格式输出 */
07    printf("%5.1f\n",f);
08    printf("%10.3faaa\n",f);
09    printf("%-10.3faaa\n",f); /* 按 %-m.nf 格式输出 */
10    return 0;
11  }
```

【运行结果】

编译、连接、运行程序，即可在命令行中输出如图 8-5 所示结果。

图 8-5

【范例分析】

本范例是探讨数据因 m、n 的不同而输出内容有何不同。

第 5 行是按 %f 的格式输出的，但是，大家会发现为什么输出的会是 123.456001 呢？按正常情况来说，应该输出 123.456000，这是由系统内实数的存储误差形成的。

第 6 行要求输出 10 位的数字并有一位小数，小数四舍五入是 5，加上小数点是 5 位，所以前面补了 5 个 0。

第 7 行要求是 5 位数字，1 位小数，所以不需补 0，且小数点后面进行了四舍五入。

大家看一下第 8 行和第 9 行会发现，用 %m.nf 格式输出的数字将空格补在了前面，而用 %-m.nf 的则补在后面，aaa 是用来对比空格位置的。

4. c 格式控制字符

c 格式控制字符作用是输出单个字符。

5. s 格式控制字符

s 格式控制字符作用是输出字符串。

%s、%ms 和 %-ms 与前面介绍的几种用法相同，故省略。在此介绍 %m.ns 和 %-m.ns 两种。

(1) %m.ns：输出 m 位的字符，从字符串的左端开始截取 n 位的字符，如果 n 位小于 m 位，则左端补空格。

(2) %-m.ns：与 %m.ns 相比是右端补空格。

【范例 8-5】m.ns 和 -m.ns 格式控制字符练习。

(1) 在 Visual C++ 6.0 中，新建名称为"mns.c"的【Text File】文件。

(2) 在代码编辑区域输入以下代码（代码 8-5.txt）。

```
01  #include<stdio.h>
02  int main()
03  {
04    printf("%s\n","Hello");      /* 按 %s 格式输出 */
05    printf("%5.3s\n","Hello");/* 按 %m.ns 格式输出 */
06    printf("%-5.3s\n","Hello");         /* 按 %-m.ns 格式输出 */
07    return 0;
08  }
```

【运行结果】

编译、连接、运行程序，即可在命令行中输出如图 8-6 所示结果。

图 8-6

【范例分析】

本范例目的是练习 %m.ns 格式和 %-m.ns 输出，并比较两者输出的区别。第 4 行是原样输出，即 %s 格式。第 5 行是 %m.ns 格式输出，共 m 位，从"Hello"中截取前 3 位，并在前面补两个空格。第 6 行与第 5 行的不同之处是空格补在字符的后端。若 n>m，m 就等于 n，以保证字符显示 n 位。

6. o 格式控制字符

o 格式控制字符以八进制形式表示数据，即把内存中数据的二进制形式转换为八进制后输出。由于二进制中有符号位，因此把符号位也作为八进制的一部分输出。

7. x 格式控制字符

x 格式控制字符以十六进制形式表示数据，与 %o 一样，也把二进制中的符号位作为十六进制中的一部分输出。

【范例 8-6】%o 和 %x 格式符练习。

(1) 在 Visual C++ 6.0 中，新建名称为 "printfox.c" 的【Text File】源文件。

(2) 在代码编辑区域输入以下代码（代码 8-6.txt）。

```
01  #include<stdio.h>
02  int main()
03  {
04      int n1=0,n2=1,n3=-1;   /* 初始化 3 个变量 */
05      printf("%d,%o,%x\n",n1,n1,n1); /* 分别按 %d、%o、%x 格式输出 n1*/
06      printf("%d,%o,%x\n",n2,n2,n2); /* 分别按 %d、%o、%x 格式输出 n2*/
07      printf("%d,%o,%x\n",n3,n3,n3); /* 分别按 %d、%o、%x 格式输出 n3*/
08      return 0;
09  }
```

【运行结果】

编译、连接、运行程序，即可在命令行中输出如图 8-7 所示结果。

图 8-7

【范例分析】

本范例是比较 %d、%o、%x 这 3 种格式对输出同一个数结果有什么不同，特举了 1、0 和 -1 这 3 个具有代表性的数字进行试验。我们知道，0 既可以看成是正数，也可以看成是负数，与运行时的计算机系统有关，有的系统把它作为正数存储，本次运行的计算机就是这样，但也有的计算机把它作为负数存储。

8. e 格式控制字符

e 格式控制字符以指数形式输出数据。

9. g.格式控制字符

g 格式控制字符在 %e 和 %f 中自动选择宽度较小的一种格式输出。

8.2.3　格式化输入函数——scanf()

scanf() 函数把从终端读取的符合特定格式的数据输入计算机程序中使用，是输入数据的接口。函数调用格式为：

```
scanf("< 格式化字符串 >","< 地址列表 >");
```

例如：

```
01  int i,j ;
02  scanf( "%d" ,&i);          /* 把输入的数据赋值给变量 i*/
03  scanf( "%d,%d" ,&i,&j); /* 分别把输入的数据赋值给变量 i 和 j*/
```

此时，我们注意到符号 &，前面已经提到这是地址操作符。那么它有什么作用呢？

我们知道，变量是存储在内存中的，变量名就是一个代号，内存为每个变量分配一块存储空间，当然，存储空间也有地址，也可以说成是变量的地址。但是，计算机怎样找到这个地址呢？这就要用到地址操作符 &，在 & 的后面加上地址就能获取计算机中变量的地址。其实，scanf() 函数的作用就是把输入的数据根据找到的地址存入内存中，也就是给变量赋值。

还有读者可能会问，变量 r 里面不是有内容了吗？把输入的字符再放进去不会出错吗？其实，计算机是这样的，当把一个数据放入一个内存空间里时，会自动覆盖里面的内容。所以，变量保存的是最后放入的值。

【范例 8-7】scanf() 函数的使用。

(1) 在 Visual C++ 6.0 中，新建名称为 "scanflx.c" 的【Text File】源文件。

(2) 在代码编辑区域输入以下代码（代码 8-7.txt）。

```
01  #include<stdio.h>
02  int main()
03  {
04    int i=0;
05    printf(" 请输入一个整数： ");
06    scanf("%d",&i);          /* 输入数据，给变量 i 赋值 */
07    printf("i=%d\n",i);       /* 输出 i 的值 */
08    printf("i 在内存中的地址为： %o\n",&i);    /* 以八进制形式输出变量 i 在内存中的地址 */
09    return 0;
10  }
```

【代码详解】

printf() 的作用是输出提示，第 6 行是 scanf() 的应用，给变量 i 赋值，根据地址操作符 & 找到 i 的空间地址，把从键盘输入的值存储在该空间内。第 7 行是输出 i 的值，第 8 行是按八进制形式输出变量 i 的内存地址。

【运行结果】

编译、连接、运行程序，输入一个整数并按【Enter】键后，即可在命令行中输出如图 8-8 所示结果。

图 8-8

【范例分析】

本范例是使用 scanf() 函数输入数据的例子，并在第 8 行输出了变量的内存地址。这个例子用于输出一个值的形式，按【Enter】键提交数据。

输入多个值时怎样区别数据呢？下面来看一个例子。

【范例 8-8】输入多个值。

(1) 在 Visual C++ 6.0 中，新建名称为"scanfmore.c"的【Text File】文件。

(2) 在代码编辑区域输入以下代码（代码 8-8.txt）。

```
01   #include<stdio.h>
02   int main()
03   {
04     int i=0;
05     char a=0;
06     float f=0.0;
07     printf(" 请输入 1 个整型、1 个字符型和 1 个浮点型的值: \n");
08     scanf("%d,%c,%f" ,&i,&a,&f);    /* 输入 3 个数据，分别给变量赋值 */
09     printf("i=%d,a=%c,f=%f\n",i,a,f); /* 输出 3 个变量的值 */
10     return 0;
11   }
```

【运行结果】

编译、连接、运行程序，根据提示输入 1 个整型、1 个字符型和 1 个浮点型（中间用逗号隔开），按【Enter】键，即可在命令行中输出如图 8-9 所示结果。

图 8-9

【范例分析】

本范例输入 3 个不同类型的数据——数值型（int）、字符型（char）和浮点型（float）。可以看到，输入时各个变量之间是用逗号隔开的，那么，还有其他的格式可以输入吗？当然，下面来列举一些。

```
01   scanf("%d%c%f",&i,&a,&f);
02   scanf("a%da%ca%f", &i,&a,&f);
```

注意第1行的 %d、%c、%f 之间是没有符号的，输入时各个数据之间用一个或多个空格隔开，当然也可以使用回车键、Tab 键。第2行是用字符隔开的，不只可以使用 a，还可以使用其他的字符，如 b、c、o 等。可以是单个的字符，也可以是字符串。读者可以自己试试看。

8.3　字符输入 / 输出

字符的输入 / 输出是程序经常进行的操作，频率比较高，所以 C 的库函数中专门设置有 putchar() 函数和 getchar() 函数，用于对字符的输入 / 输出进行控制。

8.3.1　字符输出函数——putchar()

putchar() 函数的作用是把单个字符输出到标准输出设备，调用格式为：

```
putchar(v);  /*v 是一个变量 */
```

例如：

```
char v=0;
putchar('A');          /* 输出单个字符 A*/
putchar(v);            /* 输出变量 v 的值 */
putchar('\n');         /* 执行换行效果，屏幕不显示 */
```

【范例 8-9】putchar() 函数的用法。

(1) 在 Visual C++ 6.0 中，新建名称为 "putchar.c" 的【Text File】源程序。
(2) 在代码编辑区域输入以下代码（代码 8-9.txt）。

```
01   #include<stdio.h>
02   int main()
03   {
04     char r=0;        /* 初始化变量 */
05     printf(" 请输入一个字符： ");        /* 输出提示 */
06     scanf("%c",&r);/* 输入并给 r 赋值 */
07     putchar(r);      /* 输出 r 的值 */
08     putchar('\n');   /* 换行 */
09     putchar('a');    /* 输出字符常量 */
10     putchar('\n');   /* 换行 */
11     return 0;
12   }
```

【代码详解】

putchar() 函数是输出字符的函数，第7行输出的是字符变量r的值，第9行输出的是字符常量a(注意 a 用的是单引号），第 8 行和第 10 行的作用都是换行，单引号里面的是转义字符。

【运行结果】

编译、连接、运行程序，根据提示输入字符"a"，按【Enter】键，即可输出如图 8-10 所示结果。

图 8-10

【范例分析】

从本范例可以看出，使用 putchar() 函数可以输出字符变量、字符常量，也可以使用转义字符，起到一些特殊的作用。在这里，putchar(r) 和 printf("%c",r) 的作用是一样的，都是输出字符变量 r 的值。而 printf("\n") 和 putchar('\n') 的作用是相同的，都是换行。不光是换行，只要是转义字符，这两种形式的作用就是相同的。

> 注意：直接输出字符常量或转义字符时，printf() 函数里面的是双引号，而 putchar() 函数里面的是单引号。

8.3.2 字符输入函数——getchar()

getchar() 函数的作用是从标准输入设备上读取单个字符，返回值为字符。其调用格式为：

```
getchar();
```

例如：

```
char c;
c=getchar();          /* 把输入的字符赋给变量 c*/
```

【范例 8-10】getchar() 函数的用法。

(1) 在 Visual C++ 6.0 中，新建名称为"getchar.c"的【Text File】源程序。

(2) 在代码编辑区域输入以下代码（代码 8-10.txt）。

```
01  #include<stdio.h>
02  int main()
03  {
04    char r=0;        /* 变量初始化 */
05    r=getchar();    /* 字符输入 */
06    putchar(r);      /* 输出变量 */
07    putchar('\n');   /* 换行 */
08    return 0;
```

```
09  }
```

【运行结果】

编译、连接、运行程序，输入字符"a"，按【Enter】键，即可输出如图 8-11 所示结果。

图 8-11

【范例分析】

第 5 行是输入字符的语句，和 scanf("%c",&r) 的作用一样；第 6 行是输出字符的语句，和 printf("%c",r) 的作用相同；第 7 行是换行。

> 提示：scanf() 和 printf() 也可以处理字符的输入和输出。此时，它们在 scanf 函数和 print 函数中的格式控制字符都是 c%。

8.4 本章小结

(1) printf(" 格式控制字符串 "，输出列表) 的功能是按照指定格式，向终端输出若干个指定类型的数据。

(2) 格式控制字符串以%开头，后面跟有各种格式字符，以说明输出数据的类型、形式、长度、小数位数等。非格式字符串，在输出时按原样输出，在显示中起提示作用。

(3) 输出列表中给出格式字符串对应的各个输出项，格式字符串和各输出项在数量和类型上应该一一对应。输出数据列表可以是任意类型的常量、变量或表达式，有多个数据时，各个数据之间用逗号隔开。

(4) 如果格式说明的个数多于输出数据的个数，则对多余的格式说明将输出不定值。如果格式说明的个数少于输出数据的个数，则多余的输出数据不予输出。如果两者的格式类型不匹配，则系统把数据按格式说明的类型输出。

(5) %md 中的 m 是十进制整数，表示输出的宽度。若实际宽度 >m，则按实际位数输出；若实际宽度 <m，则补以空格或 0。l 表示长整型输出，h 表示短整型输出。

(6) 在 % m.nf 中，m、n 为整数，m 指定输出总宽度，n 指定小数位数。当数据的实际宽度少于 m 时，左端补空格；多于 m 时，全部输出。小数位数多于 n 时，按四舍五入处理多余的数据；少于 n 时，在小数的右边补 0，满足 n 位小数。在计算数据的总宽度时，小数点占一位。

(7) scanf(" 格式控制字符串 "，地址表列) 函数的功能是通过键盘（或系统隐含的指定输入设备）输入若干个指定类型的数据。

(8) scanf 函数中没有精度控制，如 scanf("%5.2f",&a) 是非法的。

(9) scanf 中要求给出变量地址，如 scanf("%d",a) 是非法的，应改为 scanf("%d",&a)。

⑩ 在格式控制中，对于非格式说明符字符，应在对应位置原样输入。

8.5　疑难解答

问：在程序中使用 printf() 函数时需要注意一些什么问题？

答：在程序中使用函数 printf() 时注意格式控制串必须在双引号内，并且格式控制字符串内的格式说明个数应与输出变量表里所列的变量个数吻合，类型一致。对输出变量表里所列诸变量（表达式），其计算顺序是自右向左。因此，要注意右边的参数值是否会影响左边的参数取值。看以下程序：

```
#include "stdio.h"
main()
{
int x = 4;
printf ("%d\t %d\t %d\n", ++x, ++x, --x);
}
```

(1) 要特别注意函数 printf() 对输出变量表里所列诸变量（表达式）的计算顺序是自右向左。

(2) 同时要特别注意函数 printf() 中格式说明 %d 与输出变量的对应关系是从左往右一一对应。

(3) 因此，在 printf() 输出前，应该先计算 --x，再计算中间的 ++x，最后计算左边的 ++x。所以，该程序执行后的输出是 5　4　3，而不是 5　6　5。

想一想：

printf ("%d\t %d\t %d\n", x ++, x ++, x --) 的输出是多少？

问：如何使用 scanf() 函数？

答：Scanf() 函数的使用和 printf() 函数的使用基本一致，在格式和参数上都差别不大，只是要注意以下问题：

(1) Scanf() 函数的第二个参数是地址。

(2) Scanf() 函数不能限定输入数据的精度。

8.6　实战练习

(1) 给定程序中，函数 fun() 的功能是计算下式前 n 项的和并作为函数值返回。

$$s= \frac{1\times 3}{2^2} + \frac{3\times 5}{4^2} + \frac{5\times 7}{6^2} +\cdots+ \frac{(2\times n-1)\times(2\times n+1)}{(2\times n)^2}$$

例如，当形参 n 的值为 10 时，函数返回 9.612558。请在程序的下划线处填入正确的内容，使程序得出正确的结果。

```c
#include <stdio.h>
double fun(int n)
{ int i;   double s, t;
/**********found**********/
  s=__1__;
/**********found**********/
  for(i=1; i<=__2__; i++)
  { t=2.0*i;
/**********found**********/
    s=s+(2.0*i-1)*(2.0*i+1)/__3__;
  }
  return s;
}
main()
{ int n=-1;
  while(n<0)
  { printf("Please input(n>0): "); scanf("%d",&n); }
  printf("\nThe result is: %f\n",fun(n));
}
```

(2) 给定程序中, 函数 fun() 的功能是根据形参 i 的值返回某个函数的值。当调用正确时, 程序输出: x1=5.000000, x2=3.000000, x1*x1+x1*x2=40.000000。

请在程序的下划线处填入正确的内容, 使程序得出正确的结果。

```c
#include <stdio.h>
double f1(double x)
{  return x*x; }
double f2(double x, double y)
{  return x*y; }
/**********found**********/
__1__ fun(int i, double x, double y)
{ if (i==1)
/**********found**********/
    return __2__(x);
  else
/**********found**********/
    return __3__(x, y);
}
main()
{ double x1=5, x2=3, r;
```

```
    r = fun(1, x1, x2);
    r += fun(2, x1, x2);
    printf("\nx1=%f, x2=%f, x1*x1+x1*x2=%f\n\n",x1, x2, r);
  }
```

（3）给定程序中，函数 fun() 的功能是找出 100 ~ 999（含 100 和 999）所有整数中各位的数字之和为 x（x 为一正整数）的整数，然后输出；符合条件的整数个数作为函数值返回。

例如，当 x 值为 5 时，100 ~ 999 各位的数字之和为 5 的整数有 104、113、122、131、140、203、212、221、230、302、311、320、401、410、500，共有 15 个。当 x 值为 27 时，各位的数字之和为 27 的整数是 999，只有 1 个。

请在程序的下划线处填入正确的内容，使程序得出正确的结果。

```
#include <stdio.h>
fun(int  x)
    { int  n, s1, s2, s3, t;
    n=0;
  t=100;
/**********found**********/
  while(t<=__1__){
/**********found**********/
   s1=t%10;  s2=(__2__)%10;  s3=t/100;
/**********found**********/
   if(s1+s2+s3==__3__)
   { printf("%d ",t);
     n++;
   }
   t++;
  }
  return  n;
}
main()
{ int x=-1;
  while(x<0)
  { printf("Please input(x>0): "); scanf("%d",&x); }
  printf("\nThe result is: %d\n",fun(x));
}
```

（4）若 a=3、b=4、c=5、x=1.2、y=2.4、z=-3.6、u=51274、n=128765、c1='a'、c2='b'。要得到以下输出格式和结果，请写出程序（包括定义变量类型和设计输出）。

```
a=_3_ _b=_4_ _c=_5
x=1.200000,y=2.400000,z=-3.600000
```

x+y=_3.600_ _y+z=-1.20_ _z+x=-2.40

（5）用 scanf() 函数输入数据，使 a=3、b=7、x=8.5、y=71.82、c1='A'、c2='a'，问应在键盘如何输入？

```
main()
{
    int a, b; float x, y; char c1, c2;
    scanf（"a=%d_b=%d", &a, &b）;
    scanf（"_x=%f_y=%e",&x, &y）;
    scanf（"_c1=%c_c2=%c", &c1, &c2）;
}
```

（6）用 getchar() 函数读入两个字符给 c1、c2，然后分别用函数 putchar() 和函数 printf() 输出这两个字符。并思考以下问题：① 变量 c1、c2 应定义为字符型还是整形？或者两者均可？② 整型变量与字符变量是否在任何情况下都可以互相代替？

第 9 章
数组

本章导读

　　有时候，我们可能需要处理很多数据，比如，100 个数据，那我们总不至于要定义 100 个变量吧？那么，有没有这样一个"东西"，它自己就代表很多个数据呢？答案是：有的，那就是数组！数组就是一群相同类型的数据的集合！

本章课时：理论 4 学时 + 实践 2 学时

学习目标

▶ 数组概述

▶ 一维数组

▶ 二维数组

▶ 多维数组

▶ 综合应用——杨辉三角

▶ 综合应用——八皇后问题的实现

9.1　数组概述

到目前为止，我们所使用的变量都有一个共同的特点，就是每个变量只能存储一个数值。比如定义 3 个变量 num、money 和 cname，代码如下：

```
int num;
doulbe money;
char cname;
```

这 3 个变量属于不同的数据类型，所以只能一次定义一个变量。如果这 3 个变量属于同一种数据类型，就可以使用数组一起定义多个变量。

数组表示的是一组数据类型相同的数，这组数当中的每一个元素都是一个独立的变量，数组就是用来存储和处理一组相同类型的数据的。

例如，表 9-1 描述了 3 种不同的数据，序号列是整数，成绩列是浮点数，代码列是字符类型。

表 9-1

序号	成绩	代码
5	60.5	e
3	70	b
1	80	c
4	90.5	d
2	100	a

鉴于表中的每一列都是同一种数据类型，因此，可以为每一列创建一个数组。例如，序号列可以用整型数组，成绩列可以用浮点型数组，代码列可以用字符型数组，这就是我们所说的数组。

9.2　一维数组

一维数组是使用同一个数组名存储一组数据类型相同的数据，用索引或者下标区别数组中的不同元素。正如 9.1 节中建立的数据表，为每一列建立的数组称为一维数组，本节介绍一维数组的定义和使用的方法。

9.2.1　一维数组的定义

一维数组定义的一般形式为：

类型说明符 数组名 [常量表达式];

例如：

int code[5];

或者：

#define NUM 5

```
int code[NUM];
```

上述两种形式都正确地定义了一个名称为"code"的整型数组，该数组含有 5 个整型变量，这 5 个整型变量依次是 code[0]、code[1]、code[2]、code[3] 和 code[4]。

在 C 语言中，数组的下标总是从 0 开始标记的，而不是从 1 开始，这一点大家需要格外注意，特别是最初接触数组的时候。

这里使用 code 数组存储 9.1 节中建立的数据表的序号列中的数据，如表 9-2 所示。

表 9-2

序号	数组
5	code[0]
3	code[1]
1	code[2]
4	code[3]
2	code[4]

表中数组 code 中的元素 code[0] 是一个整型变量，它存储的是数据 5，它在使用上与一般的变量没有区别，例如 int x=5，code[0] 与 x 不同之处在于 code[0] 采用了数组名和下标组合的形式。

例如下面的代码：

```
printf("code[0]=%d,code[4]=%d\n",code[0],code[4]);
```

输出结果：

code[0]=5,code[4]=2

又如下面的代码：

```
for(int i=0;i<5;i++)
printf("code[%d]=%d\n",code[i]);
```

输出结果：

```
code[0]=5
code[1]=3
code[2]=1
code[3]=4
code[4]=2
```

从这些例子可以看出，一个很直观的好处就是很大程度上可以减少定义的变量数目。原来需要定义 5 个变量，使用数组后，我们仅使用 code 作为数组名，改变下标值，就可以表示这些变量了。使用数组还有一个好处就是访问数组中的变量非常方便，只需要变动下标就可以达到访问不同值的目的。当然还有其他一些好处，比如数据的查找、数据的移动等。

数组在内存中的存储形式如图 9-1 所示。

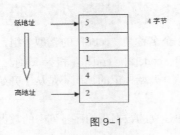

图 9-1

1. 数组定义的说明

（1）数组使用的是方括号"[ ]"，不要误写成小括号"( )"。

```
int name(10);                    /* 是错误的形式 */
```

（2）对数组命名必须按照命名规则进行。

（3）数组下标总是从 0 开始的。以前面定义的 code 数组为例，数组元素下标的范围是 0~4，而不是 1~5，大于 4 的下标会产生数组溢出错误。下标更不能出现负数。

```
code[0]              /* 是存在的，可以正确访问 */
code[4]              /* 是存在的，可以正确访问 */
code[5]              /* 是不存在的，无效的访问 */
code[-1]             /* 是错误的形式 */
```

（4）定义数组时，code[5] 括号中的数字 5 表示的是定义数组中元素的总数。使用数组时，code[2]=1 括号中的数值是下标，表示的是使用数组中的哪一个元素。

（5）在定义数组时，要求括号当中一定是常量，而不能是变量。但是数组定义后，使用该数组的元素时，下标可以是常量，也可以是变量，或者是表达式。如下面的代码就是错误的。

```
int number=5;
int code[number];    /* 在编译这样代码时，编译器会报错 */
```

假如 code 数组已经正确定义，则下面的代码是正确的。

```
int n = 3;
code[n] = 100;       /* 等价于 code[3]=100; */
code[n+1]=80;        /* 等价于 code[4]=80; */
code[n/2]=65;        /* 等价于 code[1]=65，这个是需要注意的，下标只能是整数，如果是浮
点数，编译器会舍弃小数位取整数部分 */
code[2]=code[1] + n;
code[0]=99.56        /* 等价于 code[0]=99，因为 code[0] 本就是一个整型变量，赋值时数据
类型转换，直接把浮点数舍弃小数位后赋值给了 code[0]*/
```

2. 其他类型数组的定义

（1）整型数组的定义。

```
int array[10];              /* 包含 10 个整型元素的数组名为 array 的数组，下标范围从 0 ~ 9*/
```

(2) 浮点型数组的定义。

```
float score[3];        /* 包含 3 个 float 类型元素的数组名为 score 的数组，下标范围从 0 ~ 2*/
```

(3) 字符型数组的定义。

```
char name[5];        /* 包含 5 个 char 类型元素的数组名为 name 的数组，下标范围从 0 ~ 4*/
```

3. 数组的地址

数组的一个很重要的特点是，它在内存中占据一块连续的存储区域。这个特点对于一维数组、二维数组、多维数组一样适用。前面例子中数组 code 的存储区域在某一个地址中存储了 code[0] 元素的值 5，然后地址从低到高，每次增加 4 字节（int 类型占用 4 字节），顺序存储了其他数组元素的值。

假如我们现在已知 code[0] 在内存中的地址，那么 code[1] 的地址是多少呢？

code[1] 就是在 code[0] 的地址基础上加 4 字节，同理，code[4] 的地址就是在 code[0] 地址的基础上加 4×4 字节，共 16 字节。所以对于数组，只要知道了数组的首地址，就可以根据偏移量计算出待求数组元素的地址。数组的首地址又怎样得到呢？其实 C 语言在定义数组时，就已经预先设置好了这个地址，这个预设值就是数组名。比如要输出数组的首地址，就可以采用下面的方式。

```
printf("code 的首地址是 %d\n",code);
```

输出结果就是 code 数组的首地址值。关于地址的更多使用方法，可以参阅第 11 章中的相关内容。

9.2.2 一维数组的初始化

初始化数组的方法和初始化变量的方法一致，有以下两种形式。

1. 先定义数组，再进行初始化

例如下面的代码：

```
int code[5]; /* 定义整型数组，数组有 5 个元素，下标从 0 ~ 4*/
code[0]=5; /* 数组第 0 个元素赋值 */
code[1]=3; /* 数组第 1 个元素赋值 */
code[2]=1; /* 数组第 2 个元素赋值 */
code[3]=4; /* 数组第 3 个元素赋值 */
code[4]=2; /* 数组第 4 个元素赋值 */
```

2. 在定义的同时对其初始化

```
int code[5]={5, 3, 1, 4, 2};        /* 定义整型数组，同时初始化数组的 5 个元素 */
```

在数学中使用 "{ }" 表示的是集合的含义，这里也一样，这对括号就是圈定了这组数组的值，或者省略数组元素的个数。如下面的语句：

```
int code[ ]={5, 3, 1, 4, 2};
```

因为 "{ }" 中是每个数组元素的初值，初始化也相当于告诉了我们数组中有多少个元素，所以可以省略 "[ ]" 中的 5。定义数组同时对其初始化，可以省略中括号中数组的个数。但是如果分开写就是错误的，如下面的代码。

```
int code[5]; /* 定义数组 */
code[5]={5, 3, 1, 4, 2};          /* 错误的赋值 */
```

或者：

```
code[]={5, 3, 1, 4, 2};          /* 错误的赋值 */
```

下面都是错误的形式。

```
int code[];   /* 错误的数组定义 */
code[0]=5; /* 错误的赋值 */
code[1]=3; /* 错误的赋值 */
```

定义数组时没有定义数组元素的个数，使用时就会发生异常，原因是内存中并没有为数组 code 开辟任何存储空间，数据自然无处存放。

数组初始化时常见的其他情况如下。

(1) 定义数组时省略 [ ] 内元素总数。

```
int code[10]= {1,2,3,4,5};        /* 表示 code 数组共有 10 个元素，仅对前 5 个进行了初始化，
后面 5 个元素编译器自动初始化为 0*/
int code[]= {1,2,3,4,5};          /* 表示 code 数组共有 5 个元素，初始化 code[0]=1，code[1]=
2, ..., code[4]=5*/
```

(2) 元素初始化为 0。

```
int code[5]= {0,0,0,0,0};
```

或者：

```
int code[5]={0}
```

两者的含义相同，都是将 5 个元素初始化为 0，显然第 2 种方式更为简洁。

9.2.3 一维数组元素的操作

数组的特点是使用同一个变量名，但是不同的下标。因此可以使用循环控制数组下标的值，进而访问不同的数组元素。例如：

```
int i;
int array[5]={1,2,3,4,5};        /* 定义数组，同时初始化 */
for(i=0;i<5;i++)        /* 循环访问数组元素 */
printf("%d",array[i]);
```

输出结果：

```
1,2,3,4,5
```

此代码中定义 array 为整型数组，包含 5 个整型元素，并同时赋初始元素值，分别是：

```
array[0]=1，array[1]=2，array[2]=3，array[3]=4，array[4]=5
```

for 语句中，循环变量 i 的初值是 0，终值是 4，步长是 1，调用 printf() 函数就可以访问数组 array 中的每一个元素。

【范例 9-1】一维数组的输入 / 输出。

(1) 在 Visual C++ 6.0 中，新建名称为 "一维数组输入 / 输出 .c" 的【Text File】文件。

(2) 在代码编辑区域输入以下代码（代码 9-1.txt）。

```
01  #include <stdio.h>
02  #define MAXGRADES 5  /* 数组元素总数 */
03  int main()
04  {
05    int code[MAXGRADES];        /* 定义数组 */
06    int i;
07    /* 输入数据 */
08    for (i = 0; i < MAXGRADES; i++)        /* 循环遍历数组 */
09    {
10      printf(" 输入一个数据 : ");
11      scanf("%d", &code[i]);               /* 输入值到 code[i] 变量中 */
12    }
13    /* 输出数据 */
14    for (i = 0; i < MAXGRADES; i++)
15      printf("code[%d] = %d\n", i, code[i]);    /* 输出 code[i] 值 */
16    return 0;
17  }
```

【运行结果】

编译、连接、运行程序，根据提示依次输入 5 个数，按【Enter】键后，即可在命令行中输出如图 9-2 所示结果。

图 9-2

【范例分析】

本范例首先定义符号常量 MAXGRADES，然后定义 int 类型数组 code，数组共有

MAXGRADES 个元素。使用 for 循环，通过循环遍历 i 的改变，改变数组 code 元素的下标值，从而输入 / 输出数组的每一个元素。

【范例 9-2】使用一维数组计算元素的和以及平均值。

（1）在 Visual C++ 6.0 中，新建名称为"一维数组求和求平均值 .c"的【Text File】文件。

（2）在代码编辑区域输入以下代码（代码 9-2.txt）。

```
01  #include <stdio.h>
02  #define MAX 5   /* 数组元素总数 */
03  int main()
04  {
05    int code[MAX];           /* 定义数组 */
06    int i, total = 0;
07    for (i = 0; i < MAX; i++) /* 输入数组元素 */
08    {
09      printf(" 输入一个数据 : ");
10      scanf("%d", &code[i]);
11    }
12    for (i = 0; i < MAX; i++)
13    {
14      printf("%d ", code[i]);  /* 输出数组元素 */
15      total += code[i];        /* 累加数组元素 */
16    }
17    printf("\n 和是 %d\n 平均值是 %d\n", total,total/(MAX-1));   /* 输出和以及平均值 */
18    return 0;
19  }
```

【运行结果】

编译、连接、运行程序，根据提示依次输入 5 个数，按【Enter】键后，即可在命令行中输出如图 9-3 所示结果。

图 9-3

【范例分析】

本范例首先定义符号常量 MAX，然后定义 int 类型数组 code，数组共有 MAX 个元素。使用 for 循环，通过循环遍历 i 的改变，改变数组 code 元素的下标值，输入值到数组。再次使用循环，累加数组的每一个元素，累加和存放在变量 total 中，最后调用 printf() 函数，输出数组元素和并求出平均值。

9.2.4 一维数组的应用举例

本小节将处理的问题是：数组元素间是如何交换的，存储特定的数值，如何作为函数的参数，使用数组作为函数参数与变量作为函数参数有什么异同。

【范例 9-3】将一个数组逆序输出。

数组原始值为 9 6 5 4 1，则逆序数组值为 1 4 5 6 9。

(1) 在 Visual C++ 6.0 中，新建名称为"数组逆序 .c"的【Text File】文件。

(2) 在代码编辑区域输入以下代码（代码 9-5.txt）。

```
01  #include <stdio.h>
02  #define N 5
03  int main()
04  {
05    int a[N]={9,6,5,4,1},i,temp;        /* 定义数组 */
06    printf(" 原数组 :\n");
07    for(i=0;i<N;i++)            /* 输入元素 */
08      printf("%4d",a[i]);
09    for(i=0;i<N/2;i++)          /* 交换数组元素 */
10    {
11      temp=a[i];
12      a[i]=a[N-i-1];
13      a[N-i-1]=temp;
14    }
15    printf("\n 排序后数组 :\n");
16    for(i=0;i<N;i++)            /* 输出元素 */
17      printf("%4d",a[i]);       /* 输出格式元素占 4 列 */
18    printf("\n");
19    return 0;
20  }
```

【运行结果】

编译、连接、运行程序，即可在命令行中输出如图 9-4 所示结果。

图 9-4

【范例分析】

本范例代码中的 a[i]=a[N–i–1]，实现了前后对应两个元素的交换。当 i 为 0 时，交换的是 a[0] 和 a[4]，即 9 和 1 交换；当 i 为 2 时，交换的是 a[1] 和 a[3]，即 6 和 4 交换。因为数组元素是奇数 5，因此下标为 2 的元素 5 不需要交换。

【范例 9-4】输出 100 以内的素数。

(1) 在 Visual C++ 6.0 中，新建名称为"素数 .c"的【Text File】文件。

(2) 在代码编辑区域输入以下代码（代码 9–6.txt）。

```
01  #include <stdio.h>
02  #include "math.h"          /* 包含数学函数库 */
03  #define N 101    /* 数组元素总数 */
04  int main()
05  {
06    int i,j,line,a[N]; /* 定义数组 */
07    for(i=2;i<N;i++)          /* 数组元素赋值 */
08      a[i]=i;
09    for(i=2;i<sqrt(N);i++)    /* 求素数，i 的范围为 2 ~ 10*/
10    {
11      for(j=i+1;j<N;j++)      /* 求素数，j 的范围为 i+1 ~ 100*/
12      {
13        if(a[i]!=0 && a[j]!=0)
14          if(a[j]%a[i]==0)     /* 不能整除 */
15            a[j]=0;
16      }
17    }
18    for(i=2,line=0;i<N;i++) /* 输出数组 */
19    {
20      if(a[i]!=0)      /* 数组赋值 */
21      {
22        printf("%5d",a[i]);
23        line++;
24      }
25      if(line==10)    /*10 个换行 */
26      {
27        printf("\n");
28        line=0;
29      }
30    }
```

```
31    printf("\n");
32    return 0;
33    }
```

【运行结果】

编译、连接、运行程序，即可在命令行中输出如图9-5所示结果。

图 9-5

【范例分析】

如何求素数我们并不陌生，之前求解出这种特定的数据没有很好的方法存储，只能输入显示结果，现在就可以存储到数组中，以备后续程序使用这些特殊值。求解素数的过程是通过两个 for 循环的嵌套实现的，判断素数的标准依然是 2~sqrt(N) 范围内没有整数能够整除变量 j。为了输出判断方便，程序中保留了素数数组元素，而将非素数数组元素赋值为 0。

9.3　二维数组

如果我们现在要处理 10 名学生多门课程的成绩，该怎么办？当然可以使用多个一维数组解决，例如 score1[10]、score2[2]、score3[3]。那有没有更好的方法呢？答案是肯定的，使用二维数组。

9.3.1　二维数组的定义

二维数组定义的一般形式为：

类型说明符 数组名 [常量表达式][常量表达式];

例如：

int a[3][4]; /* 定义 a 为 3 行 4 列的数组 */
int b[5][10]; /* 定义 b 为 5×10(5 行 10 列) 的数组 */

不能写成下面的形式：

int a[3,4];   /* 错误数组定义 */
int b[5,10]; /* 错误数组定义 */

我们之前提到过数组在内存中占用一块连续的存储区域，那么二维数组是什么样的情况？以 a[3][4] 为例，数组元素在内存中存储的形式如图 9-6 所示。

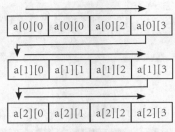

图 9-6

二维数据是按照 "Z" 形存储的，把它展开，等效于如下的线状形式，从左至右地址逐渐递增，每个单元格占 4 字节（数组 a 是 int 类型）。

a[0][0]	a[0][1]	…	a[2][2]	a[2][3]

已知 a[0][0] 在内存中的地址，a[1][2] 的地址是多少呢？计算方法如下。

a[1][2] 的地址 = a[0][0] 地址 + 24 字节

24 字节 = （1 行 *4* 列 +2 列）*4 字节

还需要注意，数组 a[3][4] 元素下标的变化范围，行号范围是 0~2，列号范围是 0~3。

9.3.2 二维数组的初始化

同一维数组一样，二维数组的初始化也可以有以下两种形式。

1. 先定义再初始化

```
int a[3][4];
a[0][0]=1;
a[2][3] = 9;
```

2. 定义的同时初始化

```
int a[3][4]= { {1,2,3,4},{5,6,7,8},{9,0,1,2}};
```

或者：

```
int a[3][4]= { 1,2,3,4,5,6,7,8,9,0,1,2};
```

前面已经讲过，二维数组在内存中是按照线性顺序存储的，所以内存括号可以省去，不会产生影响。

还可以如下定义：

```
int a[ ][4]= { {1,2,3,4},{5,6,7,8},{9,0,1,2}};
```

或者：

```
int a[][4]= { 1,2,3,4,5,6,7,8,9,0,1,2};
```

省去 3 也是可以的，但是 4 不能省去。编译器会根据所赋数值的个数及数组的列数，自动计算出数组的行数。

分析下面的二维数组初始化后的值。

```
int a [ 3 ] [ 4 ] ={{1}, {5}, {9}};
```

可以认为二维数组是由 3 个一维数组构成的，每个一维数组有 4 个元素，这就可以和一维数组初始化衔接上。经过上述初始化，数组 a 元素值的形式如表 9-3 所示。

表 9-3

a[0][0]=1	a[0][1]=0	a[0][2]=0	a[0][3]=0
a[1][0]=5	a[1][1]=0	a[1][2]=0	a[1][3]=0
a[2][0]=9	a[2][1]=0	a[2][2]=0	a[2][3]=0

9.3.3 二维数组元素的操作

二维数组元素的操作和一维数组元素的操作相似，一般使用双重循环遍历数组的元素，外层循环控制数组的行标，内层循环控制数组的列标，如下：

```
int i,j;
int array[3][4];
for(i=0;i<3;i++)
{
    for(j=0;j<4;j++)
    {
    array[i][j]=4*i+j;
    }
}
```

经过上面双循环的初始化操作，数组 array[3][4] 元素的值是 {0,1,2,3,4,5,6,7,8,9,10,11}。

原因是 4*i+j，i 表示行号，j 表示列号，首先赋值 i=0 的行的数组元素值 {0,1,2,3}，内层循环结束，接下来外层循环变量 i=1，继续对数组元素赋值 {4,5,6,7}，这样反复进行，就可以得到元素的值。

9.3.4 二维数组的应用举例

本小节通过两个实际应用的例子来讲解二维数组的使用方法和技巧。

【范例 9-5】求一个 3*3 矩阵对角线元素之和。

(1) 在 Visual C++ 6.0 中，新建名称为"对角线求和 .c"的【Text File】文件。

(2) 在代码编辑区域输入以下代码（代码 9-7.txt）。

```
01  #include <stdio.h>
02  int main()
03  {
04    float a[3][3],sum=0;
05    int i,j;
06    printf(" 请输入 3*3 个元素 :\n");
07    for(i=0;i<3;i++)  /* 循环输入 9 个元素 */
08    {
09     for(j=0;j<3;j++)
10      scanf("%f",&a[i][j]);
```

```
11     }
12     for(i=0;i<3;i++)           /* 计算对角元素和 */
13       sum=sum+a[i][i];
14     printf(" 对角线元素和为 %6.2f\n",sum);
15     return 0;
16   }
```

【运行结果】

编译、连接、运行程序，输入 3×3 个元素，即 3 行 3 列，按【Enter】键后，即可输出如图 9-7 所示结果。

图 9-7

【范例分析】

本范例对 3 行 3 列的数组 a 进行双循环依次赋值。由于二维数组在内存中存储的形式是一行结束后再从下一行开头继续存储，呈"Z"字形，因此键入数据的顺序也按照这个方式。

要计算二维数组对角元素的和时，由于对角线元素的特点是行号和列号相同，所以无需使用双重循环遍历数组，使用单循环就足够了。运算时取数组的行号和列号相等即可。

【范例 9-6】将一个二维数组的行和列元素互换，存到另一个二维数组中。

（1）在 Visual C++ 6.0 中，新建名称为"行列互换 .c"的【Text File】文件。

（2）在代码编辑区域输入以下代码（代码 9-8.txt）。

```
01   #include <stdio.h>
02   int main()
03   {
04     int a[2][3]={{1,2,3},{4,5,6}};        /* 数组 a*/
05     int b[3][2],i,j;
06     printf("array a:\n");
07     for (i=0;i<=1;i++)
08     {
09       for (j=0;j<=2;j++)
10       {
11         printf("%5d",a[i][j]);   /* 输出数组 a*/
12         b[j][i]=a[i][j];          /* 行列互换存储到数组 b*/
13       }
```

```
14      printf("\n");
15    }
16    printf("array b:\n");
17    for(i=0;i<=2;i++)          /* 输出数组 b*/
18    {
19      for(j=0;j<=1;j++)
20        printf("%5d",b[i][j]);
21      printf("\n");
22    }
23    return 0;
24  }
```

【运行结果】

编译、连接、运行程序，即可在命令行中输出如图 9-8 所示结果。

图 9-8

【范例分析】

行列互换的关键是对下标的控制，如果没有找到正确的方法，那么数组将被弄得一团糟。首先，为了实现行列互换后数组元素能够装得下、装得恰好，定义数组 a 是 a[2][3]，是 2 行 3 列的，数组 b 是 b[3][2]，是 3 行 2 列的，这样行列互换才能刚好装下。

实现行列互换的代码如下：

```
b[j][i]=a[i][j];
```

巧妙地使用行号和列号的转换就可以达到要求。

9.4 多维数组

C 语言中允许定义任意维数的数组，比较常见的多维数组是三维数组。可以形象地理解，三维数组中的每一个对象就是三维空间中的一个点，它的坐标分别由 x、y 和 z 等 3 个数据构成，其中，x、y、z 分别表示一个维度。

定义一个三维数组：

```
int point[2][3][4];
```

从零开始 ▌ C语言程序设计基础教程（云课版）

三维数组 point 由 2×3×4=24 个元素组成，其中多维数组靠左边维变化的速度最慢，靠右边维变化的速度最快，从左至右逐渐增加。point 数组在内存中仍然按照线性结构占据连续的存储单元，地址从低到高，如下所示。

```
point[0][0][0] → point[0][0][1] → point[0][0][2] → point[0][0][3] →
point[0][1][0] → point[0][1][1] → point[0][1][2] → point[0][1][3] →
point[0][2][0] → point[0][2][1] → point[0][2][2] → point[0][2][3] →
point[1][0][0] → point[1][0][1] → point[1][0][2] → point[1][0][3] →
point[1][1][0] → point[1][1][1] → point[1][1][2] → point[1][1][3] →
point[1][2][0] → point[1][2][1] → point[1][2][2] → point[1][2][3]
```

遍历三维数组，通常使用三重循环实现，这里就以 point[2][3][4] 数组为例进行说明。

```
int i,j,k;        /* 定义循环变量 */
int pointf[2][3][4];    /* 定义数组 */
  for (i=0;i<2;i++)    /* 循环遍历数组 */
    for(j=0;j<3;j++)
      for(k=0;k<4;k++)
        printf( "%d",point[i][j][k]);
```

还有更高维数组的，比如 4 维、5 维、6 维……这里不再赘述。

9.5 综合应用——杨辉三角

本节通过 1 个范例来讲解数组的综合应用。

【范例 9-7】编写代码实现杨辉三角，存储到数组中，然后使用循环输出杨辉三角。

杨辉三角的特点是：① 每行数字左右对称，由 1 开始逐渐变大，然后变小，回到 1；②第 n 行的数字个数为 n；③第 n 行数字和为 2n–1；④ 每个数字等于其上方和左上方数字之和，如下所示。

1
1 1
1 2 1
1 3 3 1
1 4 6 4 1
1 5 10 10 5 1

(1) 在 Visual C++ 6.0 中，新建名称为"杨辉三角 .c"的【Text File】文件。

(2) 在代码编辑区域输入以下代码（代码 9–9.txt）。

```
01   #include <stdio.h>
02   int main()
03   {
04     int i,j;
05     int a[10][10];
06     for(i=0;i<10;i++)        /* 初始化第 0 行和对角线元素 */
```

```
07    {
08      a[i][0]=1;
09      a[i][i]=1;}
10    for(i=2;i<10;i++)          /* 公式计算元素值 */
11    {
12      for(j=1;j<i;j++)
13        a[i][j]=a[i-1][j-1]+a[i-1][j];
14    }
15    for(i=0;i<10;i++)          /* 输出数组 */
16    {
17      for(j=0;j<=i;j++)
18        printf("%5d",a[i][j]);
19      printf("\n");
20    }
21    return 0;
22    }
```

【运行结果】

编译、连接、运行程序，即可在命令行中输出如图 9-9 所示结果。

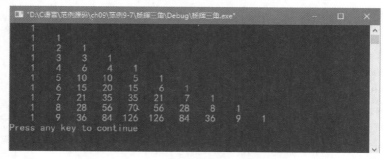

图 9-9

【范例分析】

根据杨辉三角的特点分析，第 0 列和对角线元素的值都是 1，在此基础上计算其他元素，然后存储到数组中。数组是一个矩形，这里只利用了其中的部分元素。

9.6 综合应用——八皇后问题的实现

9.6.1 问题描述

八皇后问题是一个古老而著名的问题，是回溯算法的典型例题。该问题是 19 世纪著名的数学家高斯于 1850 年提出的，它描述的是在 8×8 格的国际象棋上摆放 8 个皇后，使其不能互相攻击，即任意两个皇后都不能处于同一行、同一列或同一斜线上，问共有多少种摆法。

9.6.2 问题分析及实现

对于此问题，首先想到的是前面提到的要领：看清，想明，把握每一个细节。由问题描述可知，我们要实现的是找到皇后的行、列坐标以及对应的方案号。

1. 问题分析

我们将要开发的程序就是设置一个棋盘（N×N，N=8），并设置此棋盘上的所有点均是空的。然后一种情况一种情况地试验，遇到与问题的要求相匹配的情况时，方案数累加1，并输出这种情况。

2. 问题实现

通过分析，可以得出实现此问题的两个要点：第一个是在哪种情况下，我们可以认为是与问题的要求一致；第二个是怎么划分模块。问题实现的代码如下。

（1）输出结果。

将结果输出至屏幕，以循环打印的方式调用标准输入/输出函数printf，将结果回显。代码如下（代码9-8.txt）。

```
01   #include <stdio.h>
02   #define N 8
03   void Output(int bc[][N],int *count)
04   {
05       int i;
06       int j;
07       *count=*count+1;
08       printf( "第 %d 种 :\n",*count);
09       for(i=0;i<N;i++)
10       {
11           for(j=0;j<N;j++)
12           {
13               if(bc[i][j])
14                   printf("Q");        /* 在皇后位置打印 Q*/
15               else
16                   printf("0");        /* 在非皇后位置打印 0*/
17           }
18           printf("\n\r");
19       }
20   }
```

（2）求解每种方案是否符合题目要求。

采用递归的方法可以很容易地将这个问题简化，就是要让第8个皇后的情况合法，需要去找第7个合法皇后的位置。那么，要让第7个皇后的位置合法，怎么办？当然是去找第6个皇后的位置，依次类推，可以推到第1个合法皇后的位置，然后就返回调用处。代码如下（代码9-9.txt）。

```
01   void  Queen(int board[][N],int row,int *count)
```

```
02  {
03      int OK;
04      int j ;
05      int i ;
06      if(row==N)
07      {
08          Output(board,count);          /* 找齐 8 后，则输出 */
09          return;
10      }
11      for(j=0;j<N;j++)
12      {
13          OK=1;
14          for(i=0;i<row;i++)
15          {
16              if((board[i][j])||(j-row+i>=0&&board[i][j-row+i])||(j-i+row<N&&board[i][j-i+row]))
17              {          /* 判断位置 */
18                  OK=0;
19                  break;
20              }
21          }
22          if(OK)
23          {   /* 找到则置标志，并在此基础上继续查找下一个皇后 */
24              board[row][j]=1;
25              Queen(board,row+1,count);          /* 继续递归 */
26              board[row][j]=0;
27          }
28      }
29  }
```

（3）主程序函数。

可实现对数据初始化，调用问题求解功能函数，并输出最终方案个数。代码如下（代码 9-10. txt ）。

```
01  int main()
02  {
03      int pad[N][N];
04      int count=0;
05      int i,j;
06      for(i=0;i<N;i++)
07      {
08          for(j=0;j<N;j++)
```

```
09      {
10          pad[i][j]=0;          /* 将棋盘中所有的位置置为 0 进行初始化 */
11      }
12   }
13   Queen(pad,0,&count);          /* 开始递归过程，对各种方案进行检查 */
14   printf(" 共有 %d 种方案 ",count);
15   return 0;
16 }
```

3. 程序运行

单击【调试】工具栏中的！按钮，即可输出如图 9–10 所示结果。0 代表棋盘中的格，Q 即表示皇后的位置。

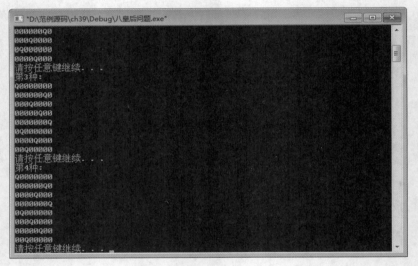

图 9–10

【结果分析】

程序首先初始化数组，即将棋盘清空，然后调用递归函数，查询第一种情况是否符合题意，若符合，再在这种情况的基础上调用自己，依此顺序对每种方案都进行遍历，直到最后输出所有合法的情况、程序结果，并输出方案总个数。

9.6.3 开发过程中的常见问题及解决

开发过程中的常见问题及解决办法如下，仅供参考。

(1) 如何编写这个递归函数。这里所写的递归函数的主要目的确认后，就可以编写正确的函数，主要的目的是试探方案是不是合法。无论如何，在函数中一定要边写边思考，一旦条件成立，递归它时，程序运行的流程控制得对吗？还要考虑函数递归结束后，返回到上次调用的那个位置之后。而且，我们采用的变量没有传递进递归函数，因此函数返回后需要归位，即将还原某些变量的值。在本例中需要还原棋盘中最后试探的点，标为未试探，这样，程序可以一直试验其他情况。

(2) 此程序的难点之一是如何理解本例的递归函数。递归的函数，在本例只在一个地方调用自己，那就是找到一个合法皇后，再找下一个皇后，这样，只要找够 8 个皇后，则函数打印此方案并返回上次调用的位置。而在这个位置向后执行，则是继续循环查找棋盘中其他位置上放置的皇后是否合法，一旦合法，又将继续寻找本方案中的下一个合法皇后。

9.7　本章小结

(1) 数组可以为任意数据类型。数组定义后，数据类型不能修改。

(2) 数组命名与变量命名规则相同。

(3) 方括号表示所定义的对象是数组，不能省略。

(4) 方括号中的整型常量表达式表示数组元素个数，不允许包含变量。

(5) 数组各元素在内存中占据一段连续的内存。

(6) 引用数组元素时，数组名后面方括号内可以使用变量。

(7) 下标从 0 开始。即第一个元素的下标为 0，最后一个元素的下标为 n–1，不存在下标为 n 的数组元素。

(8) 只对部分元素初始化时，数据赋给数组中前面的连续的部分元素，其余元素的值默认为 0。

9.8　疑难解答

问：对于数组类型说明应注意哪些问题？

答： (1) 数组的类型实际上是指数组元素的取值类型。对于同一个数组，其所有元素的数据类型都是相同的。

(2) 数组名的书写规则应符合标识符的书写规定。

(3) 数组名不能与其他变量名相同。例如：

```
int main()
{
int a;
float a[10];
…
}
```

是错误的。

(4) 方括号中常量表达式表示数组元素的个数，如 a[5] 表示数组 a 有 5 个元素。但是其下标从 0 开始计算，因此 5 个元素分别为 a[0],a[1],a[2],a[3],a[4]。

(5) 不能在方括号中用变量来表示元素的个数，但可以是符号常数或常量表达式。例如：

```
#define FD 5
int main()
{
int a[3+2],b[7+FD];
…
```

```
}
```

是合法的。但是下述说明方式是错误的。

```
int main()
{
int n=5;
int a[n];
…
}
```

(6) 允许在同一个类型说明中，说明多个数组和多个变量。例如： int a,b,c,d,k1[10],k2[20];。

问：C语言对数组的初始赋值还有什么特殊规定？

答：(1) 可以只给部分元素赋初值。当"{ }"中值的个数少于元素个数时，只给前面部分元素赋值。例如：static int a[10]={0,1,2,3,4}；表示只给 a[0] ～ a[4] 共 5 个元素赋值，而后 5 个元素自动赋 0 值。

(2) 只能给元素逐个赋值，不能给数组整体赋值。例如，给 10 个元素全部赋值 1，只能写为 static int a[10]={1,1,1,1,1,1,1,1,1,1};，而不能写为 static int a[10]=1;。

(3) 如不给可初始化的数组赋初值，则全部元素均为 0 值。

(4) 如给全部元素赋值，则在数组说明中，可以不给出数组元素的个数。例如，"staticinta[5]={1,2,3,4,5};"可写为"staticinta[]={1,2,3,4,5};"动态赋值可以在程序执行过程中对数组作动态赋值，这时可用循环语句配合 scanf() 函数逐个对数组元素赋值。

问：对二维数组初始化赋值要注意什么？

答：(1) 可以只对部分元素赋初值，未赋初值的元素自动取 0 值。

例如，static int a[3][3]={{1},{2},{3}}; 是对每一行的第一列元素赋值，未赋值的元素取 0 值。赋值后各元素的值为 1 0 0 2 0 0 3 0 0。

static int a [3][3]={{0,1},{0,0,2},{3}}; 赋值后的元素值为 0 1 0 0 0 2 3 0 0。

(2) 如对全部元素赋初值，则第一维的长度可以不给出。

例如，static int a[3][3]={1,2,3,4,5,6,7,8,9}; 可以写为 static int a[][3]={1,2,3,4,5,6,7,8,9};。

9.9 实战练习

(1) 以下程序的输出结果是 _____。

```
main()
{
char a[10]={'1','2','3',0,'5','6','7','8','9','\0'};
printf("%s\n",a);
}
```

A. 123　　B. 1230　　C. 123056789　　D. 1230567890

(2) 编写一段代码，利用字符串的结束标志来输出。

(3) 编一程序，将两个字符串连接起来。

(4) 若运行以下程序时，从键盘输入 2473< 回车 >，则下面程序的运行结果是多少。

```
#include<stdio.h>
void main()
{
int c;
while((c=getchar())!='\n')
switch(c-'2')
{
case 0:
case 1: putchar(c+4);
case 2: putchar(c+4);break;
case 3: putchar(c+3);
default: putchar(c+2);break;
}
printf("\n");
}
```

(5) 以下程序输出的结果是 _____ 。

```
#include <stdio.h>
main( )
{ char str[ ]="1a2b3c"; int i;
for(i=0;str[i]!='\0';i++)
if(str[i]<'0' || str[i]>'9') printf("%c",str[i]);
printf("\n"); }
```

A. 123456789 B. 1a2b3c C. abc D. 123

(6) 有如下程序：

```
main()
{ char ch[80]="123abcdEFG*&";
int j;long s=0;
for(j=0;ch[j]>'\0';j++) ;
printf("%d\n",j);
}
```

该程序的功能是 _____ 。

A. 测字符数组 ch 的长度

B. 将数字字符串 ch 转换成十进制数

C. 将字符数组 ch 中的小写字母转换成大写

D. 将字符数组 ch 中的大写字母转换成小写

(7) 用筛选法求 100 之内的素数。

(8) 用选择法对 10 个整数从小到大排序。

(9) 求一个 3×3 矩阵对角线元素之和。

⑽ 有一个已排好的数组，现输入一个数要求按原来排序的规律将它插入数组中。

⑾ 将一个数组的值按逆序重新存放。例如，原来顺序为 8、6、5、4、1，要求改为 1、4、5、6、8。

⑿ 打印"魔方阵"。所谓魔方阵，是指这样的方阵，它的每一行、每一列和对角线之和均相等。例如，三阶魔方阵为

8 1 6

3 5 7

4 9 2

要求打印出由 1 ~ n2 的自然数构成的魔方阵，其中 1< n <15。

⒀ 找出一个二维数组中的鞍点，即该位置上的元素在该行上最大，在该列上最小，也可能没有鞍点。

⒁ 有 15 个数，按由小到大的顺序存放在一个数组中，输入一个数，要求用折半查找法找出该数组中某个元素的值。如果该数不在数组中，则打印输出"无此数"。

第 10 章
字符数组和字符串

本章导读

  我们知道，C 语言有字符型数据，但没有字符串型数据，那么在 C 语言中，字符串是怎么表示的呢？好像第 9 章我们知道了数组是一群相同类型的数据，那么如果它们都是字符呢？是不是字符串的问题就解决了？想想我都兴奋，哈哈哈，赶快往下学习吧。

本章课时：理论 4 学时 + 实践 2 学时

学习目标

  ▶ 字符数组概述

  ▶ 字符数组

  ▶ 字符串

  ▶ 综合应用——自动分类字符

10.1 字符数组概述

在 C 语言中，字符串是由一维字符数组构成的，我们可以与处理数组元素一样处理字符元素。但是，从另外一个角度分析，字符串和字符数组又是不同的，字符串是一个整体，不能再分割。

字符串是使用双引号包含的字符序列，也可以把字符串称为字符串常量。例如下面就是字符串。

```
"hello world"
"123abc，。？"
```

在 C 语言中，字符串存储成一个指定的以 '\0' 作为结束标志的字符串。其中，'\0' 是转义符。例如"hello world"字符串，它的存储并不像我们看到的占用了 11 字节，而是占用了内存中的 12 字节。'\0' 是编译器自动加上的，是字符串的一部分。

字符串"hello world"在内存中的存储形式如下所示。

h	e	l	l	o		w	o	r	l	d	\0

提示：字符串由有效字符和字符串结束符 '\0' 组成，对字符串进行操作时一般通过是否为 '\0' 来结束字符串。

10.2 字符数组

10.2.1 字符数组的初始化

字符数组的初始化通常是逐个字符赋给数组中各元素。例如：

```
char str[10]={ 'W','E ','L','C',' O','M',' ','T','O',' ','C'};
```

即把 11 个字符分别赋给 str[0]~str[10] 这 11 个元素。其中，str[0]='W'，str[1]='E'，str[2]='L'，str[3]='C'，str[4]='O'，str[5]='M'，str[6]=' '，str[7]='T'，str[8]='O'，str[9]=' '，str[10]='C'。

如果花括号中提供的字符个数大于数组长度，则按语法错误处理；若小于数组长度，则只将这些字符赋给数组中前面那些元素，其余的元素自动定为空字符（即 '\0'）。

10.2.2 字符数组的引用

字符数组的引用通过字符数组的下标变量进行。字符数组的下标变量相当于字符类型的变量。

【范例 10-1】输入字符串"welcome to China"，并将其输出到屏幕。

(1) 在 Visual C++ 6.0 中，新建名称为"charApp.c"的【Text File】文件。

(2) 在代码编辑区域输入以下代码（代码 10-1.txt）。

```
01  #include <stdio.h>
02  int main()
03  { int i;
04      char c[15]={'w','e','l','c','o','m','e','t','o',' ','C','h','i','n','a'};  /* 初始化字符串 */
05      for (i=0;i<15;i++)
```

```
06   {
07       printf("%c",c[i]);
08   }
09   printf("\n");
10   }
```

【运行结果】

编译、连接、运行程序，即可在命令行中输出如图 10-1 所示结果。

图 10-1

【范例分析】

上述程序中采用初始化的方式将字符串 "welcome to China" 初始化到字符数组中，当然也可采用字符串的方式，这将在后面介绍。

10.2.3 字符数组的输入与输出

由于字符串放在字符数组中，因此对字符串的输出也是对字符数组的输出。例如：

```
char s[11];
for(i=0;i<11;i++)      /* 输入 */
{
        scanf("%c",s[i]);
}
for(i=0;i<11;i++)      /* 输出 */
{
        printf("%c",s[i]);
}
```

上述例子适用于字符数组中存储的字符不是以 '\0' 结束时，用格式符 "%c" 将字符数组中的每个元素输出。当然，用字符数组处理字符串时，也可以与 "%s" 格式字符配合，完成字符串的输入 / 输出。例如：

```
char s[11];
scanf("%s",s); /* 输入 */
char s[]="Hello,china";
printf("%s",s); /* 输出 */
```

【范例 10-2】采用 printf() 函数和 scanf() 函数输入 / 输出一个字符数组。

(1) 在 Visual C++ 6.0 中，新建名称为 "strApp.c" 的【Text File】文件。

(2) 在代码编辑区域输入以下代码（代码 10-2.txt）。

```
01 #include <stdio.h>
02 int main()
03 {
04     int i;
05     char st[15];
06     printf("input string:\n");
07     scanf("%s",st);
08     for(i=0;i<15;i++)
09 {
10         printf("%c ",st[i]);
11 }
12     return 0;
13 }
```

【运行结果】

编译、连接、运行程序，即可在命令行中输出如图 10-2 所示结果。

图 10-2

【范例分析】

本例中由于定义数组长度为 15，因此输入的字符串长度必须小于 15，以留出 1 字节用于存放字符串结束标志 '\0'。应该说明的是，对一个字符数组，如果不作初始化赋值，则必须说明数组长度。还应该特别注意的是，当用 scanf() 函数输入字符串时，字符串中不能含有空格，否则将以空格作为串的结束符。

例如，当输入的字符串中含有空格时，运行情况为：

input string:
this is a book

输出为：

This

从输出结果可以看出空格以后的字符都未能输出。为了避免这种情况，可多设几个字符数组分段存放含空格的串。

10.3　字符串

在采用字符串方式后，字符数组的输入 / 输出将变得简单方便。除了上述用字符串赋初值的办法外，还可用 printf() 函数和 scanf() 函数一次性输出 / 输入一个字符数组中的字符串，而不必使用循环语句逐个地输入 / 输出每个字符。例如：

```
main()
{
    char c[]="BASIC";
    printf("%s\n",c);
}
```

注意，在本例的 printf() 函数中，使用的格式字符串为"%s"，表示输出的是一个字符串。而在输出表列中给出数组名即可。不能写为"printf("%s",c[])"。

10.3.1 字符串和字符数组

字符串和字符数组有什么相同和不同点呢？字符数组是由字符构成的数组，它和之前介绍的数组的使用方法一样。可以如下定义字符串：

```
char c[11]={'h','e','l','l','o',' ','w','o','r',' l','d'};
```

或者：

```
char c[]={'h','e','l','l','o',' ','w','o','r',' l','d'};
c[0]='h';
c[11]='d';
```

或者先定义数组，再进行初始化。以下是字符数组 c 在内存中的存储形式。

h	e	l	l	o		w	o	r	l	d

注意，以上形式和 10.1 节的图是不同的，字符所占的字节数是不同的。字符串的最后一位字符是由编译器自动地加上了 '\0'，而字符数组没有添加。字符串的长度是 12，而字符数组的长度是11，当然也可以设置字符数组的长度是 12，如下所示。

```
char c[]={'h','e','l','l','o',' ','w','o','r',' l','d','\o'};
```

正如上面提到的例子，字符串和字符数组在很多时候是可以混用的。

下面仍然是初始化字符串，换一种方式，不再按照数组赋值方法对数组元素一个个地赋值，而是使用一次性初始化的方法。

```
char c[]={"hello world"};        /* 使用双引号 */
```

或者：

```
char c[]="hello world";          /* 等效方法，可以省去大括号 */
```

还可以按照字符数组的方式对字符串进行操作。

【范例 10-3】字符串和字符数组。

(1) 在 Visual C++ 6.0 中，新建名称为"字符串和字符数组 .c"的【Text File】文件。
(2) 在代码编辑区域输入以下代码（代码 10-3.txt）。

```
01   #include <stdio.h>
02   int main()
03   {
04       char c[]="abc";              /* 初始化字符串 */
05       printf("%s\n",c);            /* 输出字符串 */
06       printf("%c\n",c[0]);         /* 输出 c[0] 字符 */
07       c[1]='w';        /* 修改 c[1] 字符为 w*/
08       printf("%s\n",c);
09       return 0;
10   }
```

【运行结果】

编译、连接、运行程序，即可在命令行中输出如图 10-3 所示结果。

```
abc
a
awc
Press any key to continue
```

图 10-3

【范例分析】

字符数组和字符串在数组的范畴内输入 / 输出、修改等都是可行的，可以混合使用，但需注意两种形式的长度不同。

提示：要注意字符串长度、有效长度与数组的联系。

字符串相当于一维数组末尾字符为 '、/0'，其长度 = 有效字符数 +1。sizeof() 函数的作用是计算数组的长度，strlen() 函数的作用是求字符串有效长度。如 char arr[] = "hello"，sizeof(arr) 为 6，strlen(arr) 为 5。

10.3.2 字符串的输入 / 输出

在第 6 章中，我们已经学习了字符串输入输出函数——gets() 和 puts()，下面来比较它们与 scanf() 和 printf() 的异同。

标准输出函数 printf() 和 puts() 函数的功能基本上是一样的。例如：

```
char c[]="message";/* 定义字符数组 */
printf("%s",c);          /* 输出结果是"message"，没有换行 */
puts(c);       /* 输出结果是"message"，并换行 */
```

可以看到，puts() 函数在遇到 '\0' 时，就会被替换为 '\n'，实现换行。除此以外，两者没有什么区别。

标准输入函数 scanf() 和 gets() 函数有些不同，比如：

```
scanf("%s",c);         /* 输入"message"按【Enter】键，C 中内容为"message" */
```

```
scanf("%s",c);        /* 输入 "hello world" 按【Enter】键，C 中内容为 "hello" */
gets(c);        /* 输入 "message" 按【Enter】键，C 中内容为 "message" */
gets(c);        /* 输入 "hello world" 按【Enter】键，C 中内容为 "hello world" */
```

输入 "message"，C 中接收的内容一致，而输入 "hello world"，接收的内容却不同，原因是什么呢？ scanf() 函数读取一组字符，直到遇到一个空格或者一个换行字符为止；而 gets() 函数只在一个换行符被检测到才停止接收字符。

另外需要注意，使用 scanf() 函数时，参数 c 前面没有写取地址运算符 & 符号。

【范例 10-4】字符串输入 / 输出函数。

（1）在 Visual C++ 6.0 中，新建名称为 "字符串输入输出 .c" 的【Text File】文件。

（2）在代码编辑区域输入以下代码（代码 10-4.txt）。

```
01  #include <stdio.h>
02  #define MSIZE 81
03  int main()
04  {
05    char message[MSIZE];
06    printf(" 输入字符串 :\n");
07    gets(message);        /* 使用 gets 函数 */
08    printf(" 输出字符串 :\n");
09    puts(message);
10    printf(" 输入字符串 :\n");
11    scanf("%s",message);  /* 使用 scanf 函数 */
12    printf(" 输出字符串 :\n");
13    puts(message);
14    return 0;
15  }
```

【运行结果】

编译、连接、运行程序，根据提示输入字符，按【Enter】键后，即可输出如图 10-4 所示结果。

图 10-4

【范例分析】

printf() 函数和 puts() 函数基本上无区别，scanf() 函数和 gets() 函数则有明显区别，scanf() 函数在遇到空格、回车、空白符时结束输入，gets() 函数仅在遇到回车时结束输入。

10.3.3 应用举例

本小节通过两个实际应用的例子来讲解字符串的使用方法和技巧。

【范例 10-5】连接两个字符串。

(1) 在 Visual C++ 6.0 中，新建名称为"字符串连接 .c"的【Text File】文件。

(2) 在代码编辑区域输入以下代码（代码 10-5.txt）。

```
01   #include <stdio.h>
02   int main()
03   {
04     char a[]="abcdefg";
05     char b[]="123456";
06     char c[80];
07     int i=0,j=0,k=0;
08     while(a[i]!='\0' || b[j]!='\0')        /*a 和 b 不同时到结束时 */
09     {
10       if (a[i] != '\0') /*a 不到结束时 */
11       {
12         c[k]=a[i];
13         i++;
14       }
15       else  /*b 不到结束时 */
16         c[k]=b[j++];
17       k++; /*c 数组元素下标 */
18     }
19     c[k]='\0';        /*c 数组最后一个元素，标志字符串结束 */
20     puts(c);
21     return 0;
22   }
```

【运行结果】

编译、连接、运行程序，即可在命令行中输出如图 10-5 所示结果。

图 10-5

【范例分析】

字符串以 '\0' 结束，我们就是利用了这一特点，先将数组 a 的元素依次赋值到数组 c，a 和 c 的下标同时移动指向下一位；当数组 a 指向最后一位 '\0' 时，再把数组 b 的元素依次赋值给数组 c，最后在数组结尾补 '\0'，表示数组 c 结束。

【范例 10-6】两个字符串复制程序。

(1) 在 Visual C++ 6.0 中，新建名称为"字符串复制 .c"的【Text File】文件。

(2) 在代码编辑区域输入以下代码（代码 10-6.txt）。

```c
01  #include <stdio.h>
02  #define LSIZE 81
03  void strcopy(char [], char []);
04  int main()
05  {
06    char message[LSIZE];              /* 原数组 */
07    char newMessage[LSIZE];           /* 复制后的数组 */
08    printf(" 输入字符串 : ");
09    gets(message);
10    strcopy(newMessage, message);
11    puts(newMessage);
12    return 0;
13  }
14  /* 复制 string2 到 string1 */
15  void strcopy (char string1[], char string2[])
16  {
17    int i = 0;          /* i 是下标 */
18    while (string2[i] != '\0')  /* 是否结束 */
19    {
20      string1[i] = string2[i];  /* 复制 */
21      i++;
22    }
23    string1[i] = '\0';          /* 结束标志 */
24  }
```

【运行结果】

编译、连接、运行程序，输入字符串，按【Enter】键后，即可输出如图 10-6 所示结果。

图 10-6

【范例分析】

C 标准函数库提供了字符串复制函数。我们也可以根据字符串的特性，利用字符结束标志 '\0'，循环赋值字符实现字符串的复制，编写代码完成字符串连接功能。

10.4 综合应用——自动分类字符

本节通过一个范例来学习字符数组的综合应用。

【范例 10-7】任意输入一段字符串（不超过 40 个字符），将输入的字符串进行分类。整数字符分为一类，字母字符分为一类，其他字符分为一类。例如，输出的效果如下：

整数字符：123456789

字母字符：asdfQWETYU

其他字符：!@#$

(1) 在 Visual C++ 6.0 中，新建名称为"字符分类 .c"的【Text File】文件。

(2) 在代码编辑区域输入以下代码（代码 10–7.txt）。

```
01  #include <stdio.h>
02  int main()
03  { int i,m,e,o;
04    char input[40];
05    char math[40],English[40],others[40];
06    m=e=o=0;
07    printf（"输入字符串 \n"）;
08    gets(input);              /* 输入字符 */
09    for(i=0;input[i];i++)
10    {  if(input[i]>='0'&&input[i]<='9')
11         math[m++]=input[i];
12       else if((input[i]>='a'&&input[i]<='z')|| (input[i]>='A'&&input[i]<='Z'))
13       English[e++]=input[i];
14       else others[o++]=input[i];   }
15    printf（"整数字符："）;      /* 输出整数字符 */
16    for(i=0;i<m;i++)
17      printf("%c",math[i]);
18      printf("\n");
19      printf(" 字母字符："）;    /* 输出字母字符 */
20    for(i=0;i<e;i++)
21      printf("%c",English[i]);
22      printf("\n");
23      printf(" 其他字符 ");     /* 输出其他字符 */
24    for(i=0;i<m;i++)
```

```
25        printf("%c",others[i]);
26        printf("\n");
27    return 0;
28    }
```

【运行结果】

编译、连接、运行程序，即可在命令行中输出如图 10-7 所示结果。

图 10-7

【范例分析】

根据判决条件对输入的字符串逐个判断，并且根据字符的属性放置到各自的数组中，最后分别输出整数、字母和其他字符。

10.5　本章小结

(1) 使用 scanf 和 %s 给字符数组赋值时，地址表列应该是数组名。如果是某个元素的地址，则将从该元素开始赋值，前面的不变。如果字符串中含有空格，则将只接收第一个空格前面的部分。如果要接收空格，可用 %c 循环接收，或者 gets。

(2) 字符串的字符个数应不大于数组长度减 1。

(3) 使用 scanf 和 %c 给字符数组赋值时，可以在字符串末尾人为地添加一个字符串结束标志 '\0'，以方便后续使用数组中的字符串。

(4) 使用 printf 和 %s 输出字符数组时，printf 函数中的输出表列部分应该是数组名。如果输出表列部分写成某个数组元素的地址，输出将从该元素开始。

(5) 使用 scanf 函数接收用户输入的字符串时，包括字符串中的字符串结束标志 '\0'。使用 printf 函数输出数组中的字符串时，遇到第一个 '\0' 时输出停止。

10.6　疑难解答

问：字符串的长度与字符数组的长度有什么区别？

答：在 C 语言中，将字符串作为字符数组来处理。在实际应用中人们关心的是有效字符串的长度而不是字符数组的长度，例如，定义一个字符数组长度为 100，而实际有效字符只有 40 个，为了测定字符串的实际长度，C 语言规定了一个"字符串结束标志"，以字符 '\0' 代表。如果有一个字符串，其中第 10 个字符为 '\0'，则此字符串的有效字符为 9 个。也就是说，在遇到第一个字符 '\0' 时，表示字符串结束，由它前面的字符组成字符串。系统对字符串常量也自动加一个 '\0' 作为结束符。例如 "C Program" 共有 9 个字符，但在内存中占 10 字节，最后 1 字节 '\0' 是系统自动加上的。通过 sizeof() 这个函数可验证。当然，在定义字符数组时应估计实际字符串长度，保证数组长度始终大于字符串实际长度（在实际字符串定义中，常常并不指定数组长度，如 char str[ ]）。

问： 用字符对字符数组赋值和用字符串对字符数组赋值有什么区别？

答： C 语言处理字符串时，可以用字符串常量来初始化字符数组 char str[ ]={"I am happy"};可以省略花括号，如 char str[ ]="I am happy";。注意，这种字符数组的整体赋值只能在字符数组初始化时使用，不能用于字符数组的赋值，字符数组的赋值只能对其元素——赋值，下面的赋值方法是错误的。

```
char str[ ];
str="I am happy";
```

注意：

数组 str 的长度不是 10，而是 11，这点务必记住，因为字符串常量 "I am happy" 的最后由系统自动加上一个 '\0'，因此，上面的初始化与下面的初始化等价。

```
char str[ ]={'I',' ','a','m',' ','h','a','p','p','y','\0'};
```

它的长度是 11，字符数组并不要求它的最后一个字符为 '\0'，甚至可以不包含 '\0'，如下写法是完全合法的。

```
char str[5]={'C','h','i','n','a'};
```

可见，用两种不同方法初始化字符数组后得到的数组长度是不同的。例如：

```
#include <stdio.h>
int main()
{
char c1[]={'I',' ','a','m',' ','h','a','p','p','y'};
char c2[]="I am happy";
int i1=sizeof(c1);
int i2=sizeof(c2);
printf("%d\n",i1);
printf("%d\n",i2);
}
```

输出结果为：10 11。

10.7　实战练习

(1) 以下程序的输出结果是 _____。

```
main()
{
char a[10]={'1','2','3',0,'5','6','7','8','9','\0'};
printf("%s\n",a);
}
```

A. 123　　　　　B. 1230　　　　　C. 123056789　　　　D. 1230567890

(2) 编写一段代码，利用字符串的结束标志来输出。

(3) 编一程序，将两个字符串连接起来。

(4) 若运行以下程序，从键盘输入 2473< 回车 >，则运行结果是多少？

```
#include<stdio.h>
int main()
{
int c;
while((c=getchar())!='\n')
switch(c-'2')
{
case 0:
case 1: putchar(c+4);
case 2: putchar(c+4);break;
case 3: putchar(c+3);
default: putchar(c+2);break;
}
printf("\n");
}
```

(5) 以下程序输出的结果是 _____。

```
#include <stdio.h>
main()
{ char str[ ]="1a2b3c"; int i;
for(i=0;str[i]!='\0';i++)
if(str[i]<'0' || str[i]>'9') printf("%c",str[i]);
printf("\n"); }
```

A. 123456789　　　　B. 1a2b3c　　　　C. abc　　　　D. 123

(6) 有如下程序:

```
main()
{ char ch[80]="123abcdEFG*&";
int j;long s=0;
for(j=0;ch[j]>'\0';j++) ;
printf("%d\n",j);
}
```

该程序的功能是 _____。

A. 测字符数组 ch 的长度

B. 将数字字符串 ch 转换成十进制数

C. 将字符数组 ch 中的小写字母转换成大写

D. 将字符数组 ch 中的大写字母转换成小写

(7) 下面代码的结果是:

```
#include "stdio.h"
main()
{
    char s[]="012xy\08s34f4w2";
    int i,n=0;
    for(i=0;s[i]!=0;i++)
            if(s[i]>='0'&&s[i]<='9')
                    n++;
    printf("%d\n",n);
}
```

第 11 章
函数

本章导读

也许你会发现，我们可能经常使用一段代码，然后反复地写这段代码也挺烦的，是不是？那么，我们可以想象，如果把这段代码做成一个整体，然后给它起一个名字，以后需要这段代码时，直接通过这个名字让这段代码生效。这样我们就不需要再写那么长的代码了，这是件多么美好的事情啊。其实，这个想法就是函数！

本章课时：理论 4 学时 + 实践 2 学时

学习目标

▶ 函数概述

▶ 函数的定义

▶ 函数的返回值和类型

▶ 函数的参数和传递方式

▶ 函数的调用

▶ 内部函数和外部函数

▶ main() 函数

▶ 综合应用——用截弦法求方程的根

11.1 函数概述

当我们编写的程序越来越长，有上百行语句时，若只用一个函数 main() 来实现，那么 main() 的代码就会冗长、数据量大，会造成编写、阅读的困难，又对调试和维护带来了诸多不便。那么怎样调试才能比较方便、简洁、有效呢？要解决这些问题，就要使用本章介绍的函数。

结构化程序设计的思想是把一个大问题分解成若干个小问题，每一个小问题就是一个独立的子模块，以实现特定的功能。在 C 程序中，子模块的作用就是由函数完成的。

11.1.1 什么是函数

一个 C 源程序可以由一个或多个文件构成(C 文件后缀是 "c")，一个源程序文件是一个编译单位。一个源文件可以由若干个函数构成，也就是说，函数是 C 程序基本的组成单位。每个程序有且只能有一个主函数 (main)，其他的函数都是子函数。主函数可以调用其他的子函数，子函数之间可以相互调用任意多次。图 11-1 所示的是一个函数调用的示意图。

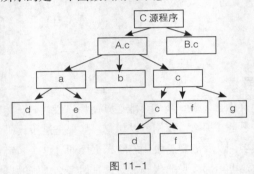

图 11-1

其中，A.c 和 B.c 是 C 程序的源文件，a~g 代表各个子函数。

【范例 11-1】函数调用的简单实例。

(1) 在 Visual C++ 6.0 中，新建名称为 "function call.c" 的【Text File】文件。
(2) 在代码编辑区域输入以下代码（代码 11-1.txt）。

```
01   #include<stdio.h>
02   void printstar( )    /* 定义函数 printstar()*/
03   {
04     printf("*****************");
05   }
06   int sum(int a,int b)        /* 定义函数 sum()*/
07   {
08     return a+b;     /* 通过 return 返回所求结果 */
09   }
10   int main()
11   {
12     int x=2,y=3,z;
13     printstar();     /* 调用函数 printstar()*/
14     z=sum(x,y);    /* 调用函数 sum()*/
```

```
15    printf("\n    %d+%d=%d\n",x,y,z);
16    printstar();        /* 调用函数 printstar()*/
17    return 0;
18  }
```

【运行结果】

编译、连接、运行程序，即可在命令行中输出如图 11-2 所示结果。

图 11-2

【范例分析】

本范例中 C 的源程序由 3 个函数构成，分别是 main()、printstar() 和 sum()。其中，main() 函数是程序的入口函数，是每个 C 语言必须有的函数；printstar() 函数是自己定义的函数，作用是输出一行星号；sum() 函数的作用是计算两个数的和，并返回所求结果。在 main() 函数中，调用了两次 printstar() 函数，调用了一次 sum() 函数。

11.1.2 函数的分类

在 C 语言中，可以从不同的角度对函数进行分类。

(1) 从函数定义的角度，可以将函数分为标准函数和用户自定义函数。

① 标准函数。标准函数也称库函数，是由 C 系统提供的，用户无需定义，可以直接使用，只需要在程序前包含函数的原形声明的头文件便可。像前面各章范例中所用到的 printf()、scanf() 等都属于库函数。应该说明，每个系统提供的库函数的数量和功能不同。当然，有一些基本的函数是共同的。

② 用户自定义函数。用户自定义函数是由用户根据自己的需要编写的函数，如【范例 11-1】中的 sum() 和 printstar() 函数。对于用户自定义函数，不仅要在程序中定义函数本身，而且在主调函数中还必须对该被调函数进行类型说明，然后才能使用。

(2) 从有无返回值的角度，可以将函数分为有返回值函数和无返回值函数。

① 有返回值函数。该类函数被调用执行完毕，将向调用者返回一个执行结果，称为函数的返回值，如【范例 11-1】中的 sum() 函数。由用户定义的这种有返回值的函数，必须在函数定义和函数声明中明确返回值的类型。

② 无返回值函数。无返回值函数不需要向主调函数提供返回值，如【范例 11-1】中的 printstar() 函数。通常用户定义此类函数时需要指定它的返回值类型为"空"（即 void 类型）。该类函数主要用于完成某种特定的处理任务，如输入、输出、排序等。

(3) 从函数的形式看，可以分为无参函数和有参函数。

① 无参函数。无参函数即在函数定义、声明和调用中均不带参数，如【范例 11-1】中的 printstar() 函数。在调用无参函数时，主调函数并不将数据传递给被调函数。此类函数通常用来完成指定的功能，可以返回或不返回函数值。

② 有参函数。有参函数就是在函数定义和声明时都有参数，如【范例 11-1】中的 sum() 函数。在函数调用时也必须给出参数。即当主调函数调用被调用函数时，主调函数必须把值传递给形参，以供被调函数使用。

> ⚠ 注意：程序不仅可以调用系统提供的标准库函数，而且可以自定义函数。在程序设计语言中引入函数的目的，是使程序更便于维护，逻辑上更加清晰，减少重复编写代码的工作量，提高程序开发的效率。

11.2　函数的定义

作为 C 程序的基本组成部分，函数是具有相对独立性的程序模块，能够供其他程序调用，并在执行完自己的功能后，返回调用它的程序中。函数的定义实际上就是描述一个函数所完成功能的具体过程。

函数定义的一般形式是：

```
函数类型 函数名（类型说明 变量名，类型说明 变量名，…）
{
    函数体
}
```

【范例 11-2】定义求最大值的函数。

(1) 在 Visual C++ 6.0 中，新建名称为 "Max Number.c" 的【Text File】文件。

(2) 在代码编辑区域输入以下代码（代码 11-2.txt）。

```
01  #include<stdio.h>
02  int max(int a,int b)          /* 定义函数 max()*/
03  {
04      int c;
05      c=a>b?a:b;      /* 求 a、b 两个数的较大值，赋给 c*/
06      return c;        /* 将较大值返回 */
07  }
08  int main()
09  {
10      int x,y;
11      printf(" 请输入两个整数: ");
12      scanf("%d%d",&x,&y);
13      printf("%d 和 %d 的较大值为: %d\n",x,y,max(x,y));
14      return 0;
15  }
```

【运行结果】

编译、连接、运行程序，命令行中会出现提示信息，然后输入两个整数，即可输出这两个数的较大值，如图 11-3 所示。

图 11-3

【范例分析】

本范例中的 max() 函数是一个求 a、b 两者中的较大值函数。a、b 是形式参数，当主调函数 main() 调用 max() 函数时，把实际参数传递给被调用函数中的形参 a 和 b。max 后面括号中的 "int a,int b" 对形式参数作类型说明，定义 a 和 b 为整型。花括号括起来的部分是函数体，作用是计算出 a、b 的较大值，并通过 return 语句将 c 的值带回到主调函数中。

【范例 11-2】中 max() 函数的说明如下。

(1) 函数名必须符合标识符的命名规则（即只能由字母、数字和下划线组成，开头只能为字母或下划线），且同一个程序中函数不能重名，函数名用来唯一标识一个函数。函数名建议能够见名知意，一见其名字就能了解其基本功能。如函数名为 max，一看就知道是求解最大值或较大值的。

(2) 函数类型规定了函数返回值的类型。如函数 max 是 int 型的，函数的返回值也是 int 型的，函数的返回值就是 return 语句后面所带的 c 值，变量 c 的类型是 int 型。也就是说函数值的类型和函数的类型应该是一致的，它可以是 C 语言中任何一种合法的类型。

技巧：如果函数不需要返回值（即无返回值函数），则必须用关键字 void 加以说明。默认的返回值类型是 int 型。例如：

```
double max(int a,int b)    /* 函数返回值类型为 double 型 */
void max(int a,int b)      /* 函数无返回值 */
max(int a,int b)           /* 函数返回值类型不写，表示默认为 int 型 */
```

(3) 函数名后面圆括号括起来的部分称为形式参数列表（即形参列表），方括号括起来的部分是可选的。如果有多个形式参数，应该分别给出各形式参数的类型，并用逗号隔开，该类函数称为有参数函数。例如：

```
int max(int a,int b,float c)    /* 有参函数，有 3 个形参，中间用逗号隔开，每个参数分别说明类型 */
```

如果形参列表为空，则称为无参函数。无参函数的定义形式为：

```
类型说明 函数名 ()
{
  函数体
}
```

如：

```
int max( )    /* 无参函数 */
```

注意：函数名后面括号的形参列表可以为空（即可以没有参数），但圆括号一定要有。有参函数与无参函数的唯一区别就是括号里面有没有形参，其他都是一样的。

(4) 函数体是由一对花括号 "{}" 括起来的语句序列，用于描述函数所要进行的操作。函数体包含了说明部分和执行部分。其中，说明部分对函数体内部所用到的各种变量类型进行定义和声明，对被调用的函数进行声明；执行部分是实现函数功能的语句序列。如【范例 11-2】中 "int c;" 是函数体的说明部分，执行部分很简单，只有后两句。

注意：函数体一定要用大括号括起来，例如主函数的函数体也是用大括号括起来的。

(5) 还有一类比较特殊的函数是空函数，即函数体内没有语句。调用空函数时，空函数表示什么都不做。例如：

```
void empty()
```

```
    {
    }
```

使用空函数的目的仅仅是为了"占位置"。因为在程序设计中，往往会根据需要确定若干个模块，分别由一个函数来实现，而在设计阶段，只设计基本的模块，其他一些功能要在以后需要时再补上。那么在编写程序的开始阶段，就可以在将来准备扩充功能的地方写上一个空函数，占一个位置，以后用一个编好的函数代替它。利用空函数占位，对于较大程序的编写、调试及功能扩充非常有用。

(6) C 程序中所有的子函数都是平行的，不属于任何其他函数，它们之间可以相互调用。但是函数的定义不能包含在另一个函数的定义内，即函数不能嵌套定义。下面的函数定义形式是不正确的。

```
int func_fst(int a,int b)   /* 第 1 个函数的定义 */
{
  ...
  int func_snd(int c,int d)    /* 第 2 个函数的定义 */
  {
  ...
  }
  ...
}
```

如果中间 func_snd 的功能相对独立，就把它放在函数 func_fst 的外面进行定义，而在 func_fst 中可以对它进行调用，如：

```
int func_fst(int a,int b)    /* 第 1 个函数的定义 */
{
    ...
    func_snd(m,n);      /* 对第 2 个函数的调用 */
    ...
}
  int func_snd(int c,int d)   /* 第 2 个函数的定义 */
  {
    ...
  }
```

如果 func_snd 不具备独立性，与上下文联系密切，就不需要再设置一个函数，而是直接将代码嵌入到第 1 个函数的定义中，作为其中的一部分即可。

(7) 在函数定义中，可以包含对其他函数的调用，后者又可以调用另外的函数，甚至自己调用自己，即递归调用。

注意：C 程序的函数一类是标准函数（库函数），一类是用户自定义的函数，一般来讲用户定义的函数多，标准函数再多也就几十个，而用户则可根据需要定义很多函数。

11.3　函数的返回值和类型

通常希望通过函数调用，不仅完成一定的操作，而且返回一个确定的值，这个值就是函数的返回值。前面已提到过，函数有两种，一种是带返回值的，另一种是不带返回值的。那么函数的返回值是如何得到的，又有什么要求呢？本节将为读者揭晓。

11.3.1 函数的返回值

函数的返回值是通过函数中的 return 语句实现的。return 语句将被调用函数中的一个确定值带回主调函数中，如下面的范例。

【范例 11-3】编写 cube() 函数用于计算 x^3。

(1) 在 Visual C++ 6.0 中，新建名称为 "Cube.c" 的【Text File】文件。

(2) 在代码编辑区域输入以下代码（代码 11-3.txt）。

```
01  #include<stdio.h>
02  long cube(long x)          /* 定义函数 cube()，返回类型为 long*/
03  {
04      long z;
05      z=x*x*x;
06      return z;          /* 通过 return 返回所求结果，结果也应为 long*/
07  }
08  int main()
09  {
10      long a,b;
11      printf(" 请输入一个整数 :");
12      scanf("%ld",&a);
13      b=cube(a);
14      printf("%ld 的立方为：%ld\n",a,b);
15      return 0;
16  }
```

【运行结果】

编译、连接、运行程序，命令行中会出现提示信息，然后输入任意一个整数，即可输出这个数的立方值，如图 11-4 所示。

图 11-4

【范例分析】

本范例首先执行主函数 main()，当主函数执行到 c=cube(a); 时调用 cube 子函数，把实际参数的值传递给被调用函数中的形参 x。在 cube 函数的函数体中，定义变量 z 得到 x 的立方值，然后通过 return 将 z 的值（z 即函数的返回值）返回，返回到调用它的主调函数中，继续执行主函数，将子函数返回的结果赋给 b，最后输出。

return 语句后面的值也可以是表达式，如范例中的 cube 函数可以改写为：

```
long cube(long x)
{
    return x*x*x;
}
```

该范例中只有一条 return 语句，后面的表达式已经实现了求 x^3 的功能，先求解后面表达式（x*x*x）的值，然后返回。

return 语句有两种格式：

return expression；或 return (expression)；

也就是说，return 后面的表达式可以加括号，也可以不加括号。return 语句的执行过程是首先计算表达式的值，然后将计算结果返回给主调函数。范例中的 return 语句还可以写成如下形式：

```
return (z);
```

11.3.2 函数的类型

在定义函数时，必须指明函数的返回值类型，而且 return 语句中表达式的类型应该与函数定义时首部的函数类型是一致的，如果两者不一致，则以函数定义时函数首部的函数类型为准。

【范例 11-4】改写【范例 11-3】。

⑴在 Visual C++ 6.0 中，新建名称为 "Cube 1.c" 的【Text File】文件。

⑵在代码编辑区域输入以下代码（代码 11-4.txt）。

```
01  #include<stdio.h>
02  int cube(float x) /* 定义函数 cube()，返回类型为 int*/
03  {
04     float z;        /* 定义返回值为 z，类型为 float*/
05     z=x*x*x;
06     return z;        /* 通过 return 返回所求结果 */
07  }
08  int main()
09  {
10     float a;
11     int b;
12     printf(" 请输入一个数 :");
13     scanf("%f",&a);
14     b=cube(a);
15     printf("%f 的立方为： %d\n",a,b);
16     return 0;
17  }
```

【运行结果】

编译、连接、运行程序，根据提示输入一个浮点数，按【Enter】键后，即可计算出该数的立方值，结果将省略小数部分，如图 11-5 所示。

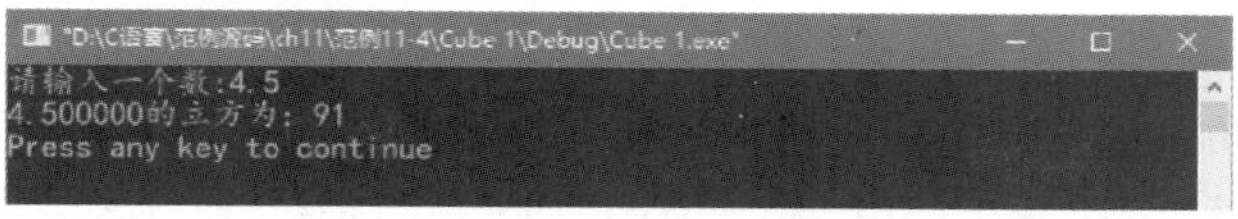

图 11-5

【范例分析】

函数 cube 定义为整型，而 return 语句中的 z 为实型，两者不一致。按上述规定，若用户输入的数为 4.5，则先将 z 的值转换为整型 91（即去掉小数部分），然后 cube(x) 带回一个整型值 91 回到主调函数 main()。如果将 main() 函数中的 b 定义成实型，用 %f 格式符输出，也是输出 91.0000000。

> 提示：初学者应该做到函数类型与 return 语句返回值的类型一致。

如果一个函数不需要返回值，则将该函数指定为 void 类型，此时函数体内不必使用 return 语句。在调用该函数时，执行到函数末尾就会自动返回主调函数。

【范例 11-5】编写 printdiamond() 函数，用于输出如图 11-6 所示图形。

```
**********
 **********
  **********
```

图 11-6

(1) 在 Visual C++ 6.0 中，新建名称为 "Diamond.c" 的【Text File】文件。

(2) 在代码编辑区域输入以下代码（代码 11-5.txt）。

```
01   #include<stdio.h>
02   void  printdiamond ()      /* 定义一个无返回值的函数，返回类型应为 void*/
03   {
04     printf("**********\n");
05     printf(" **********\n");
06     printf("  **********\n");
07   }
08   int main()
09   {
10     printdiamond();              /* 调用 printdiamond 函数 */
11     return 0;
12   }
```

【运行结果】

编译、连接、运行程序，在命令行中即可出现如图 11-7 所示图形。

图 11-7

从零开始 ▎C语言程序设计基础教程（云课版）

【范例分析】

本范例中 printdiamond() 函数完成的只是输出一个图形，因此不需要返回任何的结果，所以不需要写 return 语句。此时函数的类型使用关键字 void，如果省略不写，系统将认为返回值类型是 int 型。

> 技巧：无返回值的函数通常用于完成某项特定的处理任务，如【范例 11-5】中的打印图形，或者输入输出、排序等。

一个函数中可以有一个以上的 return 语句，但不论执行到哪个 return，都将结束函数的调用返回主调函数，即带返回值的函数只能返回一个值。

【范例 11-6】改写【范例 11-2】。

(1) 在 Visual C++ 6.0 中，新建名称为 "Max Number 2.c" 的【Text File】文件。
(2) 在代码编辑区域输入以下代码（代码 11-6.txt）。

```
01  #include<stdio.h>
02  int max(int a,int b)   /* 定义函数 max()*/
03  {
04    if(a>b)        /* 如果 a>b，返回 a*/
05      return a;
06    return b;       /* 否则返回 b*/
07  }
08  int main()
09  {
10    int x,y;
11    printf(" 请输入两个整数：");
12    scanf("%d%d",&x,&y);
13    printf("%d 和 %d 的较大值为：%d\n",x,y,max(x,y));
14    return 0;
15  }
```

【运行结果】

编译、连接、运行程序，当出现提示信息时输入两个整数，即可在命令行中计算出两个数的较大值，如图 11-8 所示。

图 11-8

【范例分析】

本范例使用了两个 return 语句，同样可以求出较大值。在调用 max() 函数时，把主调函数中的实参分别传递给形参 x 和 y 后，就执行这个子函数。在子函数中，定义了一个局部变量 z，然后执行 "if（x>y）return x; return y;"，当条件满足时返回 x 的值，条件不满足则执行下面的语句，即返回 y。这里尽管有两个 return，但不管执行到哪个 return，都将返回，因此它只会返回一个值。

194

注意：如果要将多个值返回主调函数中，则使用 return 语句是无法实现的。

11.4 函数的参数和传递方式

当主调函数调用被调函数时，它们之间究竟是如何进行交流的呢？答案是通过函数的参数。可见，参数在函数中扮演着非常重要的角色。

11.4.1 函数的参数

函数的参数有两类——形式参数（简称形参）和实际参数（简称实参）。函数定义时的参数称为形参，形参在函数未被调用时是没有确定值的，只是形式上的参数。函数调用时使用的参数称为实参。

【范例 11-7】将两个数由小到大排序输出。

(1) 在 Visual C++ 6.0 中，新建名称为"Value Order.c"的【Text File】文件。
(2) 在代码编辑区域输入以下代码（代码 11-7.txt）。

```
01  #include<stdio.h>
02  void order(int a,int b)      /*a、b 形式参数 */
03  {
04    int t;
05    if(a>b)           /* 如果 a>b，就执行以下 3 条语句，交换 a、b 的值 */
06    {
07      t=a;
08      a=b;
09      b=t;
10    }
11    printf(" 从小到大的顺序为 :%d  %d\n",a,b);          /* 输出交换后的 a、b 的值 */
12  }
13  int main()
14  {
15    int x,y;
16    printf(" 请输入两个整数： ");        /* 从键盘输入两个整数 */
17    scanf("%d%d",&x,&y);
18    order(x,y);       /*x、y 是实际参数 */
19    return 0;
20  }
```

【运行结果】

编译、连接、运行程序，根据提示依次输入任意两个数，按【Enter】键后，即可将这两个数按照从小到大的顺序输出，如图 11-9 所示。

图 11-9

【范例分析】

该程序由两个函数 main() 和 order() 组成，函数 order() 定义中的 a 和 b 是形参，在 main() 函数中，"order(x,y);" 调用子函数，其中的 x、y 是实参。

(1) 定义函数时，必须说明形参的类型，如本范例中，形参 x 和 y 的类型都是整型。

⓵ 注意：形参只能是简单变量或数组，不能是常量或表达式。

---

(2) 函数被调用前，形参不占用内存的存储单元。调用以后，形参才被分配内存单元。函数调用结束后，形参所占用的内存也将被回收、被释放。

(3) 实参可以是常量、变量、其他构造数据类型或表达式。如在调用时可写成：

```
order(2,3);          /* 实参是常量 */
order(x+y,x-y);      /* 实参是表达式 */
```

如果实参是表达式，先计算表达式的值，再将实参的值传递给形参。但要求它有确切的值，因为在调用时要将实参的值传递给形参。

(4) 实参的个数、出现的顺序和实参的类型应该与函数定义中形参表的设计一一对应。如范例中的 order() 函数，定义时有两个整型的形参，调用时，实参也要与它对应，两个整型的，而且多个实参之间要用逗号隔开。如果不一致，则会发生"类型不匹配"的错误。

11.4.2 函数参数的传递方式

⓵ 提示：前面已经讲过，形参只是一个形式，在调用之前并不分配内存。函数调用时，系统为形参分配内存单元，然后将主调函数中的实参传递给被调函数的形参。被调函数执行完毕，通过 return 语句返回结果，系统将形参的内存单元释放。

由此可见，实参和形参的功能主要是数据传递。下面就来了解实参与形参是如何传递数据的。

C 语言规定，实参对形参的数据传递是"值传递"，即单向传递，只能把实参的值传递给形参，而不能把形参的值再传回给实参。在内存当中，实参与形参是不同的单元，不管名字是否相同，因此函数中对形参值的任何改变都不会影响实参的值。

【范例 11-8】使用函数交换两个变量的值。

(1) 在 Visual C++ 6.0 中，新建名称为"Exchange Value.c"的【Text File】文件。
(2) 在代码编辑区域输入以下代码（代码 11-8.txt）。

```
01  #include<stdio.h>
02  void swap(int a,int b)      /* 定义 swap 函数 */
03  {
04      int temp;
05      temp=a;a=b;b=temp;  /* 交换 a、b 值的 3 条语句 */
06      printf("a=%d,b=%d\n",a,b);      /* 输出交换后的结果 */
07  }
08  int main()
09  {
10      int x,y;
```

```
11      printf(" 请输入两个整数： \n");
12      scanf("%d%d",&x,&y); /* 输入两个整数 */
13      printf(" 调用函数之前： \n");
14      printf("x=%d,y=%d\n",x,y);        /* 输出调用 swap 函数之前 x、y 的值 */
15      printf(" 调用函数中 :\n");
16      swap(x,y);      /* 调用函数 swap()*/
17      printf(" 调用函数之后 :\n");
18      printf("x=%d,y=%d\n",x,y);        /* 输出调用 swap 函数之后 x、y 的值 */
19      return 0;
20    }
```

【运行结果】

编译、连接、运行程序，根据提示依次输入任意两个数，按【Enter】键后，即可观察这两个数在调用之前、之中、之后的值是否发生变化，如图 11-10 所示。

图 11-10

【范例分析】

为什么在 swap() 内变量 a 和 b 的值互换了，而主调函数 main() 中实参 x 和 y 却没有交换呢？这是因为参数按值传递的缘故。main() 中定义的变量 x 和 y 在内存中各自占用了存储单元，在调用 swap() 时，为形参 a 和 b 另外分配了内存单元，后者与前者的存储单元是不同的。在调用函数时，将 x 的值传给 a，y 的值传给 b，如图 11-11 左图所示。

被调函数的形参是局部变量，只在被调函数内部起作用，且形参的值不能反过来传给主调函数。因此在 swap() 函数执行过程中，尽管把 a 和 b 的值交换了，但不能影响 main() 中的实参 x 和 y 的值，如图 11-11 右图所示。函数调用完成，形参的内在单元将被释放。

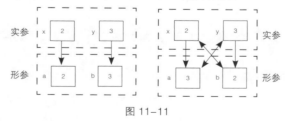

图 11-11

因此，在函数调用过程中，形参只是对实参的一个复制，形参的值发生改变，并不会影响实参的值的变化。

> ⓘ 提示：在值传递的过程中，实参传递给形参是由位置确定的，即第1个实参传给第1个形参，第2个实参传给第2个形参……它与名字无关，如范例中的两个形参写成a和b也仍然是不同的变量，各是各的存储单元。形参a和b交换，并不会影响实参x和y的值。

传值调用不仅包括上面所讲的传递具体的数值，而且包括把变量的地址复制给形参，被调函数使用这个地址来存取实际的数值，这就是传递指针方式，这种方式一般称为引用调用。

> ⓘ 技巧：变量对函数的影响。
> C语言变量可分为局部变量和全局变量两种。局部变量一般定义在函数和复合语句的开始处，使用它可以避免各个函数之间变量的相互干扰，尤其是同名变量。全局变量一般定义在程序的最前面，作用范围比较广，对范围内所有的函数都起作用。

11.5　函数的调用

C程序总是从主函数main()开始执行，以main()函数体结束为止。在函数体的执行过程中，是通过不断地对函数的调用来执行的，调用者称为主调函数，被调用者称为被调函数。被调函数执行结束，从被调函数结束的位置再返回主调函数当中，继续执行主调函数后面的语句。如图11-12所示，是一个函数调用的简单例子。

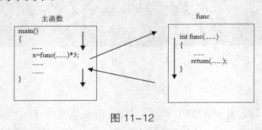

图 11-12

11.5.1　函数调用方式

函数调用的一般形式有以下两种。

1. 函数语句

当C语言中的函数只进行了某些操作而不返回结果时，使用这种形式。该形式作为一条独立的语句，如：

> 函数名（实参列表）; /* 调用有参函数，实参列表中有多个参数，中间用逗号隔开 */
> 或
> 函数名(); /* 调用无参函数 */

如【范例11-8】中的"swap(x,y);"就是这种形式，要求函数仅完成一定的操作，比如输入、输出、排序等。

> ⓘ 提示：函数后面有一个分号";"。还有像printf()、scanf()等函数的调用也属于这种形式，如printf（"%d",p）;。

2. 函数表达式

当所调用的函数有返回值时，函数的调用可以作为表达式中的运算分量，参与一定的运算。例如：

```
m=max(a,b);            /* 将 max() 函数的返回值赋给变量 m*/
m=3*max(a,b);          /* 将 max() 函数的返回值乘以 3 赋给变量 m*/
printf("Max is %d",max(a,b)) ;        /* 输出也是一种运算，输出 max() 函数的返回值 */
```

注意：一般 void 类型的函数使用函数语句的形式，因为 void 类型没有返回值。对于其他类型的函数，在调用时一般采用函数表达式的形式。

【范例 11-9】编写一个函数，求任意两个整数的最小公倍数。

(1) 在 Visual C++ 6.0 中，新建名称为 "Least Common Multiple.c" 的【Text File】文件。
(2) 在代码编辑区域输入以下代码（代码 11-9.txt）。

```
01  #include<stdio.h>
02  int sct(int m,int n)        /* 定义函数 sct 求最小公倍数 */
03  {
04    int temp,a,b;
05    if (m<n)          /* 如果 m<n，交换 m、n 的值，使 m 中存放较大的值 */
06    {
07      temp=m;
08      m=n;
09      n=temp;
10    }
11    a=m; b=n;       /* 保存 m、n 原来的数值 */
12    while(b!=0)     /* 使用辗转相除法求两个数的最大公约数 */
13    {
14      temp=a%b;
15      a=b;
16      b=temp;
17    }
18    return(m*n/a); /* 返回两个数的最小公倍数，即两数相乘的积除以最大公约数 */
19  }
20  int main()
21  {
22    int x,y,g;
23    printf(" 请输入两个整数： ");
24    scanf("%d%d",&x,&y);
25    g=sct(x,y);     /* 调用 sct 函数 */
26    printf(" 最小公倍数为： %d\n",g);          /* 输出最小公倍数 */
27    return 0;
28  }
```

【运行结果】

编译、连接、运行程序，根据提示信息输入两个整数后，即可计算出这两个数的最小公倍数，如图 11-13 所示。

图 11-13

【范例分析】

本范例调用了 sct() 函数，该函数有两个参数，因此在调用时实参列表也有两个参数，且这两个参数的个数、类型、位置是一一对应的。sct() 函数有返回值，因此在主调函数中，函数的调用参与一定的运算，这里参与了赋值运算，将函数的返回值赋给了变量 g。

11.5.2 函数的声明

> 提示：在学习变量时，要求遵循"先定义后使用"的原则，同样，在调用函数时也要遵循这个原则。也就是说，被调函数必须存在，而且在调用这个函数的地方，前面一定要给出了这个函数定义，这样才能成功调用。

如果被调函数的定义出现在主调函数之后，应给出函数的原型说明，以满足"先定义后使用"的原则。

函数声明的目的是使编译系统在编译阶段对函数的调用进行合法性检查，判断形参与实参的类型及个数是否匹配。

函数声明采用函数原型的方法。函数原型就是已经定义函数的首部。

有参函数的声明形式为：

函数类型 函数名 (形参列表);

无参函数的声明形式为：

函数类型 函数名 ();

> 提示：函数声明包含函数的首部和一个分号"；"，函数体不用写。

有参函数声明时的形参列表只需要把一个个参数的类型给出即可，如：

int power(int,int);

函数声明可以放在所有函数的前面，也可以放在主调函数内调用被调函数之前。

【范例 11-10】编写一个函数，求半径为 r 的球的体积。球的半径 r 由用户输入。

(1) 在 Visual C++ 6.0 中，新建名称为 "Ball Volume.c" 的【Text File】文件。

(2) 在代码编辑区域输入以下代码（代码 11-10.txt）。

```
01   #include<stdio.h>
02   double volume(double);   /* 函数的声明 */
```

```
03   int main()
04   {
05       double r,v;
06       printf("请输入半径：");
07       scanf("%lf",&r);
08       v=volume(r);
09       printf("体积为：%lf\n\n",v);
10       return 0;
11   }
12   double volume(double x)
13   {
14       double y;
15       y=4.0/3*3.14*x*x*x;
16       return y;
17   }
```

【运行结果】

编译、连接、运行程序，根据提示信息输入一个半径的值后，即可计算出此半径的球的体积，如图 11-14 所示。

图 11-14

【范例分析】

本范例中被调函数 volume() 的定义在调用之后，需要在调用该函数之前给出函数的声明，声明的格式只需要在函数定义的首部加上分号，且声明中的形参列表只需要给出参数的类型即可，参数名字可写可不写，假如有多个参数则用逗号隔开。

函数的声明在下面 3 种情况下是可以省略的。

(1) 被调函数定义在主调函数之前。

(2) 被调函数的返回值是整型或字符型（整型是系统默认的类型）。

(3) 在所有的函数定义之前，已在函数外部进行了函数声明。

> 提示：如果被调函数是 C 语言提供的库函数，虽然库函数的调用不需要作函数声明，但必须把该库函数的头文件用 #include 命令包含在源程序的最前面。例如，getchar()、putchar()、gets()、puts() 等，这样的函数定义是放在 stdio.h 头文件中的，只要在程序的最前面加上 #include<stdio.h> 即可。

同样，如果使用数学库中的函数，则应该用 #include<math.h>。

11.5.3 函数的嵌套调用

在 C 语言中，函数之间的关系是平行的、独立的，也就是在函数定义时不能嵌套定义，即一个函数的定义函数体内不能包含另外一个函数的完整定义。但是 C 语言允许进行嵌套调用，也就是说，在调用一个函数的过程中可以调用另外一个函数。

【范例 11-11】函数嵌套调用示例。

(1) 在 Visual C++ 6.0 中，新建名称为"Nested Function.c"的【Text File】文件。

(2) 在代码编辑区域输入如下代码（代码 11-11.txt）。

```
01  #include<stdio.h>
02  int fun2(int x,int y)
03  {
04    int z;
05    z=2*x-y;
06    return z;
07  }
08  int fun1(int x,int y)
09  {
10    int z;
11    z=fun2(x,x+y);/* 在 fun1() 内调用 fun2() 函数 */
12    return z;
13  }
14  int main()
15  {
16    int a,b,c;
17    printf(" 请输入两个整数：");
18    scanf("%d%d",&a,&b);
19    c=fun1(a,b);   /* 调用 fun1() 函数 */
20    printf("%d\n",c);
21    return 0;
22  }
```

【运行结果】

编译、连接、运行程序，输入两个整数并按【Enter】键后，即可在命令行中输出如图 11-15 所示结果。

图 11-15

【范例分析】

本范例是两层的嵌套，其执行过程是：①执行 main() 函数的函数体部分；②遇到函数调用语句，程序转去执行 fun1() 函数；③执行 fun1() 函数的函数体部分；④遇到函数调用 fun2() 函数，转去执行 fun2() 函数的函数体；⑤执行 fun2() 函数体部分，直到结束；⑥返回 fun1() 函数调用 fun2() 处；⑦继续执行 fun1() 函数的尚未执行的部分，直到 fun1() 函数结束；⑧返回 main() 函数调用 fun1() 处；⑨继续执行 main() 函数的剩余部分，直到结束。

其程序的执行顺序可以用图 11-16 描述。

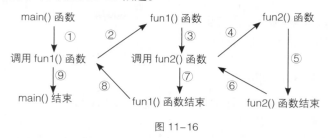

图 11-16

11.5.4 函数的递归调用

如果在调用一个函数的过程中，又直接或者间接地调用了该函数本身，这种形式称为函数的递归调用，这个函数就称为递归函数。递归函数分为直接递归和间接递归两种。C 语言的特点之一就在于允许函数的递归调用。

直接递归就是函数在处理过程中又直接调用了自己。例如：

```
01   int func(int a)
02   {
03     int b,c;
04     ……
05     c=func(b);
06     ……
07   }
```

其执行过程如图 11-17 所示。

图 11-17

如果函数 p 调用函数 q，而函数 q 反过来又调用函数 p，就称为间接递归。如图 11-18 所示是间接递归的例子。

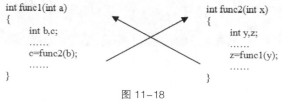

图 11-18

其执行过程如图 11-19 所示。

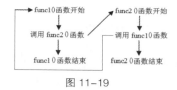

图 11-19

> 注意：两种递归都无法终止自身的调用。因此在递归调用中，应该含有某种条件控制递归调用结束，使递归调用是有限的、可终止的。例如可以用 if 语句来控制只有在某一条件成立时才继续执行递归调用，否则不再继续。

【范例 11-12】用递归方法求 n!(n>0)。

(1) 在 Visual C++ 6.0 中，新建名称为 "N Factorial.c" 的【Text File】文件。

(2) 在代码编辑区域输入以下代码（代码 11-12.txt）。

```
01  #include<stdio.h>
02  long fac(int n)    /* 定义求阶乘的函数 fac()*/
03  {
04    long m;
05    if(n==1)
06      m=1;
07    else
08      m=fac(n-1)* n;          /* 在函数的定义中又调用了自己 */
09    return m;
10  }
11  int main()
12  {  int n; float y;
13    printf("input the value of n.\n");
14    scanf("%d",&n);
15    printf("%d!=%ld\n",n,fac(n));   /* 输出 n!*∧ */
16    return 0;
17  }
```

【运行结果】

编译、连接、运行程序，从键盘输入任意一个整数，按【Enter】键后，即可计算出它的阶乘，如图 11-20 所示。

图 11-20

【范例分析】

本范例采用递归法求解阶乘，就是 5!=4!*5，4!=3!*3…1!=1。可以用下面的递归公式表示。

$$n!=\begin{cases}1 & \text{当 } n=0,1\\ n*(n-1)! & \text{当 } n>1\end{cases}$$

可以看出，当 n>1 时，求 n 的阶乘公式是一样的，因此可以用一个函数来表示上述关系，即 fac() 函数。

main() 函数中只调用了一次 fac() 函数，整个问题的求解全靠一个 fac(n) 函数调用来解决。如果 n 值为 5，则整个函数的调用过程如图 11-21 所示。

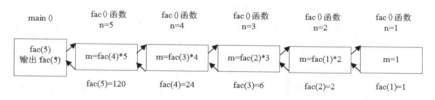

图 11-21

从图中可以看出，fac() 函数共被调用了 5 次，即 fac(5)、fac(4)、fac(3)、fac(2)、fac(1)。其中，fac(5) 是 main() 函数调用的，其余 4 次是在 fac() 函数中进行的递归调用。在某一次的 fac() 函数的调用中，并不会立刻得到 fac(n) 的值，而是一次次地进行递归调用，直到 fac(1) 时才得到一个确定的值，然后再递推出 fac(2)、fac(3)、fac(4)、fac(5)。

在许多情况下，采用递归调用形式可以使程序变得简洁，增加可读性。但很多问题既可以用递归算法解决，也可以用迭代算法或其他算法解决，而后者计算的效率往往更高，更容易理解。如【范例 11-12】也可以如下用循环来实现。

```
01  #include<stdio.h>
02  long fac(int n)
03  {   int i;long m=1;
04  for(i=1;i<=n;i++)
05  {
06      m=m*i;
07  }
08      return m;
09  }
10  int main()
11  {   int n;
12      float y;
13      printf("input the value of n.\n");
14      scanf("%d",&n);
15      printf("%d!=%ld",n,fac(n));
16  return 0;
17  }
```

【范例 11-13】用递归法求 Fibonacci 数列。

(1) 在 Visual C++ 6.0 中，新建名称为 "Fibonacci.c" 的【Text File】文件。
(2) 在代码编辑区域输入以下代码（代码 11-13.txt）。

```
01  #include<stdio.h>
02  long fibonacci(int n)        /* 求 fibonacci 中第 n 个数的值 */
03  {
04  if(n==1||n==2)/*fibonacci 数列中前两项均为 1，终止递归的语句 */
05      return 1;
06  else
```

```
07      return(fibonacci(n-1)+fibonacci(n-2)); /* 从第 3 项开始，下一项是前两项的和 */
08  }
09  int main()
10  {
11      int n,i;
12      long y;
13      printf("Input n:");
14      scanf("%d",&n);
15      for(i=1;i<=n;i++)        /* 列出 fibonacci 数列的前 n 项 */
16      {
17          y=fibonacci(i);
18          printf("%d ",y);
19      }
20      printf("\n");
21      return 0;
22  }
```

【运行结果】

编译、连接、运行程序，根据提示从键盘输入一个整数 n，按【Enter】键后，即可在命令行中输出前 n 项的 Fibonacci 数列，如图 11-22 所示。

图 11-22

【范例分析】

本范例仍采用递归方法输出前 n 项的 Fibonacci 数列。Fibonacci 数列的前两项都为 1，从第 3 项开始，每一项都是前两项的和，例如 1，1，2，3，5，8，13，21，35，…，可以用下面的公式表示。

$$fibonacci(n)\begin{cases}1 & \text{当 n=1,2} \\ fibonacci(n-1)+fibonacci(n-2) & \text{当 n > 2}\end{cases}$$

其中，n 表示第几项，函数值 fibonacci (n) 表示第 n 项的值。当 n 的值大于 2 时，每一项的计算方法都一样，因此可以定义一个函数 f(n) 来计算第 n 项的值，递归的终止条件是当 n=1 或 n=2 时。

【范例 11-14】Hanoi(汉诺) 塔问题。

这是一个典型的只能用递归方法解决的问题。

有 3 根针 A、B、C，A 针上有 64 个盘子，盘子大小不等，大的在下，小的在上（见图 11-23）。要求把这 64 个盘子从 A 针移到 C 针，在移动过程中可以借助 B 针，每次只允许移动一个盘子，且在移动过程中，在 3 根针上都保持大盘在下，小盘在上。要求编程序打印出移动的步骤。

图 11-23

(1) 在 Visual C++ 6.0 中，新建名称为"Hanoi.c"的【Text File】文件。

(2) 在代码编辑区域输入以下代码（代码 11-14.txt）。

```c
01  #include<stdio.h>
02  void printdisk(char x,char y)        /* 定义打印函数 */
03  {
04      printf("%c----->%c\n",x,y);
05  }
06  void hanoi(int n,char a,char b,char c)        /* 定义递归函数 hanoi 完成移动 */
07  {
08      if(n==1)        /* 如果 A 针上的盘子数只剩下最后一个，移到 C 针上 */
09          printdisk(a,c);
10      else    /* 如果 A 针上的盘子数多余一个，执行以下语句 */
11      {
12          hanoi(n-1,a,c,b);        /* 将 A 针上的 n-1 个盘子借助 C 针先移到 B 针上 */
13          printdisk(a,c);          /* 将 A 针上剩下的一个盘子移到 C 针上，即打印出移动方式 */
14          hanoi(n-1,b,a,c);        /* 将 n-1 个盘从 B 针借助 A 针移到 C 针上 */
15      }
16  }
17  int main()
18  {
19      int n;
20      printf("Input n:");
21      scanf("%d",&n);              /* 由键盘输入盘子数 */
22      hanoi(n,'A','B','C');        /* 调用 hanoi() 函数 */
23      return 0;
24  }
```

【运行结果】

编译、连接、运行程序，根据提示从键盘输入一个整数 n，如果键入盘子数为 4，按【Enter】键后，即可在命令行中输出盘子的移动过程，如图 11-24 所示。

图 11-24

【范例分析】

将 n 个盘子从 A 针移到 C 针可以分解为以下 3 个步骤。

(1) 将 A 上 n–1 个盘子借助 C 针先移到 B 针上。

(2) 把 A 针上剩下的一个盘子移到 C 针上。

(3) 将 n–1 个盘子从 B 针借助 A 针移到 C 针上。

这 3 个步骤分成两类操作。

(1) 当 n>1 时，将 n–1 个盘子从一个针移到另一个针上，这是一个递归的过程。

(2) 将最后一个盘子从一个针上移到另一个针上。

本程序分别用两个函数实现上面的两类操作，用 hanoi() 函数实现 n>1 时的操作，用 printf() 函数实现将一个盘子从一个针上移到另一个针上。

递归作为一种算法，在程序设计语言中被广泛应用，它通常把一个大型复杂的问题层层转化为一个与原问题相似的规模较小的问题来求解，递归策略只需少量的程序就可以描述出解题过程所需要的多次重复计算，可以大大地减少程序的代码量。用递归思想写出来的程序往往十分简洁。

但是，递归算法解题的运行效率较低。在递归调用的过程中，系统为每一层的返回点、局部量等开辟了栈来存储，系统开销较大。递归次数过多，容易造成栈溢出等问题。

11.6　内部函数和外部函数

函数一旦定义，就可以被其他函数调用。但是当一个源程序由多个源文件组成时，在一个源文件中定义的函数能否被其他源文件中的函数调用呢？为此，C 语言又把函数分为两类——内部函数和外部函数。

11.6.1　内部函数

如果在一个源文件中定义的函数只能被本文件中的函数调用，而不能被同一源程序其他文件中的函数调用，这种函数称为内部函数。

定义内部函数的一般形式是：

```
static 类型说明符 函数名 ([ 形参表 ])
```

其中，"[ ]"中的部分是可选项，即该函数可以是有参函数，也可以是无参函数。如果为无参函数，形参表为空，但括号必须有。例如：

```
static int f(int a,int b);    /* 内部函数前面加 static 关键字 */
{
  ……
}
```

说明：f() 函数只能被本文件中的函数调用，在其他文件中不能调用此函数。

内部函数也称为静态函数。但此处静态 static 的含义并不是指存储方式，而是指对函数的调用范围只局限于本文件，因此在不同的源文件中定义同名的内部函数不会引起混淆。通常把只由同一个文件使用的函数和外部变量放在一个文件中，前面加上 static 使之局部化，其他文件不能引用。

11.6.2　外部函数

外部函数在整个源程序中都有效，只要定义函数时，在前面加上 extern 关键字即可。其定义的一般形式为：

```
extern 类型说明符 函数名 (< 形参表 >)
```

例如：

```
extern int f(int a,int b)
{
  ......
}
```

提示：因为函数与函数之间都是并列的，函数不能嵌套定义，所以函数在本质上都具有外部性质。如果在定义函数时省去了 extern 说明符时，则隐含为外部函数。可以说，前面范例中使用的函数都是外部函数。

如果定义为外部函数，不仅可以被定义它的源文件调用，而且可以被其他文件中的函数调用，即其作用范围不只局限于本源文件，而是整个程序的所有文件。在一个源文件的函数中调用其他源文件中定义的外部函数时，通常使用 extern 说明被调函数为外部函数。

【范例 11-15】调用外部函数。

(1) 在 Visual C++ 6.0 中，新建名称为 "Extern Function" 的【Win32 Console Application】工程。

(2) 新建名称为 "file1.c" 的【Text File】文件，并在代码编辑区域输入以下代码（代码 11-15. txt）。

```
01   #include<stdio.h>
02   int main()
03   {
04     int a,b;
05     printf("a= ");
06     scanf("%d",&a);
07     printf("b= ");
08     scanf("%d",&b);
09     printf("\n");
10     add(a,b);
11     printf("\n");
12     sub(a,b);
13     return 0;
14   }
```

(3) 新建名称为 "file2.c" 的【Text File】文件，并在代码编辑区域输入以下代码。

```
01   #include<stdio.h>
02   extern add(int c,int d)       /* 定义外部函数 add()，extern 可省略不写 */
03   {
04     printf("%d+%d=%d\n",c,d,c+d);
05   }
```

(4) 新建名称为 "file3.c" 的【Text File】文件，并在代码编辑区域输入以下代码。

```
01  #include<stdio.h>
02  extern sub(int c,int d)     /* 定义外部函数 sub()，extern 可省略不写 */
03  {
04    printf("%d-%d=%d\n",c,d,c-d);
05  }
```

【运行结果】

编译、连接、运行程序，根据提示从键盘输入 a、b 的值，按【Enter】键后，即在控制台显示程序结果，如图 11-25 所示。

图 11-25

【范例分析】

本范例的整个程序是由 3 个文件组成的，每个文件包含一个函数。主函数是主控函数，使用了 4 个函数的调用语句。其中，printf()、scanf() 是库函数，另外两个是用户自定义的函数，它们都被定义为外部函数。在 main() 函数中，使用 extern 说明在 main() 函数中用到的 add() 和 sub() 都是外部函数。

11.7   main() 函数

从开始学 C 语言，我们就一直使用 main() 函数，都知道一个 C 程序必须有且只能有一个主函数，C 程序的执行总是从 main() 函数开始的。本节再对 main() 函数进行详细的说明。

归纳起来，main() 函数在使用过程中应该注意以下几点。

(1) main() 函数可以调用其他函数，包括本程序中定义的函数和标准库中的函数，但其他函数不能反过来调用 main() 函数。main() 函数也不能调用自己。

(2) 前面章节用到的 main() 函数都没有在函数头中提供参数。其实，main() 函数可以带有两个参数，其一般形式是：

```
int main(int argc, char *argv[ ])
{
  函数体
}
```

其中，形参 argc 表示传给程序的参数个数，其值至少是 1；argv 是指向字符串的指针数组。

提示：如果读者熟悉类似 DOS 的行命令操作系统，就会知道使用计算机命令是在提示符后面输入相应的命令名；如果有参数，就输入相应的参数（如文件名等），并且命令与各参数之间用空格隔开，最后按【Enter】键运行该命令。

同样，用户编写的 C 程序经过编译、连接后形成的可执行文件，就可以像命令一样使用，其后面当然也可以跟命令行的参数，这个参数要作为 main() 函数的参数传递给相应程序。

【范例 11-16】带参数的 main() 函数。

(1) 在 Visual C++ 6.0 中，新建名称为 "Main Function.c" 的【Text File】文件。
(2) 在代码编辑区域输入以下代码（代码 11-16.txt）。

```
01  #include <stdio.h>
02  int main(int argc, char *argv[])
03  {
04    int count;
05    printf("The command line has %d arguments: \n",argc-1);
06    for(count=1;count<argc;count++)              /* 依次读取命令行输入的字符串 */
07    printf("%d: %s\n",count,argv[count]);
08    return 0;
09  }
```

【运行结果】

带输入参数应用程序的调试步骤：选择【Project】▷【Settings】菜单命令，在打开的【Project Settings】对话框中的【Debug】选项卡下的【Program arguments】文本框中输入参数，如 "I am happy！"，单击【OK】按钮。

编译、连接、运行程序，即可在命令行中显示程序运行结果，如图 11-26 所示。

图 11-26

【范例分析】

从本范例可以看出，程序从命令行中接收到 3 个字符串，并将它们存放在字符串数组中，其对应关系为：

argv[0] ———→ I
argv[1] ———→ am
argv[2] ———→ happy!

argc 的值即是参数的个数，程序在运行时会自动统计。

需要注意的是，在命令行的输入都将作为字符串的形式存储于内存中。也就是说，如果输入一个数字，那么要输出这个数字就应该用 %s 格式，而非 %d 格式或者其他。

main() 函数也有类型。如果它不返回任何值，就应该指明其类型为 void；如果默认其类型为 int，那么在该函数末尾应由 return 语句返回一个值，例如 0。

11.8 综合应用——用截弦法求方程的根

本节通过一个综合应用的例子，把前面学习的函数的定义、函数的调用和参数传递等知识再熟

从零开始 | C语言程序设计基础教程（云课版）

悉一下。

【范例 11-17】编写一个程序，实现用截弦法求方程 $x^3-5x^2+16x-80=0$ 在区间 [-3,6] 内的根。

(1) 在 Visual C++ 6.0 中，新建名称为 "Equation Root.c" 的【Text File】文件。

(2) 在代码编辑区域输入以下代码（代码 11-17.txt）。

```
01  #include<stdio.h>
02  #include<math.h>          /* 下面的程序中使用了 pow 等函数，需要包含头文件 math.h*/
03  float func(float x)/* 定义 func 函数，用来求函数 funx(x)=x*x*x-5*x*x+16x-80 的值 */
04  {
05      float y;
06      y=pow(x,3)-5*x*x+16*x-80.0f;   /* 计算指定 x 值的 func(x) 的值，赋给 y*/
07      return y; /* 返回 y 的值 */
08  }
09  float point_x(float x1,float x2)      /* 定义 point_x 函数，用来求出弦在 [x1,x2] 区间内与 X 轴的交点 */
10  {
11      float y;
12      y=(x1*func(x2)-x2*func(x1))/(func(x2)-func(x1));
13      return y;
14  }
15  float root(float x1,float x2)          /* 定义 root 函数，计算方程的近似根 */
16  {
17      float x,y,y1;
18      y1=func(x1);  /* 计算 x 值为 x1 时的 func(x1) 函数值 */
19      do{    /* 循环执行下面的语句 */
20          x=point_x(x1,x2);     /* 计算连接 func(x1) 和 func(x2) 两点弦与 X 轴的交点 */
21          y=func(x);  /* 计算 x 点对应的函数值 */
22          if(y*y1>0)   /*func(x) 与 func(x1) 同号，说明根在区间 [x,x2] 之间 */
23          {
24              y1=y;      /* 将此时的 y 作为新的 y*/
25              x1=x;      /* 将此时的 x 作为新的 y*/
26          }
27          else/* 否则将此时的 x 作为新的 x*/
28          {
29              x2=x;
30          }
31      }while(fabs(y)>=0.0001);
32      return x;        /* 返回根 x 的值 */
33  }
34  int main()
35  {
```

212

```
36    float x1=-3,x2=6;
37    float t=root(x1,x2);
38    printf(" 方程的根为： %f\n",t);
39    return 0;
40  }
```

【运行结果】

编译、连接、运行程序，即可在命令控制台显示方程的根，如图 11–27 所示。

图 11–27

【范例分析】

本范例用弦截法求方程的根，方法如下。

(1) 取两个不同的点 x1 和 x2，如果 f(x1)、f(x2) 符号相反，则 (x1,x2) 区间内必有一个根；如果 f(x1)、f(x2) 符号相同，就应该改变 x1 和 x2 直到上述条件成立为止。

(2) 连接 f(x1)、f(x2) 两点，这个弦就交 x 轴于 x 处，那么求 x 点的坐标就可以用公式 x=(x1*func(x2)−x2*func(x1))/(func(x2)−func(x1)) 求解，由此可以进一步求由 x 点对应的 f(x)。

(3) 如果 f(x)、f(x1) 同号，则根必定在 (x,x2) 区间内，此时将 x 作为新的 x1。如果 f(x)、f(x1) 异号，表示根在 (x1,x) 区间内，此时可将 x 作为新的 x2。

(4) 重复步骤 (2)、(3)，直到 |f(x)|< ε 为止，ε 为一个很小的数，程序中设为 0.0001，此时可认为 f(x) ≈ 0。

11.9　本章小结

(1) 在函数定义时函数名后面括号中的参数称为形式参数，简称形参。在主调函数中调用该函数时，函数名后面括号中的参数称为实际参数，简称实参。

(2) 形参是不占用内存单元的。只有函数调用时，临时给形参分配内存单元，实参将其值赋值给形参，调用结束后，释放形参空间。

(3) 在函数调用时，实参将其"值"传递给形参，是单向"值传递"，只能由实参传递给形参，不能由形参传递给实参。

(4) 实参可以是常量、变量或表达式，但形参只能是变量。实参与形参的数据类型应相同或兼容。

(5) 一个函数只能返回一个值。一个函数可以有多个 return 语句，但执行完第一个 后，该函数结束。返回值的类型就是函数定义时的类型。若不一致，则以定义时为准。返回值类型缺省为 int。不需要返回值的函数，应定义为 void 型。

(6) 一个函数直接或间接地调用函数本身，这种调用称为递归调用，前者称为直接递归，后者称为间接递归。递归调用的函数称为递归函数。C 语言允许函数的递归调用。在递归调用中，主调函数又是被调函数。

(7) 在一个源文件中定义的函数，只能被本文件中的函数调用，而不能被同一程序其他文件中的函数调用，这种函数称为内部函数。

(8) 定义一个内部函数，只需在函数类型前再加一个 static 关键字即可，如果函数左部加关键字 extern，表示此函数是外部函数。

11.10 疑难解答

问：C 语言中，什么情况下不需要对函数进行说明？

答： C 语言中规定在以下几种情况时可以省去主调函数中对被调函数的函数说明。

(1) 如果被调函数的返回值是整型或字符型时，可以不对被调函数作说明而直接调用。这时系统将自动对被调函数返回值按整型处理。

(2) 当被调函数的函数定义出现在主调函数之前时，在主调函数中也可以不对被调函数再作说明而直接调用。例如，函数 max() 的定义放在 main() 函数之前，因此可在 main() 函数中省去对 max() 函数的函数说明 intmax(int a,int b)。

(3) 如在所有函数定义之前，在函数外预先说明了各个函数的类型，则在以后的各主调函数中，可不再对被调函数作说明。例如：

```
char str(int a);
float f(float b);
main(){
/*...*/
}
char str(int a){
/* ... */
}
float f(float b){
/* ... */
}
```

其中，第 1、第 2 行对 str() 函数和 f() 函数预先作了说明。因此在以后各函数中无需对 str() 和 f() 函数再作说明就可直接调用。对库函数的调用不需要再作说明，但必须把该函数的头文件用 include 命令包含在源文件前部。

问：函数的形参和实参有什么区别？

答： 函数的参数分为形参和实参两种。形参出现在函数定义中，在整个函数体内都可以使用，离开该函数则不能使用。实参出现在主调函数中，进入被调函数后，实参变量也不能使用。形参和实参的功能是作数据传送。函数调用中发生的数据传送是单向的，即只能把实参的值传送给形参，而不能把形参的值反向地传送给实参。因此在函数调用过程中，形参的值发生改变，而实参中的值不会变化。例如：

```
main()
{
```

```
int n;
printf("input number\n");
scanf("%d",&n);
s(n);
printf("n=%d\n",n);
}
void s(int n)
{
int i;
for(i=n-1;i>=1;i--)
n=n+i;
printf("n=%d\n",n);
}
```

本程序中定义了一个函数 s，该函数的功能是求 ∑ ni 的值。在主函数中输入 n 值并作为实参，在调用时传送给 s 函数的形参量 n。在主函数中用 printf 语句输出一次 n 值，这个 n 值是实参 n 的值。在函数 s 中也用 printf 语句输出了一次 n 值，这个 n 值是形参最后取得的 n 值 0。从运行情况看，输入 n 值为 100，即实参 n 的值为 100。把此值传给函数 s 时，形参 n 的初值也为 100，在执行函数过程中，形参 n 的值变为 5050。返回主函数之后，输出实参 n 的值仍为 100。可见实参的值不随形参的变化而变化。

问：使用函数返回值时需要注意什么问题？

答：上述程序中函数 s 的返回类型为 void，对于函数返回值有以下一些说明。

(1) 函数的值只能通过 return 语句返回主调函数，在函数中允许有多个 return 语句，但每次调用只能有一个 return 语句被执行，因此只能返回一个函数值。

(2) 函数值的类型和函数定义中函数的类型应保持一致。如果两者不一致，则以函数类型为准，自动进行类型转换。

(3) 如函数值为整型，在函数定义时可以省去类型说明。

(4) 不返回函数值的函数，可以明确定义为"空类型"，类型说明符为"void"。例如，函数 s 并不向主函数返函数值，因此可定义为：

```
void s(int n){
/* ... */
}
```

一旦函数被定义为空类型，就不能在主调函数中使用被调函数的函数值。例如，在定义 s 为空类型后，在主函数中写语句 sum=s(n); 就是错误的。

11.11   实战练习

(1) 编写函数 prime()，判断给定的整数 x 是否为素数。在主函数输入一个整数，输出是否为素数。

(2) 编写函数，求 $c_n^m = \dfrac{n!}{m!(n-m)}$（其中 m 和 n 由用户输入）。

(3) 编写函数，根据整型参数 m 的值，计算下列公式的值。

$$t = 1 - \frac{1}{2} + \frac{1}{3} - \frac{1}{4} + \cdots + \frac{1}{m}$$

(4) 用递归法反序输出一个正整数的各位数值，如输入 4532，应输出 2354。

(5) 编写函数 fun()，它的功能是计算并输出下列级数和。

$$s = \frac{1}{1 \times 2} + \frac{1}{2 \times 3} + \cdots + \frac{1}{n(n+1)}$$

例如，当 n = 10 时，函数值为 0.909091。请勿改动主函数 main() 和其他函数中的任何内容，仅在函数 fun() 的花括号中填入编写的若干语句。

```c
#include <stdio.h>
double fun( int n )
{
}
main()  /* 主函数 */
{
    printf("%f\n", fun(10));
    NONO();
}
```

(6) 编写函数 fun()，其功能是根据以下公式求 P 的值，结果由函数值带回。m 与 n 为两个正整数，且要求 m > n。

$$P = \frac{m!}{n!(m-n)!}$$

例如，m = 12，n = 8 时，运行结果为 495.000000。请勿改动主函数 main() 和其他函数中的任何内容，仅在函数 fun() 的花括号中填入编写的若干语句。

```c
#include <stdio.h>
float fun(int m, int n)
{

}

main()  /* 主函数 */
{
    printf("P=%f\n", fun (12,8));
    NONO();
}
```

第 12 章
函数中的变量

本章导读

前面我们学习了变量，知道了变量有数据类型、有值、有地址等很多属性。其实，变量除了前面说的属性外，还有作用域的概念，还有存储类别的概念，那么，这些又是什么意思呢？我们一起来本章看看吧。

本章课时：理论 2 学时

学习目标

▶ 局部变量和全局变量

▶ 变量的存储类别

▶ 综合应用——日期判断

12.1　局部变量和全局变量

前面曾经提到，函数被调用前，该函数内的形参是不占用内存的存储单元的；调用以后，形参才被分配内存单元；函数调用结束，形参所占用的内存也将被回收、被释放。这一点说明形参只有在定义它的函数内才是有效的，离开该函数就不能再使用了。这个变量有效性的范围或者说该变量可以引用的范围，称为变量的作用域。不仅仅是形参变量，C语言中所有的变量都有自己的作用域。按照作用域范围，变量可分为两种，即局部变量和全局变量。

12.1.1　局部变量

局部变量就是在函数内部或者块内定义的变量。局部变量只在它的函数内部或块内部有效，在这个范围之外是不能使用这些变量的。例如：

```
int func(int a,int b)          /* 函数 func*/
{
  double x,y;
  ……
}
main()
{
  int m,n;
  ……
}
```

在函数 func() 内定义了 4 个变量，a、b 为形参，x、y 为一般的变量。在 func() 的范围中，a、b、x、y 都有效，或者说 a、b、x、y 这 4 个变量在函数 func() 内是可见的。同理，m、n 的作用域仅限于 main() 函数内。

关于局部变量的作用域，还要说明以下几点。

(1) 主函数 main() 中定义的变量 m、n 只在主函数中有效，并不是因为在主函数中定义，而在整个文件或程序中有效。因为主函数也是一个函数，它与其他函数是平行的关系。

(2) 不同的函数中可以使用相同的变量名，它们代表不同的变量，这些变量之间互不干扰。

(3) 在一个函数内部，还可以在复合语句（块）中定义变量，这些变量只在本复合语句中有效。

(4) 如果局部变量的有效范围有重叠，则有效范围小的优先。例如：

```
void main()
{
      int a,b,c;
  ……
  {
    int c;
    c=a+b;
    ……
```

```
    }
}
```

整个 main() 函数内 a、b、c 均有效，但程序进入函数内的复合语句中又定义了一个变量 c，此时的变量与复合语句外部的变量 c 重名，所以在此范围内 c 变量优先使用。

【范例 12-1】局部变量的应用。

(1) 在 Visual C++ 6.0 中，新建名称为 "Local Variable.c" 的【Text File】文件。

(2) 在代码编辑区域输入以下代码（代码 12-1.txt）。

```
01   #include<stdio.h>
02   int main()
03   {
04       int i=2,j=3,k;   /* 变量 i、j、k 在 main 函数内部均有效 */
05       k=i+j;
06       {
07           int h=8;        /* 变量 h 只在包含它的复合语句中有效 */
08           printf("%d\n",h);
09       }
10       printf("%d\n",k);
11       return 0;
12   }
```

【运行结果】

编译、连接、运行程序，即可在命令控制台输出如图 12-1 所示运行结果。

图 12-1

【范例分析】

本范例中，变量 h 只在复合语句的语句块内有效，离开该复合语句，该变量则无效。

12.1.2 全局变量

与局部变量相反，在函数之外定义的变量称为全局变量。由于一个源文件可以包含一个或若干个函数，所以全局变量可以为本文件中的其他函数所共有，它的有效范围从定义点开始、到源文件结束。全局变量又称为外部变量。例如：

```
int a=2,b=5;            /* 全局变量 */
int f1()         /* 定义函数 f1*/
{
    ......
```

```
}
double c,d; /* 全局变量 */
void f2()      /* 定义函数 f2*/
{
  ……
}
main()        /* 主函数 */
{
  ……
}
int e,f;        /* 全局变量 */
```

其中，a、b、c、d、e、f 都是全局变量，但它们的作用范围不同。变量 a、b 可以被 main() 函数、函数 f1() 和函数 f2() 使用；变量 c、d 可以被函数 f2() 和 main() 函数使用；变量 e、d 不能被任何函数使用。

【范例 12-2】编写一个函数，实现同时返回 10 个数中的最大值和最小值。

(1) 在 Visual C++ 6.0 中，新建名称为 "Max and Min of Ten.c" 的【Text File】文件。

(2) 在代码编辑区域输入以下代码（代码 12-2.txt）。

```
01  #include <stdio.h>
02  #include <math.h>
03  #include <stdlib.h>
04  int min; /* 全局变量 min*/
05  int find( )
06  {
07    int max,x,i;
08    x=rand()%101+100;    /* 产生一个 [100, 200] 之间的随机数 x*/
09    printf(" %d",x);
10    max=x; min=x;              /* 设定最大数和最小数 */
11    for(i=1;i<10;i++)
12    {
13      x=rand()%101+100; /* 再产生一个 [100, 200] 之间的随机数 x*/
14      printf(" %d",x);
15      if(x>max)
16        max = x;  /* 若新产生的随机数大于最大数，则进行替换 */
17      if(x<min)
18        min = x;   /* 若新产生的随机数小于最小数，则进行替换 */
19    }
20    return max;
21  }
22  int main()
```

```
23  {
24      int m=find( );
25      printf("\n 最大数 :%d, 最小数 :%d\n",m,min);
26      return 0;
27  }
```

【运行结果】

编译、连接、运行程序，即可在命令控制台输出 10 个随机数，并显示这 10 个数中的最大值和最小值，如图 12-2 所示。

图 12-2

【范例分析】

本范例中，变量 min 是全局变量，它的作用范围是整个源文件。程序通过函数返回最大值，最小值则由全局变量进行传递。由此可见，如果需要传递多个数据，除了使用函数值外，还可以借助全局变量，因为函数的调用只能带回一个返回值，因此有时可以利用全局变量增加与函数联系的渠道，从函数得到一个以上的返回值。

因此，全局变量的使用增加了函数之间传送数据的途径。在全局变量的作用域内，任何一个函数都可以引用该全局变量。但如果在一个函数中改变了全局变量的值，则会影响其他函数，相当于各个函数间有直接的传递通道。

【范例 12-3】全局变量和局部变量同名的示例。

⑴在 Visual C++ 6.0 中，新建名称为 "Same Name.c" 的【Text File】文件。

⑵在代码编辑区域输入以下代码（代码 12-3.txt）。

```
01  #include <stdio.h>
02  int a=3,b=5;        /* 全局变量 a、b*/
03  int max(int a,int b)         /* 局部变量 a、b*/
04  {
05      int c;
06      c=a>b?a:b;
07      return c;
08  }
09  int main()
10  {
11      int a=8;         /* 局部变量 a*/
12      printf("%d\n",max(a,b));
13      return 0;
14  }
```

【运行结果】

编译、连接、运行程序，即可在命令控制台显示如图 12-3 所示运行结果。

图 12-3

【范例分析】

程序中定义了两个全局变量 a 和 b，在 main() 函数中定义了局部变量 a，根据局部变量优先的原则，main() 函数中调用的实参 a 是 8，b 的值是全局变量 5，因此程序的运行结果比较的是 8 和 5 的较大值。

在实际使用过程中，建议非必要时不要使用全局变量，原因如下。

（1）全局变量在程序的全部执行过程中都占用存储单元，而不是仅在需要时才开辟单元。

（2）全局变量使得函数的通用性降低了，因为函数在执行时要依赖于其所在的外部变量。如果将一个函数移到另一个文件中，还要将有关的外部变量及其值一起移过去。但若该外部变量与其他文件的变量同名，就会出现问题，会降低程序的可靠性和通用性。在程序设计中，在划分模块时要求模块的"内聚性"强，与其他模块的"耦合性"弱。即模块的功能要单一（不要把许多互不相干的功能放到一个模块中），与其他模块的相互影响要尽量少，而使用全局变量是不符合这个原则的。一般要求把 C 程序中的函数做成一个封闭体，除了可以通过"实参 – 形参"的渠道与外界发生联系外，没有其他渠道。这样的程序移植性好，可读性强。

（3）使用全局变量过多，会降低程序的清晰性，人们往往难以清楚地判断出每个瞬间各个外部变量的值。在各个函数执行时，都可能改变外部变量的值，程序容易出错。因此，要限制使用全局变量，而多使用局部变量。

12.2　变量的存储类别

12.1 节是从变量的作用域角度，将变量划分为全局变量和局部变量。本节从另外一个角度，就是变量值存在的时间（即生存期）来划分，可以分为静态存储变量和动态存储变量。

（1）动态存储变量，当程序运行进入定义它的函数或复合语句时才被分配存储空间，程序运行结束离开此函数或复合语句时，所占用的内存空间被释放。这是一种节省内存空间的存储方式。

（2）静态存储变量，在程序运行的整个过程中，始终占用固定的内存空间，直到程序运行结束，才释放占用的内存空间。静态存储类别的变量存放于内在空间的静态存储区。

在 C 程序运行时，占用的内存空间分为 3 部分，如图 12-4 所示。

程序代码区
静态存储区
动态存储区

图 12-4

程序运行时的数据分别存储在静态存储区和动态存储区。静态存储区用来存放程序运行期间所占用固定存储单元的变量，如全局变量等。动态存储区用来存放不需要长期占用内存的变量，如函数的形参等。

变量的存储类型具体来说可分为 4 种，即自动类型 (auto)、寄存器类型 (register)、静态类型 (static) 和外部类型 (extern)。其中，自动类型、寄存器类型的变量属于动态变量，静态类型、外部类型的变量属于静态变量。

12.2.1　自动类型

用自动类型关键字 auto 说明的变量称为自动变量。其一般形式为：

```
auto 类型 变量名；
```

自动变量属于动态局部变量，该变量存储在动态存储区。定义时可以加 auto 说明符，也可以省略。由此可知，我们之前所用到的局部变量都是自动变量。自动变量的分配和释放存储空间的工作是由编译系统自动处理的。例如：

```
int func1(int a)
{
    auto int b,c=3;
    ……
}
```

形参 a，变量 b、c 都是自动变量。在调用该函数时，系统给它们分配存储空间，函数调用结束时自动释放存储空间。

12.2.2　寄存器类型

寄存器类型变量的存储单元被分配在寄存器当中，用关键字 register 说明。其一般形式为：

```
register 类型 变量名；
```

如：

```
register int a;
```

寄存器变量是动态局部变量，存放在 CPU 的寄存器或动态存储区中，这样可以提高存取的速度，因为寄存器的存取速度比内存快得多。该类变量的作用域、生存期与自动变量相同。如果没有存放在通用寄存器中，便按自动变量处理。

但是由于计算机中寄存器的个数是有限的，寄存器的位数也是有限的，所以使用 register 说明变量时要注意以下几点。

（1）寄存器类型的变量不宜过多，一般可将频繁使用的变量放在寄存器中（如循环中涉及的内部变量），以提高程序的执行速度。

（2）变量的长度应该与通用寄存器的长度相当，一般为 int 型或 char 型。

（3）寄存器变量的定义通常没有必要，现在优化的编译系统能够识别频繁使用的变量，并在不需要编程人员作出寄存器存储类型定义的情况下，就把这些变量放在寄存器当中。

【范例 12-4】寄存器变量示例。

（1）在 Visual C++ 6.0 中，新建名称为 "Register.c" 的【Text File】文件。

（2）在代码编辑区域输入如下代码（代码 12-4.txt）。

```
01   #include <stdio.h>
02   int main()
03   {
04      int x=5,y=10,k;              /* 自动变量 x、y、k*/
05      for (k=1;k<=2;k++)
06      {  register int m=0,n=0;              /* 寄存器变量 m、n*/
07         m=m+1;
08         n=n+x+y;
09         printf("m=%d\tn=%d\n",m,n);
10      }
11      return 0;
12   }
```

【运行结果】

编译、连接、运行程序，即可在命令行中输出如图 12-5 所示结果。

图 12-5

【范例分析】

本范例中定义了两类变量，一类是自动变量 x、y 和 k，另一类是寄存器变量 m 和 n。

12.2.3 静态类型

静态类型的变量占用静态存储区，用 static 关键字来说明。其一般形式为：

static 类型 变量名；

如：

static int a;

静态类型又分为静态局部变量和静态全局变量。C 语言规定静态局部变量有默认值，int 型等于 0，float 型等于 0.0，char 型为 '\0'，静态全局变量也如此。自动变量和寄存器变量则没有默认值，值为随机数。

1. 静态局部变量

定义在函数内的静态变量称为静态局部变量。关于静态局部变量的几点说明如下。

（1）静态局部变量是存储在静态存储区的，所以在整个程序开始时就被分配固定的存储单元，整个程序运行期间不再被重新分配，故其生存期是整个程序的运行期。

（2）静态局部变量本身也是局部变量，具有局部变量的性质，即其作用域是局限在定义它的本函数体内的。如果离开了定义它的函数，该变量就不再起作用，但其值仍然存在，因为存储空间并未释放。

（3）静态局部变量赋初值的时间是在编译阶段，并且只被赋初值一次，即使它所有的函数调用结束，也不释放存储单元。因此不管调用多少次该静态局部变量的函数，它仍保留上一次调用函数时的值。

【范例 12-5】静态局部变量示例：打印 1~5 的阶乘。

（1）在 Visual C++ 6.0 中，新建名称为 "Static Local.c" 的【Text File】文件。

（2）在代码编辑区域输入以下代码（代码 12-5.txt）。

```
01  #include <stdio.h>
02  long fac(int n)
03  {
04      static long f=1;/* 定义静态局部变量 f, 仅初始化一次, 在静态存储区分配空间 */
05      f=f*n;
06      return f;
07  }
08  int main()
09  {
10      int k;
11      for(k=1;k<=5;k++)
12      {
13          printf("%d!=%ld\n",k,fac(k));
14      }
15          printf("\n");
16  return 0;
17  }
```

【运行结果】

编译、连接、运行程序，在命令行中即可显示 1~5 的阶乘，如图 12-6 所示。

图 12-6

【范例分析】

程序从 main() 函数开始运行，此时 fac() 函数内的静态局部变量 f 已在静态存储区初始化为 1。当第 1 次调用 fac() 函数时，f=1*1=1，第 1 次调用结束并不会释放 f，仍保留 1。第 2 次调用 fac() 函数时，f=1*2=2（其中 1 仍是上次保留的结果），第 2 次调用结束 f 的值仍保留为 2。第 3 次调用，f=2*3=6，f 内这次保留的是 6。第 4 次调用，f=6*4，f 内这次保留的是 24。第 5 次调用的结果为 120(24*5)。

2. 静态全局变量

在定义全局变量时前面也加上关键字 static，就是静态全局变量。

如果编写的程序是在一个源程序文件中实现的，那么一个全局变量和一个静态全局变量是没有区别的。但是，有时一个 C 源程序是由多个文件组成的，那么全局变量和静态全局变量在使用上是完全不同的，一个文件可以通过外部变量声明使用另一个文件中的全局变量，但无法使用静态全局变量，静态全局变量只能被定义它的文件所独享。

静态全局变量的特点如下。

（1）静态全局变量与全局变量基本相同，只是作用范围（即作用域）是定义它的程序文件，而不是整个程序。

（2）静态全局变量属于静态存储类别的变量，它在程序一开始运行时，就被分配固定的存储单元，所以其生存期是整个程序运行期。

（3）使用静态全局变量的好处，是同一程序的两个不同的源程序文件中可以使用相同名称的变量名，而互不干扰。

【范例 12-6】静态全局变量示例。

（1）在 Visual C++ 6.0 中，新建名称为 "Static Global" 的【Win32 Console Application】工程。

（2）新建名称为 "file1.c" 的【Text File】文件，并在代码编辑区域输入以下代码（代码 12-6-1. txt）。

```
01   #include<stdio.h>
02   static int n;        /* 定义静态全局变量 n*/
03   void f(int x)
04   {
05     n=n*x;
06     printf("%d\n",n);
07   }
```

（3）新建名称为 "file2.c" 的【Text File】文件，并在代码编辑区域输入以下代码（代码 12-6-2. txt）。

```
01   #include<stdio.h>
02   int n;     /* 定义全局变量 */
03   void f(int);
04   int main()
05   {
06     n=100;
07     printf("%d\n",n);
08     f(5);
09     return 0;
10   }
```

【运行结果】

编译、连接、运行程序，即可在命令行中显示如图 12-7 所示结果。

图 12-7

【范例分析】

本范例由两个文件构成——file1 和 file2。file1 中定义了主函数，file2 中定义了子函数 f()。程序仍是从包含主函数的文件开始执行。在 file1 中定义了一个全局变量 n，对子函数作了一个声明，执行主函数，n=100，范围小的优先，先输出局部变量 100。调用子函数，在 file2 中定义了静态全局变量 n，此时这里的 n 被赋的初值为 0，因为是静态的，所以会自动赋值。这个子函数输出的是 0*5 = 0。所以这两个 n 是互不干涉的，静态全局变量 n 对其他源程序文件无效，只是在定义它的程序文件中才有效。

12.2.4 外部类型

在任何函数之外定义的变量都叫作外部变量。外部变量通常用关键字 extern 说明。其一般形式为：

```
extern  类型  变量名；
```

例如：

```
extern int a;
extern double k;
```

在一个文件中定义的全局变量默认为外部的，即 extern 关键字可以省略。但是如果其他文件要使用这个文件中定义的全局变量，则必须在使用前用 "extern" 作外部声明，外部声明通常放在文件的开头。

【范例 12-7】外部变量示例。

(1) 在 Visual C++ 6.0 中，新建名称为 "Extern Variable" 的【Win32 Console Application】工程。

(2) 新建名称为 "file1.c" 的【Text File】文件，并在代码编辑区域输入以下代码（代码 12-7-1.txt）。

```
01   #include <stdio.h>
02   #include "file2.c"
03   extern int a;        /* 外部变量 a*/
04   extern int sum(int x);
05   int main()
06   { int c;
07     c=sum(a);
08     printf("1+2+…+%d=%d\n",a,c);
09     return 0;
10   }
```

(3) 新建名称为 "file2.c" 的【Text File】文件，并在代码编辑区域输入以下代码（代码 12-7-2.txt）。

```
01   int a=20;           /* 全局变量 a*/
02   int sum(int x)
03   {
04     int i,y=0;
05     for(i=1;i<=x;i++)
06     {
07       y=y+i;
08     }
09     return y;
10   }
```

【运行结果】

编译、连接、运行程序，即可在命令行中显示如图 12-8 所示结果。

图 12-8

【范例分析】

本范例 file2.c 文件中定义的 1 个全局变量，其作用域可以延伸到程序的其他文件中，即其他文件也可以使用这个变量，但是在使用前通过 "extern" 进行了外部声明。file1 文件使用了 file2 文件中的变量 a，就要在前面加上 extern 声明，一般放在文件的开头。另外引用的 sum() 子函数也是第 1 个文件，也进行了一个外部声明。

12.3 综合应用——日期判断

本节通过一个综合应用的例子，把本章前面学习过的内容再熟悉一下。

【范例 12-8】编写程序，给出年、月、日，计算该日是该年的第几天。

(1) 在 Visual C++ 6.0 中，新建名称为 "Days" 的【Win32 Console Application】工程。

(2) 新建名称为 "control.c" 的【Text File】文件，并在代码编辑区域输入以下代码（代码 12-8-1.txt）。

```
01   #include <stdio.h>
02   extern int days();           /* 定义外部函数 */
03   extern int year,month,day;         /* 外部变量 */
04   int main()
05   {
```

```
06      printf(" 输入年、月、日: \n");
07      scanf("%d%d%d",&year,&month,&day);
08      printf("%d 月 %d 日是 %d 年的第 %d 天 \n",month,day,year,days());
09      return 0;
10  }
```

（3）新建名称为"day.c"的【Text File】文件，并在代码编辑区域输入以下代码（代码 12-8-2.txt）。

```
01  int year,month,day;          /* 定义全局变量 */
02  int days()
03  {
04      int i,count=0;  /*count 记录天数 */
05      int a[13]={0,31,28,31,30,31,30,31,31,30,31,30,31};    /* 用一维数组记录每个月的天数 */
06      if((year%100)&&!(year%4)||!(year%400))          /* 如果此年为闰年，将二月份的天数
改为 29 天 */
07          a[2]=29;
08      for(i=0;i<month;i++)    /* 累加该日期前面几个月份的天数 */
09          count+=a[i];
10      count=count+day;        /* 再加上该日期在本月份中的天数 */
11      return count;
12  }
```

【运行结果】

编译、连接、运行程序，根据提示输入年、月、日，按【Enter】键后，即可输出该日是该年的第几天，如图 12-9 所示。

图 12-9

【范例分析】

本范例中，要计算天数，首先必须知道每个月有多少天，这里使用一维数组记录一年当中每个月的天数，数组下标与年份吻合。另外，还要知道要计算的日期所在的年份是否是闰年，所以用 if((x%100)&&!(x%4)||!(x%400)) 计算闰年。如果是闰年，将下标为 2 的元素改为 29，否则不发生变化。这样就可以进行天数相加，先加前面几个月份的天数和，再与该日期中的 day 相加即可。

本范例在 day.c 源文件中采用了全局变量存放年、月、日，并在另一个文件中使用了这 3 个外部变量和外部函数 days()。此方法只用于举例，建议初学者尽量避免使用全局变量。

12.4　本章小结

1. 局部变量也称为内部变量，是在一个函数内或复合语句内定义的变量。局部变量的作用域是它所在的函数或复合语句。

2. 形参是属于被调函数的局部变量，实参是属于主调函数的局部变量。

3. 在不同函数中允许使用同名变量，但同一作用域内不可定义同名变量。

4. 全局变量也称为外部变量，它是在函数外部定义的变量。它不属于程序中某一个函数，其作用域为从定义位置开始到本源程序文件结束。

5. 变量除了有数据类型的属性外，还有存储类别的属性。

6. 函数中的变量可以定义为静态变量，函数调用结束后，静态局部变量占用的存储单元并不释放，下一次再调用该函数时可以继续使用这个变量值，但其他的函数不能使用这个值，仍然是局部的。

7. 静态局部变量是在编译时赋初值，只赋值一次，在程序的运行期间，每次调用函数时不再重新赋值。如果静态局部变量在定义时不赋初值，编译时系统自动赋初值0。

8. 只有函数内定义的变量或形参可以声明为寄存器变量。一个计算机系统中的寄存器数量有限的。系统将寄存器变量当作自动变量处理。

12.5　疑难解答

问： 关于变量作用域，需要注意哪些问题？

答： 变量的作用域：作用域描述了程序中可以访问某个标识符的一个或多个区域，即变量的可见性。一个 C 变量的作用域可以是代码块作用域、函数原型作用域和文件作用域。函数作用域（functionscope），标识符在整个函数中都有效。只有语句标号属于函数作用域。标号在函数中不需要先声明后使用，在前面用一个 goto 语句也可以跳转到后面的某个标号，但仅限于同一个函数之中。

(1) 文件作用域（file scope），标识符从它声明的位置开始直到这个程序文件的末尾都有效。

(2) 块作用域（block scope），标识符位于一对"{}"括号中（函数体或语句块），从它声明的位置开始到右"}"括号之间有效。

(3) 函数原型作用域（function prototype scope），标识符出现在函数原型中，这个函数原型只是一个声明而不是定义（没有函数体）。标识符从声明的位置开始到在这个原型末尾之间有效，例如void add(intnum); 中的 num。

下面再介绍另一种分类形式，它分为代码块作用域和文件作用域。代码块作用域和文件作用域也有另一种分类方法，即局部作用域和全局作用域。

(1) 代码块作用域：代码块是指一对花括号之间的代码，函数的形参虽然是在花括号前定义的，但也属于代码作用域。在 C99 中把代码块的概念扩大到包括由 for 循环、while 循环、do while 循环、if 语句所控制的代码。在代码块作用域中，从该变量被定义到代码块末尾该变量都可见。

(2) 文件作用域：一个在所有函数之外定义的变量具有文件作用域。具有文件作用域的变量从它的定义处到包含该定义的文件结尾都是可见的。链接一个 C 语言变量具有外部链接（external

linkage）、内部链接（internal linkage）或空链接（no linkage）3 种链接之一。

① 空链接。具有代码块作用域或者函数原型作用域的变量就具有空链接，这意味着它们是由其定义所在的代码块或函数原型所私有。

② 内部链接。具有文件作用域的变量可能有内部链接或外部链接，一个具有文件作用域的变量前使用了 static 标识符标识时，即为具有内部链接的变量。一个具有内部链接的变量可以在一个文件的任何地方使用。

③ 外部链接。一个具有文件作用域的变量默认是具有外部链接的。但当其前面用 static 标识后即转变为内部链接。一个具有外部链接的链接变量可以在一个多文件程序的任何地方使用。例如：

```
static int a;（在所有函数外定义）内部链接变量
int b;（在所有函数外定义）外部链接变量
main() {
int b;// 空链接，仅为 main 函数私有。
}
```

问：什么是变量的存储时期？

答： 一个 C 语言变量有以下两种存储时期之一（不包括动态内存分配 malloc 和 free 等），即静态存储时期（static storage duration）和自动存储时期（automatic storage duration）。

(1) 静态存储时期：如果一个变量具有静态存储时期，它在程序执行期间将一直存在。具有文件作用域的变量具有静态存储时期。这里注意一点，对于具有文件作用域的变量，关键词 static 表明链接类型，而不是存储时期。一个使用 static 声明了的文件作用域的变量具有内部链接，而所有的文件作用域变量，无论它具有内部链接还是外部链接，都具有静态存储时期。

(2) 自动存储时期：具有代码块作用域的变量一般情况下具有自动存储时期。在程序进入定义这些变量的代码块时，将为这些变量分配内存；当退出这个代码块时，分配的内存将被释放。

问：头文件该如何写？

答： (1) 按相同功能或相关性组织 .c 和 .h 文件，同一文件内的聚合度要高，不同文件中的耦合度要低。接口通过 .h 文件给出。

(2) 对应的 .c 文件中写变量、函数的定义，并指定链接范围。对于变量和函数的定义时，仅本文件使用的变量和函数，要用 static 限定为内部链接防止外部调用。

(3) 对应的 .h 文件中写变量、函数的声明。仅声明外部需要的函数，必须给出变量。有时可以通过使用设定和修改变量函数声明来减少变量外部声明。

(4) 如果有数据类型的声明和宏定义，将其写在头文件 (.h) 中，这时也要注意模块化问题，如果数据类型仅本文件使用则不必写在头文件中，而写在源文件（.c）中。这样会提高聚合度，减少不必要的格式外漏。

(5) 头文件中一定加上 #ifndef … #define … #endif 之类的防止重包含的语句。

(6) 头文件中不要包含其他的头文件，头文件的互相包含使程序组织结构和文件组织变得混乱，同时会造成潜在的错误，给错误查找造成麻烦。如果出现头文件中类型定义需要其他头文件时，将其提出来，单独形成全局的一个源文件和头文件。

(7) 模块的 .c 文件中应包含自己的 .h 文件。

12.6　实战练习

　　(1) 定义一个结构体变量（包括年、月、日）。计算该日在本年中是第几天，注意闰年问题。

　　(2) 写一个函数 days()，实现上面的计算。由主函数将年、月、日传递给 days() 函数，计算后将日数传回主函数输出。

　　(3) 编写一个函数 print()，打印一名学生的成绩，该数组中有 5 名学生的数据记录，每个记录包括 num、name、sore[3]，用主函数输入这些记录，用 print() 函数输出这些记录。

　　(4) 在上题的基础上，编写一个函数 input()，用来输入 5 名学生的数据记录。

　　(5) 有 10 名学生，每名学生的数据包括学号、姓名、3 门课的成绩，从键盘输入 10 名学生的数据，要求打印出 3 门课的总平均成绩，以及取得最高分学生的数据（包括学号、姓名、3 门课成绩）。

第 13 章
指针

本章导读

　　指针，知道 C 语言的人肯定都听说过指针。指针是 C 语言的最大亮点，也是 C 语言的最大难点。学会了指针，你就是高手！不信，就试试吧。

本章课时：理论 6 学时 + 实践 2 学时

学习目标

- ▶ 指针概述
- ▶ 指针的算术运算
- ▶ 数组指针
- ▶ 指针和函数
- ▶ 指针和字符串
- ▶ 综合应用——"回文"问题

13.1 指针概述

访问内存中的数据有两种方式——直接访问和间接访问。直接访问就是通过变量来实现，因为变量是内存中某一块存储区域的名称；间接访问就是通过指针来实现。指针并不是用来存储数据的，而是用来存储数据在内存中的地址，我们可以通过访问指针达到访问内存中数据的目的。

指针是 C 语言的精髓，深入领会 C 语言就需要深刻地掌握指针。首先我们来看看指针有哪几种类型。

13.1.1 指针的类型

从语法的角度看，只要把指针声明语句里的指针名字去掉，剩下的部分就是这个指针的类型。这是指针本身所具有的类型。下面是一些简单的指针类型。

```
int *ptr; // 指针的类型是 int *
float *ptr;// 指针的类型是 float *
char *ptr; // 指针的类型是 char *
```

13.1.2 指针所指向的类型

通过指针来访问指针所指向的内存区时，指针所指向的类型决定了编译器将把那片内存区里的内容当作什么来看待。

从语法上看，只需把指针声明语句中的指针名字和名字左边的指针声明符"*"去掉，剩下的就是指针所指向的类型。例如：

```
int*ptr;  // 指针所指向的类型是 int
float*ptr; // 指针所指向的类型是 float
char*ptr, // 指针所指向的类型是 char
```

在指针的算术运算中，指针所指向的类型有很大的作用。

指针的类型（即指针本身的类型）和指针所指向的类型是两个概念。对 C 语言越来越熟悉时会发现，把与指针容易混淆的"类型"这个概念分成"指针的类型"和"指针所指向的类型"两个概念，是精通指针的关键点之一。

13.1.3 指针的值

指针的值是指针本身存储的数值，这个值将被编译器当作一个地址，而不是一个一般的数值。在 32 位程序里，所有类型指针的值都是一个 32 位整数，因为 32 位程序里内存地址都是 32 位的。

指针所指向的内存区是从指针的值所代表的那个内存地址开始的，长度为 sizeof（指针所指向的类型）的一片内存区。以后，我们说一个指针的值是 ××，就相当于说该指针指向了以 ×× 为首地址的一片内存区域；我们说一个指针指向了某块内存区域，就相当于说该指针的值是这块内存区域的首地址。

指针所指向的内存区和指针所指向的类型是两个完全不同的概念。如果指针所指向的类型已经有了，但由于指针还未初始化，那么它所指向的内存区是不存在的，或者说是无意义的。

以后，每遇到一个指针，都应该问问：这个指针的类型是什么？指针指向的类型是什么？该指针指向了哪里？

13.1.4 指针所占内存

指针所占内存与指针指向的内容和内容的大小无关。在不同的操作系统及编译环境中，指针类型占用的字节数是不同的。

指针本身占了多大的内存？对于某一个具体的环境，可以用语句 printf("%d\n", sizeof(int *)) 精确地知道指针类型占用的字节数。在 32 位平台里，指针本身占据了 4 字节的长度。指针所占内存这个概念在判断一个指针表达式是否是左值时很有用。

13.2 指针的算术运算

指针的算法运算包括指针与整数的运算和指针与指针的运算。指针与整数的运算的意义与通常的数值加减运算的意义是不一样的，下面我们就先来看看指针与整数的运算、指数之间的运算。

13.2.1 指针与整数的运算

C 指针算术运算的第一种形式是：

指针 ± 整数

标准定义这种形式只能用于指向数组中某个元素的指针，如图 13-1 所示。

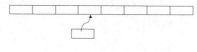

图 13-1

并且这类表达式的结果类型也是指针。这种形式也适用于使用 malloc() 函数动态分配获得的内存。

数组中的元素存储于连续的内存位置中，后面元素的地址大于前面元素的地址。因此，我们很容易看出，对一个指针加 1 使它指向数组的下一个元素，加 5 使它向右移动 5 个元素的位置，依次类推。将一个指针减去 3 使它向左移动 3 个元素的位置。对整数进行扩展保证对指针执行加法运算能产生这种结果，而不管数组元素的长度如何。

对指针执行加法或减法运算之后，如果指针所指的位置在数组第 1 个元素的前面或在数组最后一个元素的后面，那么其效果就是未定义的。让指针指向数组最后一个元素后面的那个位置是合法的，但对这个指针执行间接访问可能会失败。

例如：p+n、p-n。

将指针 p 加上或者减去一个整数 n，表示 p 向地址增加或减小的方向移动 n 个元素单元，从而得到一个新的地址，使其能访问新地址中的数据。每个数据单元的字节数取决于指针的数据类型。

如图 13-2 所示，变量 a、b、c、d 和 e 都是整型数据 int 类型，它们在内存中占据一块连续的存储区域，地址从 1234 ~ 1250，每个变量占用 4 字节。指针变量 p 指向变量 a，也就是 p 的值是 1234，那么 p+1 按照前面的介绍，表示 p 向地址增加的方向移动了 4 字节，从而指向一个新的地址，这个值就是 1238，指向了变量 b（变量从 a 到 e 占用一块连续的存储区域）；同理，p+2 地址就是 1242，再次增加了 4 字节，指向了变量 c，依次类推。

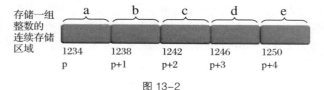

图 13-2

> 提示：指针 p+1 并不意味着地址 +1，而是表示指针 p 指向下一个数据类型。比如，int *p，p+1 表示当前地址 +4，指向下一个整型数据。

【范例 13-1】指针变量自身的运算。

(1) 在 Visual C++ 6.0 中，新建名称为"指针变量自运算 .c"的【Text File】文件。

(2) 在代码编辑区域输入以下代码（代码 13-1.txt）。

```
01    #include <stdio.h>
02    int main()
03    {
04        int a=1,b=10;
05        int *p1,*p2;
06        p1=&a;              /* 指针赋值 */
07        p2=&b;
08        printf("p1 地址是 %p,p1 存储的值是 %d\n",p1,*p1);          /* 输出 */
09        printf("p2 地址是 %p,p2 存储的值是 %d\n",p2,*p2);          /* 输出 */
10        printf("p1-1 地址存储的值是 %d\n",*(p1-1));       /* 地址 -1 后存储的值 */
11        printf("p1 地址中的值 -1 后的值是 %d\n",*p1-1);   /* 值 -1 后的值 */
12        printf("*(p1-1) 的值和 *p1-1 的值不同 \n");
13        return 0;
14    }
```

【运行结果】

编译、连接、运行程序，即可在命令行中输出如图 13-3 所示结果。

图 13-3

【范例分析】

从本范例的运行结果可以很清晰地看到，*(p1-1) 的值和 *p1-1 的值是不同的，*(p1-1) 表示将 p1 指向的地址减 1 个存储单元，也就是后移 4 字节。而 *p1-1 表示的是 p1 所指向的存储单元的值减 1，如果不是巧合，两者是不会相同的。分析到这里，指针变量自身的运算已经介绍完了，但是从输出结果上可以看到一个很奇怪的现象，是什么呢？那就是 *(p1-1) 的值跟变量 b 的值相等，这是巧合吗？

不是！大家可以自行验证。原因是 a 和 b 依次被赋值为 1 和 10，它们在内存中占用连续的存储单元，这里需要注意的是连续区域，因为变量 a 和 b 内配的存储空间是在栈中（原因不再解释），而栈是向低地址扩展的存储空间（如果是堆又不同了），又因为 int 类型在内存中占用 4 字节，所以 a 的地址比 b 的地址大 4 字节，p1-1 表示 a 的地址减少 4 字节后的地址，也就是 p2 所指向的变量 b，所以是 10。

对于单个的变量，它们分配到的空间并不一定是连续的，所以范例中的情况实用价值并不大。但对于数组就不同了，因为数组在内存中占用一块连续的存储区域，而且随着下标的递增，地址也在递增，这样指针就有更大的"施展自己才华的舞台"了。

13.2.2　指针与指针的运算

C 指针算术运算的第 2 种形式是：

指针 – 指针

大家要注意，指针与指针之间的算术运算没有加运算，只有减运算。并且，只有当两个指针都指向同一个数组中的元素时，才允许将一个指针减去另一个指针，如图 13-4 所示。

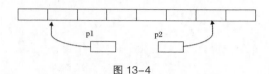

图 13-4

两个指针相减的结果的类型是 ptrdiff_t，它是一种有符号整数类型。减法运算的值是两个指针在内存中的距离（以数组元素的长度为单位，而不是以字节为单位），因为减法运算的结果将除以数组元素类型的长度。例如，如果 p1 指向 array[i] 而 p2 指向 array[i]，那么 p2-p1 的值就是 j-i 的值。

让我们看一下它是如何作用于某个特定类型的。例如前图中数组元素的类型为 float，每个元素占据 4 字节的内存空间。如果数组的起始位置为 1000，p1 的值是 1004，p2 的值是 1024，但表达式 p2-p1 的结果将是 5，因为两个指针的差值（20）将除以每个元素的长度（4）。

同样，这种对差值的调整是指针的运算结果与数据的类型无关。不论数组包含的元素类型如何，这个指针减法运算的值总是 5。

那么，表达式 p1 – p2 是否合法呢？如果两个指针都指向同一个数组的元素，这个表达式就是合法的。在前一个例子中，这个值将是 – 5。

如果两个指针所指向的不是同一个数组中的元素，那么它们之间相减的结果是未定义的。就像如果把两个位于不同街道的房子的门牌号码相减不可能获得这两所房子之间的房子数一样。程序员无法知道两个数组在内存中的相对位置，如果不知道这一点，两个指针之间的距离就毫无意义。

13.2.3　运算符 & 和 *

如果指针的值是某个变量的地址，通过指针就能间接访问那个变量，这些操作由取址运算符"&"和间接访问运算符"*"完成。

单目运算符"&"用于给出变量的地址。例如：

```
Int*p，a=3;
P=&a;
```

将整型变量 a 的地址赋给指针 p，使指针 p 指向变量 a。也就是说，用运算符"&"去变量 a 的地址，并将这个地址值作为指针 p 的值，使指针 p 指向变量。

> 注意：指针的类型和它所指向变量的类型必须相同。

在程序中（不是指针变量被定义的时候），单目运算符 * 用于访问指针所指向的变量，它也称为间接访问运算符。例如，当 p 指向 a 时，*p 和 a 访问同一个存储单元，*p 的值就是 a 的值（见图 13-5）。

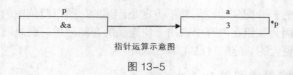

指针运算示意图

图 13-5

【范例 13-2】取地址运算和间接访问示例。

(1) 在 Visual C++ 6.0 中，新建名称为"运算符 .c"的【Text File】文件。

(2) 在代码编辑区域输入以下代码（代码 13-2.txt）。

```
01  #include <stdio.h>
02  int main()
03  {
04    int a=3,*p;                /* 定义整型变量 a 和整型指针 p*/
05    p=&a;                      /* 把变量 a 的地址赋给指针 p，即 p 指向 a*/
06    printf("a=%d,*p=%d\n",a,*p);   /* 输出变量 a 的值和指针 p 所指向变量的值 */
07    *p=10;                     /* 对指针 p 所指向的变量赋值，相当于对变量 a 赋值 */
08    printf("a=%d,*p=%d\n",a,*p);
09    printf("Enter a:");
10    scanf("%d",&a);            /* 输入 a*/
11    printf("a=%d,*p=%d\n",a,*p);
12    (*p)++;                    /* 将指针所指向的变量加 1*/
13    printf("a=%d,*p=%d\n",a,*p);
14    return 0;
15  }
```

【运行结果】

编译、连接、运行程序，当输入 a 的值为 5 时，输出结果如图 13-6 所示。

图 13-6

【范例分析】

第 4 行的"int a=3,*p"和其后出现的 *p，尽管形式是相同的，但含义完全不同。第 4 行定义了指针变量，p 是变量名，* 表示其后的变量是指针；而后面出现的 *p 代表指针 p 所指向的变量。本例中，由于 p 指向变量 a，因此，*p 和 a 的值一样。

再如表达式 *p=*p+1、++*p 和 (*p)++，分别将指针 p 所指向变量的值加 1。而表达式 *p++ 等价于 *(p++)，先取 *p 的值作为表达式的值，再将指针 p 的值加 1，运算后，p 不再指向变量 a。同样，在下面的几条语句中：

```
int a=1,x,*p;
```

```
p=&a;
x=*p++;
```

指针 p 先指向 a，其后的语句 x=*p++，将 p 指向的变量 a 的值赋给变量 x，然后修改指针的值，使得指针 p 不再指向变量 a。

从以上例子可以看到，要正确理解指针操作的意义，带有间接地址访问符 * 的变量的操作在不同的情况下会有完全不同的含义，这既是 C 语言的灵活之处，也是初学者十分容易出错的地方。

13.3　数组指针

在程序实际开发中，数组的使用非常普遍，如何建立起指针和数组的关系，又如何使用这样的指针，如何更大限度地发挥指针的作用，将是本章要讲解的内容。

当指针变量里存放一个数组的首地址时，此指针变量称为指向数组的指针变量，简称数组的指针。

可以定义指针变量指向任意一个数组元素。

声明与赋值，例如：

```
int a[ 5 ],*p;
  p = &a[ 0 ]; 或 p = a;
  则 p+1 指向 a[1], p+2 指向 a[2]
  ……
```

通过指针引用数组元素：*p 就是 a[0]，*(p + 1) 就是 a[1] ……*(p + i) 就是 a[i]。

数组表示的指针变量法如下：

```
#include<stdio.h>
int main( void)
 {
   int i, a[ ] = { 1, 3, 5, 7, 9 }
   int *p = a;
   for ( i = 0; i < 5; i++ )
     printf( "%d\t", *( p + i ) );
   printf( "\n" );
}
```

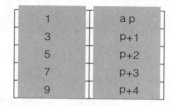

13.3.1　数组指针作为函数参数

指向数组的指针可以作为函数形参，对应实参为数组名或已有值的指针变量，此时仍然进行单向地址传递，如表 13-1 所示。

表 13-1

形参	实参
数组名	数组名
数组名	指针变量
指针变量	数组名
指针变量	指针变量

【范例 13-3】编写一个函数，将数组中的 10 个整数完全颠倒顺序。

(1) 在 Visual C++ 6.0 中，新建名称为"颠倒顺序 .c"的【Text File】文件。

(2) 在代码编辑区域输入以下代码（代码 13-3.txt）。

```c
01   #include <stdio.h>
02   void inv( int *x, int n );
03   int main()
04   {
05   int i,a[ ] = { 3, 7, 9, 11, 0, 6, 7, 5, 4, 2 };
06   printf(  "The original array:\n" );
07   for( i = 0; i < 10; i++)
08     printf( "%3d", a[i] );
09   printf(  "\n" );
10   inv( a,10 );
11   printf(  "The array has been inverted:\n" );
12   for( i = 0; i < 10; i++ )
13   printf( "%3d", a[i] );
14   printf(  "\n" );
15    return 0;
16   }
17   void inv( int *x, int n )
18   {
19   int t,*i,*j;
20   for(i = x, j = x + n - 1; i <= j; i++, j-- )
21   {
22     t = *i;
23     *i = *j;
24     *j = t;
25   }
26   }
```

【运行结果】

编译、连接、运行程序，即可在命令行中输出如图 13-7 所示结果。

图 13-7

【范例分析】

本范例的颠倒顺序采取从首尾开始，数组前后相对元素互换数值的方法。定义两个指针变量 i 和 j，分别指向数组开头和结尾，对向扫描交换数值。当 i >= j 时扫描结束。

13.3.2 指针与字符数组

指针变量可以直接用来处理字符串，用指针变量处理字符串有其独特之处。

字符数组法如下：

```
char string[ ] = "name";
输出：  printf( "%s\n", string );
或：   for ( i = 0; i < 5; i++ )
printf( "%c", string[ i ] );
```

13.3.3 指针数组与指针的指针

所有元素都是指针的数组称为指针数组。指针数组提供了多个可以存放地址的空间，常用于多维数组的处理。

什么是指针数组呢？指针数组是指数组由指针类型的元素组成。例如 int *p[10]，数组 p 是由 10 个指向整型元素的指针组成的，例如 p[0] 就是一个指针变量，它的使用与一般的指针用法一样，无非是这些指针有同一个名字，需要使用下标来区分。例如有下面的定义：

```
char *p[2];
char array[2][20];
p[0]=array[0];
p[1]=array[1];
```

如图 13-8 所示。

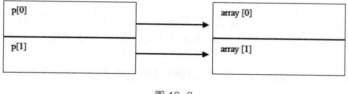

图 13-8

(!) 提示：对指针数组元素的操作和对同类型指针变量的操作相同。

【范例 13-4】利用指针数组输出单位矩阵。

(1) 在 Visual C++ 6.0 中，新建名称为"输出单位矩阵 .c"的【Text File】文件。

(2) 在代码编辑区域输入以下代码（代码 13-4.txt）。

```
01   #include <stdio.h>
02   int main()
03   {
04   int line1[ ]={1,0,0};       /* 声明数组，矩阵的第 1 行 */
05   int line2[ ]={0,1,0};       /* 声明数组，矩阵的第 2 行 */
```

```
06    int line3[ ]={0,0,1};        /* 声明数组，矩阵的第 3 行 */
07    int *p_line[ 3 ];            /* 声明整型指针数组 */
08    p_line[0]=line1;            /* 初始化指针数组元素 */
09    p_line[1]=line2;
10    p_line[2]=line3;
11    printf( "Matrix test:\n");
12    for( int i = 0; i < 3; i++ )    /* 对指针数组元素循环 */
13    {
14      for( int j = 0; j < 3; j++ )    /* 对矩阵每一行循环 */
15      {
16        printf("%2d ", p_line[i][j] );
17      }
18      printf( "\n");
19    }
20    return 0;
21    }
```

【运行结果】

编译、连接、运行程序，即可在命令行中输出如图 13-9 所示结果。

图 13-9

【范例分析】

程序首先声明了数组，为单位矩阵赋值。然后定义指针数组并初始化指针数组元素，之后用 for 循环对数组元素进行循环，for 循环内部还有一个 for 循环，内部的循环对矩阵每一行进行循环并且输出。

学习了指针数组以后，让我们再来学习指针的指针。指向指针变量的指针变量称为指针的指针。

【范例 13-5】使用指针的指针访问字符串数组。

(1) 在 Visual C++ 6.0 中，新建名称为"指针的指针 .c"的【Text File】文件。

(2) 在代码编辑区域输入以下代码（代码 13-5.txt）。

```
01    #include <stdio.h>
02    int main()
03    {
04    char *seasons[]={"Winter","Spring","Summer","Fall"};
05    char **p;        /* 指针的指针 */
06    int i;
07    for(i=0;i<4;i++)
08    {
09      p= seasons +i;        /* 指针的指针 p 指向 array+i 所指向的字符串的首地址 */
```

```
10    printf("%s\n",*p);         /* 输出数组中的每一个字符串 */
11    }
12    return 0;
13    }
```

【运行结果】

编译、连接、运行程序，即可在命令行中输出如图 13-10 所示结果。

图 13-10

【范例分析】

seasons 是指针数组，也就是说，seasons 的每个元素都是指针。例如，seasons[0] 是一个指向字符串 "Winter" 的指针，seasons+i 等价于 &seasons[i]，也就是每个字符串首字符的地址。这里的 seasons[i] 已经是指针类型，那么 seasons+i 就是指针的指针，和变量 p 的类型一致，所以写成 p=seasons+i，*p 等价于 *(seasons+i)，也就等价于 seasons[i]，表示的含义是第 i 个字符串的首地址，对应输出每一个字符串，如图 13-11 所示。

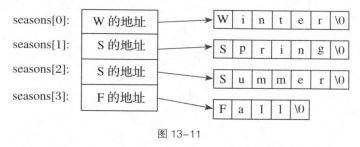

图 13-11

13.4   指针和函数

13.4.1   函数指针

函数指针是指向函数的指针变量，因而"函数指针"本身首先应是指针变量，只不过该指针变量指向函数。这正如用指针变量可指向整型变量、字符型、数组一样，这里是指向函数。如前所述，C 程序在编译时，每一个函数都有一个入口地址，该入口地址就是函数指针所指向的地址。

1.函数指针的定义

用指针变量可以指向一个函数。函数在程序编译时被分配了一个入口地址，这个函数的入口地址就称为函数的指针。

函数指针的定义如下：

数据类型（* 函数指针名）(形参类型表);

注意："数据类型"说明函数的返回类型，"(* 函数指针名)"中的括号不能省略，若省略整体则成为一个函数说明，说明了一个返回的数据类型是指针的函数，后面的"形参类型表"表示指针变量指向的函数所带的参数列表。

例如：

```
int ( *p ) ( int, float );
```

上面的代码定义指针变量 p 可以指向一个整型函数，这个函数有 int 和 float 两个形参。

函数指针变量常见的用途之一是把指针作为参数传递到其他函数。指向函数的指针也可以作为参数，以实现函数地址的传递，这样就能够在被调用的函数中使用实参函数。

【范例 13-6】指向函数的指针。

(1) 在 Visual C++ 6.0 中，新建名称为"指向函数的指针 .c"的【Text File】文件。

(2) 在代码编辑区域输入以下代码（代码 13-6.txt）。

```
01   #include <stdio.h>
02   /* 求 x 和 y 中的较大的值 */
03   int max(int x,int y)
04   {
05     int z;
06     if(x>y)
07       z=x;
08     else
09       z=y;
10     return z;
11   }
12   int main()
13   {
14     int (*p)(int,int); /* 指向函数的指针 */
15     int a,b,c;
16     p=max;           /* 指向函数的指针 max 函数 */
17     printf(" 输入 a 和 b 的值 \n");
18     scanf("%d %d",&a,&b);
19     c=(*p)(a,b);     /*max 函数返回值 */
20     printf("%d 和 %d 中较大的值是 %d\n",a,b,c);
21     return 0;
22   }
```

【运行结果】

编译、连接、运行程序，输入 a、b 的值按【Enter】键后，即可输出如图 13-12 所示结果。

图 13-12

【范例分析】

"int (*p)(int,int);" 说明 p 是一个指向函数的整型指针。"c=(*p)(a,b);" 说明 p 确切指向函数 max，相当于调用了 c=max(a,b)。

2. 函数指针的赋值

函数指针的赋值形式如下：

　　指针变量名 = 函数名；

> 例：　p = fun
> 　　　设 fun 函数原型为 int fun (int s, float t)。

用指针变量引用函数：用 (* 指针变量名) 代替函数名。

> 例：x = (*p) (a, b) 与 x = fun (a, b) 等价。

函数指针一般用于在函数中灵活调用不同函数。

3. 通过函数指针调用函数

可以用指针变量指向整型变量、字符串、数组、结构体，也可以指向一个函数。一个函数在编译时被分配一个入口地址。这个入口地址就称为函数指针。可以用一个指针变量指向函数，然后通过该指针变量调用此函数。下面以简单的数值比较为例。

【范例 13-7】指向函数的指针。

(1) 在 Visual C++ 6.0 中，新建名称为"通过函数指针调用函数 .c"的【 Text File 】文件。
(2) 在代码编辑区域输入以下代码（代码 13-7.txt ）。

```
01   #include <stdio.h>
02   #include <stdlib.h>
03   int main()
04   {
05    int max(int,int);
06    int (*p)(int,int);
07    int a,b,c;
08    p = max;
09    scanf("%d%d",&a,&b);
10    c = (*p)(a,b);
11    printf("a=%d,b=%d,max=%d\n",a,b,c);
12    return 0;
13   }
```

```
14   int max(int x,int y)
15   {
16     int z;
17     if(x>y) z = x;
18     else z = y;
19     return z;
20   }
```

【运行结果】

编译、连接、运行程序，输入 a、b 的值按【Enter】键后，即可输出如图 13-13 所示结果。

图 13-13

【范例分析】

第 7 行：int (*p)(int,int); 用来定义 p 是一个指向函数的指针变量，该函数有两个整型参数，函数值为整型。注意，*p 两侧的括号不可省略，表示 p 先与 * 结合，是指针变量，然后再与后面的 ( ) 结合，表示此指针变量指向函数，这个函数值（即函数的返回值）是整型的。如果写成 int*p(int,int)，由于 ( ) 的优先级高于 *，它就成了声明一个函数 p（这个函数的返回值是指向整型变量的指针）。

赋值语句 p=max; 的作用是将函数 max() 的入口地址赋给指针变量 p。与数组名代表数组首元素地址类似，函数名代表该函数的入口地址。这时 p 就是指向函数 max() 的指针变量，此时 p 和 max() 都指向函数开头，调用 *p 就是调用 max() 函数。但是 p 作为指向函数的指针变量，它只能指向函数入口处而不可能指向函数中间的某一指令处，因此不能用 *(p + 1) 来表示指向下一条指令。

13.4.2 指针函数

如果函数可以返回数值型、字符型、布尔型等数据，也可以带回指针型的数据，那么这种函数就叫作返回指针值的函数，又称指针型函数。定义形式为：

类型名 * 函数名 (参数表列);

例如，下式表示的含义是 max() 函数调用后返回值的数据类型是整型指针。

int *max(int *x, int *y);

【范例 13-8】返回指针的函数。

(1) 在 Visual C++ 6.0 中，新建名称为"返回指针的函数 .c"的【Text File】文件。
(2) 在代码编辑区域输入以下代码（代码 13-8.txt）。

```
01   #include <stdio.h>
02   #include <string.h>
03   /* 返回指针的函数 */
04   int *max(int x[],int y[],int *p, int *c)
```

```
05  {
06    int i;
07    int *m=&x[0];
08    for(i=0;i<9;i++)
09    {
10      if(*m<x[i])
11      {
12        *m=x[i];
13        *p=i;
14        *c=1;
15      }
16    }
17    for(i=0;i<9;i++)
18    {
19      if(*m<y[i])
20      {
21        *m=y[i];
22        *p=i;
23        *c=2;
24      }
25    }
26    return m;
27  }
28  int main()
29  {
30    int c1[10]={1,2,3,4,5,6,7,8,9,0};
31    int c2[10]={11,12,13,14,15,16,17,18,19,10};
32    int n;
33    int c;
34    int *p;
35    p=max(c1,c2,&n,&c);
36    printf(" 两个数组中最大的是 %d, 在 %d 中位置是 %d\n",*p,c,n);    /* 函数 max 返回最
大值 */
37    return 0;
38  }
```

【运行结果】

编译、连接、运行程序，即可在命令行中输出如图 13-14 所示结果。

图 13-14

【范例分析】

函数 max() 接收两个数组,求这两个数组中的最大值,并使用指针作为 max() 的函数返回值。函数只能有一个返回值,然而我们却希望返回给主函数3个值,还有两个表示是哪个数组哪个值最大,使用的方法叫作引用。

```
int n,c;
p=max(c1,c2,&n,&c);          /* 参数 &n 就是引用,用来接收形参 *p*/
```

在函数 max() 中, "*p=i;"就是把 i 的值存放在指针变量 p 所指向的存储单元中,也就是存放在实参 n 中。

本范例提出的引用方法可以给我们开发程序带来很大的便利,特别是需要调用函数返回多个返回值时,大家可以根据需要灵活使用。

13.4.3 指针作为函数参数

前面已经介绍过,C 语言中的函数参数包括实参和形参,两者的类型要一致。函数的参数可以是变量、指向变量的指针变量、数组名、指向数组的指针变量,当然也可以是指向函数的指针。指向函数的指针可以作为参数,以实现函数地址的传递,这样就能够在被调用的函数中使用实参函数。

【范例 13-9】使用函数实现对输入的两个整数按从大到小顺序输出。

(1) 在 Visual C++ 6.0 中,新建名称为"函数交换指针 .c"的【Text File】文件。

(2) 在代码编辑区域输入以下代码（代码 13-9.txt）。

```
01  #include <stdio.h>          /* 包含标准输入输出头文件 */
02  void swap(int *p1,int *p2)           /* 形参为指针变量 */
03  {
04    int temp;         /* 临时量 */
05    temp=*p1;       /* 把指针 p1 所指向的地址中的值暂存在 temp 中 */
06    *p1=*p2;          /* 把指针 p2 所指向的地址中的值存在 p1 指向的地址中 */
07    *p2=temp;          /* 把 temp 中的值存储到 p2 所指向的地址中 */
08    printf("swap 函数中的输出 \n");
09    printf("*p1=%d,*p1=%d\n",*p1,*p2);
10  }
11  int main()
12  {
13    int a,b;
14    int *point1=&a,*point2=&b;          /* 声明两个指针变量 */
15    printf(" 请输入变量 a 和 b\n");
16    scanf("%d %d",&a,&b);
17    if(a<b)
18      swap( point1 ,point2 );          /* 调用 swap 函数 */
19    printf(" 主函数中的输出 \n");
20    printf("a=%d,b=%d\n",a,b);
21    printf("*point1=%d,*point2=%d\n",*point1,*point2);
22    return 0;
```

23 }

【运行结果】

编译、连接、运行程序，输入变量a和b的值，按【Enter】键后，即可输出如图13-15所示结果。

图13-15

【范例分析】

调用swap()函数前，指针指向如图13-16所示。

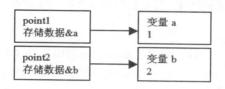

图13-16

调用swap()函数，把实参point1和point2传递给形参p1和p2后，执行swap()函数前，指针指向如图13-17所示。

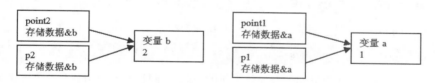

图13-17

交换函数执行后，调用并执行swap()函数，在还没有返回主函数前，这里交换的变量a和b的值、point1和point2、p1和p2的指向并没有改变，还是指向原来的存储单元，但是a和b变量的值发生了交换，指针指向如图13-18所示。

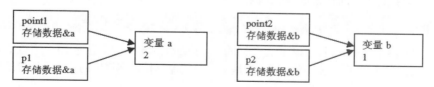

图13-18

调用swap()函数后，主函数输出结果，指针指向如图13-19所示。

图 13-19

从图 13-16 至图 13-19 数据的变化，可以很清楚地看到指针变量 point1 和 point2 发生的变化。本范例可以帮助我们很好地理解指针变量以及指针变量是如何作为参数进行传递的。

13.5　指针和字符串

本节详细讲述指针与字符串的关系。

13.5.1　字符串指针

C 语言中许多字符串的操作是由指向字符数组的指针及指针的运算来实现的。对字符串来说一般是严格顺序存取的，但使用指针可以打破这种存取方式，使字符串的处理更加灵活。

1. 创建字符串

字符串的定义自动包含了指针，例如定义 message1[100]; 为 100 个字符声明存储空间，并自动地创建一个包含指针的常量 message1，存储的是 message1[0] 的地址。与一般的常量一样，指针常量的指向是明确的，不能被修改。

对于字符串，我们可以不按照声明一般数组的方式定义数组的维数和每一维的个数，可以使用新的方法，即用指针创建字符串。例如下面的代码：

```
char *message2="how are you?";
```

message2 和 message1 是不同的。message1 是按照数组定义方式定义的，如：

```
char message1[100]= "how are you?";
```

这种形式要求 message1 有固定的存储该数组的空间，而且因为 message1 本身是数组名称，一旦被初始化后，再执行下面的语句就是错误的。如：

```
message1= "fine,and you?";
```

message2 本身就是一个指针变量，它通过显式的方式明确了一个指针变量，对 message2 执行了初始化后，再执行下面的代码就是正确的。

```
message2= "fine,and you?";
```

从分配空间的角度来分析，两者也是不同的。message1 指定了一个存储 10 个字符位置的空间。而对于 message2 就不同了，它只能存储一个地址，只能保存指定字符串的第 1 个字符的地址。

【范例 13-10】八进制转十进制。

(1) 在 Visual C++ 6.0 中，新建名称为 "八进制转十进制 .c" 的【Text File】文件。
(2) 在代码编辑区域输入以下代码（代码 13-10.txt）。

```
01  #include <stdio.h>
```

```
02   int main()
03   {
04     char *p,s[6];
05     int n;
06     n=0;
07     p=s;    /* 字符指针 p 指向字符数组 s*/
08     printf(" 输入要转换的八进制数：\n");
09     gets(p);          /* 输入字符串 */
10     while(*(p)!='\0')          /* 检查指针是否都以字符数组结尾 */
11     {
12       n=n*8+*p-'0'; /* 八进制转十进制计算公式 */
13       p++;/* 指针后移 */
14     }
15     printf(" 转换的十进制是：\n%d\n",n);
16     return 0;
17   }
```

【运行结果】

编译、连接、运行程序，输入 1 个八进制数并按【Enter】键后，即可输出如图 13-20 所示结果。

图 13-20

【范例分析】

实现八进制到十进制的转换很简单，但是本范例需要注意的地方是 p=s; 字符指针 p 指向字符串 s，为什么呢？

我们之前介绍过，字符指针 p 只是一个指针变量，它能存储的仅是一个地址，所以执行了 p=s，再用 p 接收输入的字符串时，该字符串存储到 s 所代表的存储区域，之后的代码才能正常运行。

2. 处理字符串

本小节介绍指针访问字符串的方法，通过 3 个范例来学习。

【范例 13-11】字符串复制。

(1) 在 Visual C++ 6.0 中，新建名称为"字符串复制 .c"的【Text File】文件。
(2) 在代码编辑区域输入以下代码（代码 13-11.txt）。

```
01   #include <stdio.h>
02   int main()
03   {
04     char str1[10],str2[10];
05     char *p1,*p2;
06     p1=str1;
```

```
07    p2=str2;
08    printf(" 请输入原字符串: \n");
09    gets(p2);
10    for (; *p2!='\0';p1++,p2++)        /* 循环复制 str2 中的字符到 str1*/
11     *p1=*p2;
12    *p1='\0';           /*str1 结尾补 \0*/
13    printf(" 原字符串是: %s\n 复制后字符串是: %s\n",str2,str1);
14    return 0;
15   }
```

【运行结果】

编译、连接、运行程序，输入 1 个字符串并按【Enter】键后，即可在命令行中输出如图 13-21
所示结果。

图 13-21

【范例分析】

本范例声明了两个字符串的指针，通过指针移动，赋值字符串 str2 中的字符到 str1，并且在
str1 结尾添加了字符串结束标志。在这里需要说明以下两点。

（1）如果题目中没有使用指针变量，而是直接在 for 循环中使用了 "str1++" 这样的表达式，程
序就会出错，因为 str1 是字符串的名字，是常量。

（2）如果没有写 "*p1='\0';" 这行代码，输出的目标字符串长度是 9 位，而且很可能后面的字符
是乱码，因为 str1 没有结束标志，直至遇见了声明该字符串时设置好的结束标志 "\0"。

【范例 13-12】字符串连接。

（1）在 Visual C++ 6.0 中，新建名称为 "字符串连接 .c" 的【Text File】文件。

（2）在代码编辑区域输入以下代码（代码 13-12.txt）。

```
01   #include <stdio.h>
02   int main()
03   {
04   char str1[10],str2[10],str[20];
05   char *p1,*p2,*p;
06   int i=0;
07   p1=str1;
08   p2=str2;
09   p=str;
10   printf(" 请输入字符串 1: \n");
11   gets(p1);
12   printf(" 请输入字符串 2: \n");
```

```
13    gets(p2);
14    while(*p1!='\0')              /* 复制 str1 到 str*/
15    {
16      *p=*p1;
17      p+=1;
18      p1+=1;
19      i++;
20    }
21    for (; *p2!='\0';p1++,p2++,p++)              /* 复制 str2 到 str*/
22      *p=*p2;
23    *p='\0';           /*str 结尾补 \0*/
24    printf(" 字符串 1 是: %s\n 字符串 2 是: %s\n 连接后是: %s\n",str1,str2,str);
25    return 0;
26  }
```

【运行结果】

编译、连接、运行程序，依次输入 2 个字符串并按【Enter】键后，即可输出如图 13-22 所示结果。

图 13-22

【范例分析】

本范例声明了 3 个字符串指针，通过指针的移动，先把 str1 复制到 str 中，然后把 str2 复制到 str 中。

需要注意的是，复制完 str1 后，指针变量 p 的指针已经移到下标为 5 的地方，然后再复制时指针继续向后移动，实现字符串连接。

【范例 13-13】已知一个字符串，使用返回指针的函数，把该字符串中的"#"号删除，同时把后面连接的字符串前移。

例如，原字符串为"abc#def##ghi#jklmn#"，转换后的字符串为"abcdefghijklmn"。

(1) 在 Visual C++ 6.0 中，新建名称为"字符串重组 .c"的【Text File】文件。

(2) 在代码编辑区域输入以下代码（代码 13-13.txt）。

```
01  #include <stdio.h>
02  #include <string.h>
03  char *strarrange(char *arr)
04  {
05    char *p=arr;   /*p 指向数组 */
06    char *t;
```

```
07    while(*p!='\0')              /* 数组没有到结束就循环 */
08    {
09     p++;                /* 指针后移 */
10     if(*p=='#')         /* 当指针指向的值是 #*/
11     {
12      t=p;  /*t 指向数组 */
13     }
14      while(*t!='\0')             /* 数组没有到结束就循环 */
15      {
16       *t=*(t+1);   /* 数组前移一位 */
17       t++;           /* 指针后移 */
18      }
19      p--;  /* 指针前移，重新检查该位置值 */
20     }
21
22    return arr;
23  }
24  int main()
25  {
26    char s[]="abc#def##ghi#jklmn#";
27    char *p;
28    p=s;
29    printf("%s\n",p);
30    printf("%s\n",strarrange(p));
31    return 0;
32  }
```

【运行结果】

编译、连接、运行程序，即可在命令行中输出如图 13-23 所示结果。

图 13-23

【范例分析】

本范例中需要考虑的有以下几点。

(1) 保留当前地址，如代码中的 p=arr 和 t=p，都是这样的含义，用于恢复到当前位置。

(2) 针对连续出现 "#" 的解决办法，我们采用了先向前移动，然后再重新检查该位置字符的办法，如代码 p--。

范例中的 strarrange() 函数返回了字符指针，该指针始终指向该字符串 s 的首地址。

3.输出字符串

字符串的输出包括字符数组的输出和字符指针的输出，下面我们来看看它们分别是怎么输出的。

字符数组的输出是：printf("%s\n", string);

或：

```
for ( i = 0; i < 5; i++ )
printf( "%c", string[ i ] ;
```

字符指针的输出是：

(1) 整体输出：printf("%s\n"，p);
(2) 单字符输出：while (*p != '\0') printf("%c"，*p++);
(3) 直接指针的输出：printf("%s\n"，p);

13.5.2 字符串指针作为函数参数

将一个字符串从一个函数传递到另外一个函数，可以用地址传递的方法，即用字符数组名作参数或用指向字符的指针变量作参数。在被调用的函数中可以改变字符串内容，在主调函数中可以得到改变了的字符串。

字符指针作函数参数与一维数组名作函数参数一致，但指针变量作形参时实参可以直接给字符串。

实参和形参的用法十分灵活，我们可以慢慢地熟悉，这里列出表 13-2 便于大家记忆。

表 13-2

实参	形参
数组名	数组名
数组名	字符指针变量
字符指针变量	字符指针变量
字符指针变量	数组名

【范例 13-14】字符串比较。

(1) 在 Visual C++ 6.0 中，新建名称为"字符串比较 .c"的【Text File】文件。
(2) 在代码编辑区域输入以下代码（代码 13-14.txt）。

```
01   #include<stdio.h>
02   #include<string.h>
03   int comp_string (char *s1,char *s2)   /* 字符串指针 *s1 和 *s2 作为函数参数 */
04   {
05     while (*s1==*s2)
06     {
```

```
07      if(*s1=='\0')              /* 遇到 '0'，则停止比较，返回 0*/
08        return 0;
09      s1++;
10      s2++;
11    }
12    return *s1-*s2;
13  }
14  int main()
15  {
16    char *a="I am a teacher.";
17    char *b="I am a student.";           /* 定义两个字符串指针 *a 和 *b*/
18     printf("%s\n%s\n",a,b);
19    printf(" 比较结果 : %d\n",comp_string(a,b));
20    return 0;
21  }
```

【运行结果】

编译、连接、运行程序，即可在命令行中输出如图 13-24 所示结果。

图 13-24

【范例分析】

本范例主要定义了一个字符串比较函数：当 s1<s2 时，返回为负数；当 s1=s2 时，返回值 = 0；当 s1>s2 时，返回正数。即两个字符串自左向右逐个字符相比（按 ASCII 值大小相比较），直到出现不同的字符或遇 \0 为止。本范例中，2 字符串比较到 't' 和 's' 的时候，跳出 while 循环，执行 't'-'s' 的操作，返回正数 1。

13.5.3 字符指针变量与字符数组的区别

用字符数组和字符指针变量都可实现字符串的存储和运算。但是两者是有区别的，在使用时应注意以下几个问题。

(1) 字符指针变量本身是一个变量，用于存放字符串的首地址。字符数组是由若干个数组元素组成的静态的连续存储空间，它可用来存放整个字符串。

> ⚠ 注意：字符指针变量存放的地址可以改变，而字符数组名存放的地址不能改变。

例如：

```
char  *p ="hello",*q;
```

```
char  a[]="aaaaaaaaa";
char  b[]="bbbbbbbb";
```

合法的语句是:

```
q=p
p=a;
```

不合法的语句是:

```
a=p;
```

(2) 赋值操作不同。对于字符指针变量来说,随时可以把一个字符串的开始地址赋值给该变量;对于字符数组来说,只能在声明字符数组时,把字符串的开始地址初始化给数组名,在后面只能逐个字符赋值。

例如:

以下是合法的语句。

```
char *s1="C Language";
char  *s2;
s2="Hello!" ;
char  a[]="good" ;
```

以下是不合法的语句。

```
char  a[100] ;
a="good" ;
```

有些读者在数组编程时编写了类似下面的代码:

```
int  s[],x,y;
for(i=0;i<10;++i)
s[i]=i;
```

这段代码的错误在于声明 s 数组时没有给出长度,因此系统无法为 s 开辟一定长度的空间。

13.6 综合应用——"回文"问题

本节通过一个关于"回文"问题的范例来再次熟悉本章所讲的指针与字符串的内容。

【范例 13-15】编程判断输入的一串字符是否为"回文"。

所谓"回文",是指顺读和倒读都一样的字符串。如"XYZYX"和"xyzzyx"即为"回文"。

(1) 在 Visual C++ 6.0 中,新建名称为"回文问题 .c"的【Text File】文件。

(2) 在代码编辑区域输入以下代码(代码 13-15.txt)。

```
01  #include<stdio.h>
02    #include<string.h>
03    int is_sym(char *s)
```

```
04   {
05     int i=0,j=strlen(s)-1;
06   while(i<j){
07   if(s[i]!=s[j])
08     return 0;
09   i++;
10   j--;
11   }
12   return 1;
13   }
14   int main()
15   {
16   char s[80];
17   printf("Input a string: ");
18   gets(s);
19   if(is_sym(s))
20     printf("YES\n");
21   else
22   printf("NO\n");
23   return 0;
24   }
```

【运行结果】

编译、连接、运行程序，输入字符串并按【Enter】键后，即可在命令行中输出如图 13-25 所示结果。

图 13-25

【范例分析】

本例首先定义了字符指针函数，用 while 循环对字符串的首尾进行比较。main() 函数里，定义一个数组，用于存放输入的字符串，然后调用函数，返回值为 0，则输出"NO"，否则输出"YES"。

13.7 本章小结

(1) 内存单元的编号叫作"地址"，即为指针。C 语言允许用一个变量来存放指针，这种变量称为"指针变量"。

(2) 指针是一个地址，是常量。指针变量可以被赋予不同的指针值。通常把指针变量简称为指针。

(3) 一个指针变量只能指向同类型的变量。

(4) 指针变量在使用之前不仅要定义，而且必须赋值，指针变量只能赋予地址。指针变量的地址是由编译系统分配的，C 语言中提供了取地址运算符 &。

(5) 指针变量加上或减去一个整数 n，是将指针变量所指向的目标位置相对于当前位置前移或后移 n 个存储单元，一个存储单元的长度（即占的字节数）取决于指针的基类型。

(6) 指针与指针相减，结果是两个指针在内存中地址相差的单位数，单位的大小由指针的类型决定。一般用于数组。

(7) 函数参数的类型不仅可以是整型、实型、字符型等，而且可以是指针类型，它传递的是"地址值"。

(8) 指针变量作为函数参数，函数调用时将地址作为实参传递给形参。形参与实参指向相同的内存单元，被调函数对形参所指向值的改变即是对实参所指向值的改变。可实现主调函数与被调函数之间"双向"的数据传递。

(9) C 语言中，函数的返回值只有一个而不能有多个。指针变量作为函数参数时，通过指针变量能得到多个值。

13.8　疑难解答

问：在使用指针时，有哪些常见的容易混淆的运算？

答： 下面强调几种比较容易混淆的指针运算。

(1) int a=3, *p; p=&a；则 &*p 与 &a 是等价的，均表示地址；*&a 与 a 是等价的，均表示变量。

(2) char**p; chara[10]; p=&a；则 p 就是指向指针的指针，保存的是一个指针变量 / 常量的地址；*p 就是指针 a，**p 就是 a[0]。

(3) y = *px++ 相当于 y = *(px++) (* 和 ++ 优先级相同，自右向左运算)。

问：指针和数组有什么区别？

答： 指针和数组并不相等。数组的属性和指针的属性大相径庭。当我们声明一个数组时，它同时也分配了一些内存空间，用于容纳数组元素。但是，当我们声明一个指针时，它只分配了用于容纳指针本身的空间。

当数组名作为函数参数传递时，实际传递给函数的是一个指向数组第一个元素的指针。函数所接收到的参数实际上是原参数的一份复制，所以函数可以对其进行操纵而不会影响实际的参数。但是，对指针参数执行间接访问操作允许函数修改原先的数组元素。数组形参既可以声明为数组，也可以声明为指针。这两种声明形式只有当它们作为函数的形参时才是相等的。

问：指针与函数的关系如何？

答： 在学习 C 语言的过程中，很多人对指针和函数的关系不甚清楚。事实上，C 语言中的指针变量可以指向一个函数，函数指针可以作为参数传递给其他函数，函数的返回值可以是一个指针值。我们在学习函数指针时要注意以下几个方面。

(1) 指向函数的指针变量的一般定义形式为：数据类型（ * 指针变量名）（函数参数列表）。这里，数据类型就是函数返回值的类型。

(2) int (* p) (int,int); 只是定义一个指向函数的指针变量 p，不是固定指向哪一个函数的，而只是表示定义这样一个类型的变量，它专门用来存放函数的入口地址。在程序中把哪一个函数（该函数的值应该是整型的，且有两个整型参数）的地址赋给它，它就指向哪一个函数。在一个函数中，一个函数指针变量可以先后指向同类型的不同函数。

(3) p = max; 在给函数指针变量赋值时，只需给出函数名而不必给出函数参数，因为是将函数的入口地址赋给 p，而不涉及实参和形参的结合问题，不能写成 p = max(a,b)。

(4) c = (*p)(a,b) 在函数调用时，只需用 (*p) 代替函数名即可，后面实参依旧。

(5) 对于指向函数的指针变量，如 p++ ,p+n……是无意义的。

13.9　实战练习

(1) 输入两个整数，存储在变量 a 和 b 中，通过指针输出它们在内存中的地址。

(2) 输入 3 个整数，存储在变量 a、b 和 c 中，用这 3 个变量对 3 个指针进行赋值。

(3) 输入两个整数，存储在变量 a 和 b 中，通过指针改变变量 a 和 b 的值并输出改变后它们的值。

(4) 输入两个整数，存储在变量 a 和 b 中，当 a 小于 b 时，使用指针交换 a 和 b 并输出。

(5) 有 n 个整数，使前面各数顺序循环移动 m 个位置（m<n）。编写一个函数实现以上功能，在主函数中输入 n 整数并输出调整后的 n 个整数。

(6) 在数组中查找指定元素。输入一个正整数 n（1<n<10），然后输入 n 个整数存入数组中，再输入一个整数 x，在数组 a 中查找 x。如果找到则输出相应的最小下标，否则输出 "Notfound"。要求定义并调用函数 search(list,n,x)，它的功能是在数组 list 中查找元素 x，若找到则返回相应的最小下标，否则返回 1。

(7) 定义函数 voidsort(inta[],intn)，用选择法对数组 a 中的元素升序排列。自定义 main() 函数，并在其中调用 sort() 函数。

(8) 输入 10 个整数作为数组元素，计算并输出它们的和。

(9) 输入 n 个整数存放在数组中，试通过函数调用的方法实现数组元素的逆序存放。设数组有 n 个元素，将（a[0],a[n−1]）互换，（a[1],a[n−2]）互换……直到完成对原数组逆序存放。

(10) 输入 5 个字符串，输出其中最大的字符串。

(11) 找出最长的字符串。输入 5 个字符串，输出其中最长的字符串。输入字符串调用函数 scanf("%s",sx)。

(12) 删除字符串中的字符。输入一个字符串 s，再输入一个字符 c，将字符串 s 中出现的所有字符 c 删除。要求定义并调用函数 delchar(s,c)，它的功能是将字符串 s 中出现的所有 c 字符删除。

(13) 输入一行文字，统计其中的大写字母、小写字母、空格、数字以及其他字符的个数。

(14) 编写一个函数，求一个字符串的长度。在 main() 函数中输入字符串，并输出其长度。

(15) 有一字符串，包含 n 个字符。编写一个函数，将此字符串中从第 m 个字符开始的全部字符复制成为另一个字符串。

第 14 章
结构体和联合体

本章导读

我们知道，如果要描述一个人的成绩，那么，一个变量就搞定了；如果要描述一群人的成绩，那么，一个数组就搞定了！可是，如果要描述一个人呢？要把一个人描述清楚，得说清楚他的姓名、性别、年龄、身高等很多属性，那是不是就需要很多个变量来描述呢？如果有一种特殊的数据类型，它也有很多个数据，而且每个数据的类型还可以不同，那该多好啊。对啊，那就是结构体！

本章课时：理论 2 学时 + 实践 2 学时

学习目标

▶ **结构体**

▶ **结构体数组**

▶ **结构体和函数**

▶ **联合体**

▶ **结构体指针**

▶ **结构体和联合体的区别与联系**

▶ **综合应用——计算学生成绩**

14.1　结构体

前面学习的字符型、整型、单精度浮点型等基本数据类型都是由 C 编译系统事先定义好的，可以直接用来声明变量。而结构体类型则是一种由用户根据实际需要自己构造的数据类型，所以必须"先定义，后使用"。也就是说，用户必须首先构造一个结构体类型，然后才能使用这个结构体类型来定义变量或数组。

14.1.1　结构体类型

"结构体类型"是一种构造数据类型，它由若干个"成员"组成，每一个成员可以是相同、部分相同或者完全不同的数据类型。对每个特定的结构体都需要根据实际情况进行结构体类型的定义，也就是构造，以明确该结构体的成员及其所属的数据类型。

C 语言中提供的定义结构体类型的语句格式为：

```
struct 结构体类型名
{
    数据类型 1 成员名 1;
    数据类型 2 成员名 2;
    …
    数据类型 n 成员名 n;
};
```

其中，struct 是 C 语言中的关键字，表明是在进行一个结构体类型的定义。结构体类型名是一个合法的 C 语言标识符，对它的命名要尽量做到"见名知义"。比如，描述一名学生的信息可以用"stu"，描述一本图书的信息可以使用"bookcard"等。由定义格式可以看出，结构体数据类型由若干个数据成员组成，每个数据成员可以是任意一个数据类型，最后的分号表示结构体类型定义的结束。例如，定义一名学生成绩的结构体数据类型如下。

```
struct student
{
    char no[8];          /* 学号 */
    char name[8];            /* 姓名 */
    float eng;               /* 英语成绩 */
    float math;              /* 数学成绩 */
    float ave ;              /* 平均成绩 */
};
```

在这个结构体中有 5 个数据成员，分别是 no、name、eng、math 和 ave，前 2 个是字符数组，分别存放学生的学号和姓名信息；eng、math、ave 是单精度实型，分别存放英语、数学以及平均成绩。

另外，结构体可以嵌套定义，即一个结构体内部成员的数据类型可以是另一个已经定义过的结构体类型。例如：

```
struct date
{
    int year;
```

```
        int month;
        int day;
};
struct student
{
        char name[10];
        char sex                    /* 定义性别，m 代表男，f 代表女 */;
        struct date birthday;
        int age;
        float score;
};
```

在这个代码段中，先定义了一个结构体类型 struct date，然后在定义第 2 个结构体类型时，其成员 birthday 被声明为 struct date 结构体类型。这就是结构体的嵌套定义。

> 提示：在定义嵌套的结构类型时，必须先定义成员的结构类型，再定义主结构类型。

关于结构体的说明如下。

(1) 结构体的成员名可以与程序中其他定义为基本类型的变量名同名，同一个程序中不同结构体的成员名也可以相同，它们代表的是不同的对象，不会出现冲突。

(2) 如果结构体类型的定义在函数内部，则这个类型名的作用域仅为该函数；如果是定义在所有函数的外部，则可在整个程序中使用。

14.1.2 定义结构体变量

结构体类型的定义只是由用户构造了一个结构体，但定义结构体类型时系统并不为其分配存储空间。结构体类型定义好后，可以像 C 语言中提供的基本数据类型一样使用，即可以用它来定义变量、数组等，称为结构体变量或结构体数组，系统会为该变量或数组分配相应的存储空间。

在 C 语言中，定义结构体类型变量的方法有以下 3 种。

1. 先定义结构体类型，后定义变量

例如，先定义一个结构体类型。

```
struct student
{
    char no[8] ;      /* 学号 */
    char name[8];     /* 姓名 */
    float eng;        /* 英语成绩 */
    float math;       /* 数学成绩 */
    float ave ;       /* 平均成绩 */
};
```

我们可以用定义好的结构体类型 struct student 来定义变量，该变量就可以用来存储一名学生的信息。定义如下：

```
struct student stu[14];        /* 定义结构体类型的数组 */
```

这里定义了一个包含 14 个元素的数组，每个数组元素都是一个结构体类型的数据，可以保存

14 名学生的信息。

```
struct student stu1;   /* 定义一个结构体类型的变量 */
```

说明：当一个程序中多个函数内部需要定义同一结构体类型的变量时，应采用此方法，而且应将结构体类型定义为全局类型。

2. 定义结构体类型的同时定义变量

语法形式如下：

```
struct 结构体标识符
{
    数据类型 1 成员名 1;
    数据类型 2 成员名 2;
    ......
    数据类型 n 成员名 n;
} 变量 1, 变量 2, …, 变量 n;
```

其中，变量 1、变量 2、…，变量 n 为变量列表，遵循变量的定义规则，彼此之间通过逗号分隔。

说明：在实际应用中，定义结构体的同时定义结构体变量适合于定义局部使用的结构体类型或结构体类型变量，例如在一个文件内部或函数内部。

3. 直接定义结构体类型变量

这种定义方式是不指出具体的结构体类型名，而直接定义结构体成员和结构体类型的变量。这种方法的语法形式如下：

```
struct
{
    数据类型 1 成员名 1;
    数据类型 2 成员名 2;
    ......
    数据类型 n 成员名 n;
} 变量 1, 变量 2, …, 变量 n;
```

这种定义的实质是先定义一个匿名结构体，之后再定义相应的变量。由于这个结构体没有标识符，所以无法采用定义结构体变量的第 1 种方法来定义变量。

> ⚠ 注意：在实际应用中，这种方法适合于临时定义局部变量或结构体成员变量。

14.1.3 初始化结构体变量

定义结构体变量的同时就对其成员赋初值的操作，就是对结构体变量的初始化。结构体变量的初始化方式与数组的初始化类似，在定义结构体变量的同时，把赋给各个成员的初始值用 "{ }" 括起来，称为初始值表，其中各个数据以逗号分隔。具体形式如下：

```
struct 结构体标识符
{
        数据类型 1 成员名 1;
```

```
        数据类型 2 成员名 2;
        ……
        数据类型 n 成员名 n;
} struct 结构体标识符 变量名 ={ 初始化值 1，初始化值 2，…，初始化值 n };
```

例如：

```
struct student
{
    char name[10];          /* 学生姓名 */
    char sex;               /* 定义性别，m 代表男，f 代表女 */
    int age;                /* 学生年龄 */
    float score;     /* 分数 */
} stu[14], stu1 = {"zhangsan",1,20,88.8},  stu2;
```

上述代码在定义结构体类型 struct student 的同时定义了结构体数组和两个结构体变量，并对变量 stu1 进行了初始化，变量 stu1 的 4 个成员分别得到了一个对应的值，即 name 数组中初始化了一名学生的姓名 "zhangsan"，sex 中初始化了该学生的性别 "1"，age 中初始化了该学生的年龄 20，score 中初始化了该学生的成绩 88.8，这样，变量 stu1 中就存放了一名学生的信息。

14.1.4　结构体变量的引用

结构体变量的引用分为结构体变量成员的引用和将结构体变量本身作为操作对象的引用两种。

1. 结构体变量成员的引用

结构体变量包括一个或多个结构体变量成员，引用其成员变量的语法格式如下。

结构体变量名 . 成员名

其中，"."是专门的结构体成员运算符，用于连接结构体变量名和成员名，属于高级运算符，结构成员的引用表达式在任何地方出现都是一个整体，如 stu1.age、stu1.score 等。嵌套的结构体定义中成员的引用也一样。例如，有以下代码。

```
struct date
{
    int year;               /* 年 */
    int month;      /* 月 */
    int day;                /* 日 */
};
struct student
{
  char name[10];
  char sex;
  struct date birthday;
  int age;
  float score;
}stu1;
```

其中，结构体变量 stu1 的成员 birthday 也是一个结构体类型的变量，这是嵌套的结构体定义。对该成员的引用，要使用结构体成员运算符进行分级运算。也就是说，对成员变量 birthday 的引用为 stu.birthday.year，stu.birthday.month，stu.birthday.day。

结构体成员变量和普通变量一样使用，比如，可以对结构体成员变量进行赋值操作，如下列代码都是合法的。

```
scanf("%s",stu1.name);
stu1.sex=1;
stu1.age=20;
stu.birthday.year=1999;
```

2. 对结构体变量本身的引用

结构体变量本身的引用是否遵循基本数据类型变量的引用规则呢？我们先来看一下对结构体变量的赋值运算。

```
struct student
{
     char name[10];
     char sex;
     int age;
     float score;
};
struct student stu1={"zhangsan",1,20,88.8},stu2;
```

C 语言规定，同类型的结构体变量之间可以进行赋值运算，因此如下的赋值是允许的。

```
stu2=stu1;
```

此时，系统将按成员一一对应赋值。也就是说，上述赋值语句执行完后，stu2 中的 4 个成员变量分别得到数值 zhangsan、1、20 和 88.8。

但是，C 语言中规定，不允许将一个结构体变量作为整体进行输入或输出操作。因此以下语句是错误的。

```
scanf("%s,%d,%d,%f",&stu1);
printf("%s,%d,%d,%f",stu1);
```

将结构体变量作为操作对象时，还可以进行以下 2 种运算。

（1）用 sizeof 运算符计算结构体变量所占内存空间。

定义结构体变量时，编译系统会为该变量分配内存空间，结构体变量所占内存空间的大小等于其各成员所占内存空间之和。C 语言中提供了 sizeof 运算符来计算结构体变量所占内存空间的大小，其一般使用形式如下：

```
sizeof( 结构体变量名 )
```

或：

```
sizeof( 结构体类型名 )
```

（2）用 "&" 运算符对结构体变量进行取址运算。

前面介绍过对普通变量的取址，例如，&a 可以得到变量 a 的首地址。对结构体变量的取址运算也是一样的，例如，上面定义了一个结构体变量 stu1，则利用 &stu1 就可以得到 stu1 的首地址。后面介绍用结构体指针作函数的参数以及使用结构体指针操作结构体变量的成员时，就需要用到对结构体变量的取址运算。

14.2　结构体数组

数组是一组具有相同数据类型变量的有序集合，可以通过下标获得其中的任意一个元素。结构体类型数组与基本类型数组的定义与引用规则是相同的，区别在于结构体数组中的所有元素均为结构体变量。

14.2.1　定义结构体数组

结构体数组的定义和结构体变量的定义一样，有以下 3 种方式。

(1)先定义结构体类型，再定义结构体数组。

```
struct 结构体标识符
{
        数据类型 1 成员名 1;
        数据类型 2 成员名 2;
        ......
        数据类型 n 成员名 n;
};
struct 结构体标识符 数组名 [ 数组长度 ];
```

(2)定义结构体类型的同时，定义结构体数组。

```
struct 结构体标识符
{
        数据类型 1 成员名 1;
        数据类型 2 成员名 2;
        ......
        数据类型 n 成员名 n;
} 数组名 [ 数组长度 ];
```

(3)不给出结构体类型名，直接定义结构体数组。

```
struct
{
        数据类型 1 成员名 1;
        数据类型 2 成员名 2;
        ......
        数据类型 n 成员名 n;
} 数组名 [ 数组长度 ];
```

其中，"数组名"为数组名称，遵循变量的命名规则；"数组长度"为数组的长度，要求为大于 0 的整型常量。例如，定义长度为 10 的 struct student 类型数组 stu[10] 的方法有如下 3 种方式。

方式 1：

```
struct student
{
    char name[10];
    char sex;
    int age;
    float score;
    }stu;
    struct student stu[10];
```

方式 2：

```
struct student
{
     char name[10];
    char sex;
    int age;
    float score;

}stu[10];
```

方式 3：

```
struct
{
    char name[10];
    char sex;
    int age;
    float score;
}stu[10];
```

结构体数组定义好后，系统即为其分配相应的内存空间，数组中的各元素在内存中连续存放，每个数组元素都是结构体类型，分配相应大小的存储空间。stu 在内存中的存放顺序如图 14-1 所示。

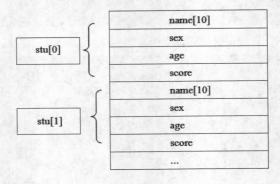

图 14-1

> ⓘ 技巧：关键字 struct 和它后面的结构名一起组成一个新的数据类型名。结构的定义以分号结束，
> 这是由于 C 语言中把结构的定义看作一条语句。

14.2.2 初始化结构体数组

结构体类型数组的初始化遵循基本数据类型数组的初始化规则，在定义数组的同时，对其中的
每一个元素进行初始化。例如：

```
struct student        /* 定义结构体 struct student*/
{
      char Name[20];          /* 姓名 */
      float Math;       /* 数学 */
      float English;    /* 英语 */
      float Physical;  /* 物理 */
}stu[2]={{"zhang"，78，89，95}，{"wang"，87，79，92}};
```

在定义结构体类型的同时，定义长度为 2 的结构体数组 stu[2]，并分别对每个元素进行初始化。

说明：在定义数组并同时进行初始化的情况下，可以省略数组的长度，系统会根据初始化数据
的多少来确定数组的长度。例如：

```
struct key
{
      char name[20];
      int count;
}key1[]={{"break"，0}，{"case"，0}，{"void"，0}};
```

系统会自动确认结构体数组 key1 的长度为 3。

14.2.3 结构体数组元素的引用

前面已经介绍过数组的使用，我们知道，对于数组元素的引用，其实质为简单变量的引用。对
结构体类型的数组元素的引用也是一样，其语法形式如下：

```
数组名 [ 数组下标 ];
```

和前面介绍的基本类型的数组定义一样，"[ ]"为下标运算符，数组下标的取值范围为（0，1，
2，…，n-1），n 为数组长度。对于结构体数组来说，每一个数组元素都是一个结构体类型的变量，
对结构体数组元素的引用遵循对结构体变量的引用规则。

【范例 14-1】结构体数据元素的输入输出。要求从键盘输入 5 名学生的姓名、性别、年
龄和分数，输出其中所有女同学的信息。

（1）在 Visual C++ 6.0 中，新建名称为"stuscore.c"的【Text File】文件。
（2）在代码编辑区域输入以下代码（代码 14-1.txt）。

```
01  #include <stdio.h>
02  int main()
03  {
04    struct student /* 定义结构体类型 */
```

```
05    {
06        char name[10];
07        char sex;      /* 定义性别，m 代表男，f 代表女 */
08        int age;
09        float score;
10    }stu[5];           /* 定义结构体数组 */
11    int i;
12    printf(" 输入数据 : 姓名 性别 年龄 分数 \n");         /* 提示信息 */
13    /* 输入结构体数组各元素的成员值 */
14    for(i=0;i<5;i++)
15        scanf("%s %c %d %f",stu[i].name,&stu[i].sex,&stu[i].age,&stu[i].score);
16        printf(" 输出数据 : 姓名 年龄 分数 \n"); /* 提示信息 */
17    /* 输出结构体数组元素的成员值 */
18    for(i=0;i<5;i++)
19        if(stu[i].sex=='f')
20        printf("%s %d %4.1f\n",stu[i].name,stu[i].age,stu[i].score);
21    return 0;
22    }
```

【运行结果】

编译、连接、运行程序，根据提示输入 5 组数据并按【Enter】键后，即可输出所有女同学的信息，如图 14-2 所示。

图 14-2

【范例分析】

本程序定义了包含 5 个元素的结构体类型的数组，对其中数组元素的成员进行了输入输出操作，程序很简单，但要特别注意其中格式的书写。例如，在 scanf 语句中，成员 stu[i].name 是不加取地址运算符 & 的，因为 stu[i].name 是一个字符数组名，本身代表的是一个地址值；而其他如整型、字符型等结构体成员变量，则必须和普通变量一样，在标准输入语句中要加上取地址符号 &。

14.3 结构体和函数

了解结构体数组和结构体指针后，本节介绍结构体和函数的关系。

14.3.1 结构体作为函数参数

结构体作为函数的参数，有以下两种形式。

1. 在函数之间直接传递结构体类型的数据——传值调用方式

由于结构体变量之间可以进行赋值，所以可以把结构体变量作为函数的参数使用。具体应用中，把函数的形参定义为结构体变量，函数调用时，将主调函数的实参传递给被调函数的形参。

【范例 14-2】利用结构体变量作函数的参数的传值调用方式计算三角形的面积。

(1) 在 Visual C++ 6.0 中，新建名称为 "area_value.c" 的【Text File】文件。

(2) 在代码编辑区域输入以下代码（代码 14-2.txt）。

```c
01  #include <math.h>
02  #include <stdio.h>
03  struct triangle    /* 定义结构体类型 */
04  {
05    float a,b,c;
06  };
07  /* 自定义函数，功能是利用海伦公式计算三角形的面积 */
08  float area(struct triangle side1)
09  {
10    float l,s;
11    l=(side1.a+side1.b+side1.c)/2;  /* 计算三角形的半周长 */
12    s=sqrt(l*(l-side1.a)*(l-side1.b)*(l-side1.c));         /* 计算三角形的面积公式 */
13    return s;         /* 返回三角形面积 s 的值到主调函数中 */
14  }
15  int main()
16  {
17    float s;
18    struct triangle side;
19    printf(" 输入三角形的 3 条边长：\n");       /* 提示信息 */
20    scanf("%f %f %f",&side.a,&side.b,&side.c);          /* 从键盘输入三角形的 3 条边长 */
21    s=area(side);  /* 调用自定义函数 area 求三角形的面积 */
22    printf(" 面积是： %f\n",s);
23    return 0;
24  }
```

【运行结果】

编译、连接、运行程序，根据提示从键盘输入三角形的 3 条边长（如 5、7、8），按【Enter】键后，即可输出三角形的面积，如图 14-3 所示。

图 14-3

【范例分析】

本程序中首先定义 struct triangle 为一个全局结构体类型，以便程序中所有的函数都可以使用该结构体类型来定义变量。这是一个利用结构体变量作函数参数的范例，调用时，主调函数中的实参 side 把它的成员值一一对应传递给自定义函数中的形参 side1，在自定义函数中求出三角形的面积，并把值带回到主调函数中输出。

本范例中，在发生参数传递时，实质上是传递作为实参的结构体变量的成员值到作为形参的结构体变量，这是一种传值的参数传递方式。

2. 在函数之间传递结构体指针——传址调用方式

运用指向结构体类型的指针变量作为函数的参数，将主调函数的结构体变量的指针（实参）传递给被调函数的结构体指针（形参），利用作为形参的结构体指针来操作主调函数中的结构体变量及其成员，达到数据传递的目的。

【范例 14-3】利用结构体指针变量作为函数的参数的传址调用方式计算三角形的面积。

(1) 在 Visual C++ 6.0 中，新建名称为 "area_point.c" 的【Text File】文件。
(2) 在代码编辑区域输入以下代码（代码 14-3.txt）。

```
01   #include <math.h>
02   #include <stdio.h>
03   struct triangle
04   {
05     float a;
06     float b;
07     float c;
08   };
09   /* 自定义函数，利用结构体指针作为参数求三角形的面积 */
10   float area(struct triangle *p)
11   {
12     float l,s;
13     l=(p->a+p->b+p->c)/2;            /* 计算三角形的半周长 */
14     s=sqrt(l*(l-p->a)*(l-p->b)*(l-p->c));      /* 计算三角形的面积公式 */
15     return s;
16   }
17   /* 程序入口 */
18   int main()
19   {
20     float s;
21     struct triangle side;
22     printf(" 输入三角形的 3 条边长: \n");      /* 提示信息 */
23     scanf("%f %f %f",&side.a,&side.b,&side.c);      /* 从键盘输入三角形的 3 条边长 */
24     s=area(&side);           /* 调用自定义函数 area 求三角形的面积 */
25     printf(" 面积是: %f\n",s);
26    return 0;
27   }
```

【运行结果】

编译、连接、运行程序，根据提示从键盘输入三角形的 3 条边长（如 7、8、9），按【Enter】键后，即可输出三角形的面积，如图 14-4 所示。

图 14-4

【范例分析】

本程序中，自定义函数的形参用的是结构体类型的指针变量，函数调用时，在主调函数中，通过语句 "s=area(&side)" 把结构体变量 side 的地址值传递给形参 p，由指针变量 p 操作结构体变量 side 中的成员，在自定义函数中计算出三角形的面积，返回主调函数中输出。

本范例中由结构体指针变量作为函数的形参来进行参数传递，实质是把实参的地址值传递给形参，这是一种传址的参数传递方式。

C 语言用结构体指针作为函数参数，这种方式比用结构体变量作为函数参数的效率高，因为无需传递各个成员的值，只需传递一个地址，且函数中的结构体成员并不占据新的内存单元，而是与主调函数中的成员共享存储单元。这种方式还可通过修改形参所指的成员影响实参所对应的成员值。

14.3.2 结构体作为函数返回值

通常情况下，一个函数只能有一个返回值。但是如果函数确实需要带回多个返回值，根据我们前面的学习，可以利用全局变量或指针来解决。而学习了结构体以后，就可以在被调函数中利用 return 语句将一个结构体类型的数据结果返回到主调函数中，从而得到多个返回值，这样更有利于对这个问题的解决。

【范例 14-4】编写一个程序，给出三角形的 3 条边，计算三角形的半周长和面积，要求在自定义函数中用结构体变量返回多个值。

(1) 在 Visual C++ 6.0 中，新建名称为 "cir_areas.c" 的【Text File】文件。

(2) 在代码编辑区域输入以下代码（代码 14-4.txt）。

```
01  #include <math.h>
02  #include <stdio.h>
03  struct cir_area
04  {
05      float l,s;
06  };
07  /* 自定义函数，功能是根据 3 条边求三角形的半周长和面积 */
08  struct cir_area c_area(float a,float b,float c)
09  {
10      struct cir_area result;
11      result.l=(a+b+c)/2;
```

```
12      result.s=sqrt(result.l*(result.l-a)*(result.l-b)*(result.l-c));
13      return result;
14  }
15  int main()
16  {
17      float a,b,c;
18      struct cir_area triangle;/* 定义结构体类型的变量 */
19      printf(" 输入三角形的 3 条边长： \n");        /* 提示信息 */
20      scanf("%f %f %f",&a,&b,&c);        /* 从键盘输入三角形的 3 条边 */
21      triangle=c_area(a,b,c);/* 调用自定义函数，把返回值赋给结构体变量 triangle*/
22      printf(" 半周长是： %f \n 面积是： %f\n",triangle.l,triangle.s);
23      return 0;
24  }
```

【运行结果】

编译、连接、运行程序，根据提示从键盘输入三角形的 3 条边长（如 7、8、9），按【Enter】键后，即可输出三角形的半周长和面积，如图 14-5 所示。

图 14-5

【范例分析】

本程序在第 8 行定义了一个名为 "c_area" 的自定义函数，用于计算并返回三角形的半周长和面积值。注意，这里必须将自定义函数 c_area 定义为 struct cir_area 结构体类型，用于返回结构体变量的两个成员值，即半周长和面积。函数调用时，作为参数的是普通变量，参数传递方式是值传递方式。

14.4　联合体

在 C 语言中，可以定义不同数据类型的数据共同占用同一段内存空间，以满足某些特殊的数据处理要求，这种数据构造类型就是联合体。

14.4.1　联合体类型

联合体也是一种构造数据类型，和结构体类型一样，它也是由各种不同类型的数据组成，这些数据叫作联合体的成员。不同的是，在联合体中，C 语言编译系统使用了覆盖技术，使联合体的所有成员在内存中具有相同的首地址，共同占用同一段内存空间，这些数据可以相互覆盖，因此联合体也常常被称作共用体，在不同的时间保存不同的数据类型和不同长度的成员的值。也就是说，在某一时刻，只有最新存储的数据是有效的。运用这种类型数据的优点是节省存储空间。

联合体类型定义的一般形式为：

```
union 联合体名
{
        数据类型 1  成员名 1;
        数据类型 2  成员名 2;
        ……
        数据类型 n  成员名 n;
};
```

其中，union 是 C 语言中的关键字，表明进行一个联合体类型的定义。联合体类型名是一个合法的 C 语言标识符，联合体类型成员的数据类型可以是 C 语言中的任何一个数据类型，最后的分号表示联合体定义的结束。例如：

```
union ucode
{
        char u1;
        int u2;
        long u3;
};
```

这里定义了一个名为"union ucode"的联合体类型，它包括 3 个成员，分别是字符型、整型和长整型。

说明：联合体类型的定义只是由用户构造了一个联合体，定义好之后可以像 C 语言中提供的基本数据类型一样使用，即可以用它来定义变量、数组等。但定义联合体类型时，系统并不为其分配存储空间，而是为由该联合体类型定义的变量、数组等分配存储空间。

14.4.2　联合体变量的定义

在一个程序中，一旦定义了一个联合体类型，也就可以用这种数据类型定义联合体变量。和定义结构体变量一样，定义联合体类型变量的方法有以下 3 种。

1. 定义联合体类型后定义变量

一般形式如下：

```
union 联合体名
{
        数据类型 1  成员名 1;
        数据类型 2  成员名 2;
        ……
        数据类型 n  成员名 n;
};
union 联合体名 变量名 1, 变量名 2, …, 变量名 n;
```

2. 定义联合体类型的同时定义变量

一般形式如下：

```
union 联合体名
{
```

```
        数据类型 1 成员名 1;
        数据类型 2 成员名 2;
        ……
        数据类型 n 成员名 n;
} 变量名 1，变量名 2，…，变量名 n;
```

说明：在实际应用中，定义联合体的同时定义联合体变量适合于定义局部使用的联合体类型或联合体类型变量，例如在一个文件内部或函数内部。

3. 直接定义联合体类型变量

这种定义方式是不指出具体的联合体类型名，而直接定义联合体成员和联合体类型的变量。一般形式如下：

```
union
{
        数据类型 1 成员名 1;
        数据类型 2 成员名 2;
        ……
        数据类型 n 成员名 n;
} 变量名 1，变量名 2，…，变量名 n;
```

其实质如下：

```
union
{
        数据类型 1 成员名 1;
        数据类型 2 成员名 2;
        ……
        数据类型 n 成员名 n;
};
```

定义类型的匿名联合体之后，再定义相应的变量。由于此联合体没有标识符，所以无法采用定义联合体变量的第 1 种方法来定义变量。在实际应用中，这种方法适合于临时定义局部使用的联合体类型变量。说明如下。

（1）当一个联合体变量被定义后，编译程序会自动给变量分配存储空间，其长度为联合体的数据成员中所占内存空间最大的成员的长度。

（2）联合体可以嵌套定义，即一个联合体的成员可以是另一个联合体类型的变量。另外，联合体和结构体也可以相互嵌套。

14.4.3 联合体变量的初始化

定义联合体变量的同时对其成员赋初值，就是对联合体变量的初始化。那么，对联合体变量初始化可以和结构体变量一样，在定义时直接对其各个成员赋初值吗？

看看下面的程序代码。

```
union ucode
{
    char u1;
```

```
      int u2;
   };                              /* 定义联合体类型 */
   union ucode a={'a',45};        /* 定义联合体类型的变量 a 并初始化 */
```

编译时却提示错误"too many initializers"，这是为什么?

这是因为和结构体变量的存储结构不同，联合体变量中的成员是共用一个首地址，共同占用同一段内存空间，所以在任意时刻只能存放其中一个成员的值。也就是说，每一瞬时只能有一个成员起作用，所以，在对联合体类型的变量定义并初始化时，只能是对第 1 个成员赋初值，初值需要用"{ }"括起来。

【范例 14-5】联合体类型的应用举例。

(1) 在 Visual C++ 6.0 中，新建名称为"union1.c"的【Text File】文件。

(2) 在代码编辑区域输入以下代码（代码 14-5.txt）。

```
01  #include <stdio.h>
02  int main()
03  {
04    union
05    {
06      long u1;
07      char u2;
08    } a={0x974161};          /* 定义联合体类型的变量 a*/
09    printf("%ld %c\n",a.u1,a.u2);
10    return 0;
11  }
```

【运行结果】

编译、连接、运行程序，即可在命令行中输出如图 14-6 所示结果。

图 14-6

【范例分析】

程序中定义的联合体类型包含两个成员 u1 和 u2，分别是 4 字节的长整型和 1 字节的字符型，编译系统会按其中占用空间较多的长整型变量给结构体类型的变量 a 分配 4 字节的存储空间。赋初值十六进制的 974161 进行初始化后的存储情况如图 14-7 所示。

0110 0001
0100 0001
1001 0111

图 14-7

输出时，a.u1 输出它得到的初始值 0x974161，以十进制长整型输出 9912673；a.u2 并没有得到初值，但由于它和 a.u1 共用首地址，共用内存，所以在输出时，它取其中低位的 1 字节，并把它以字符"a"的形式输出。

再把上面的程序稍作改动，即把联合体中的第 1 个成员 u1 定义为整型，把 u2 定义为字符型。

【范例 14-6】 联合体类型的应用举例。

(1) 在 Visual C++ 6.0 中，新建名称为 "union2.c" 的【Text File】文件。

(2) 在代码编辑区域输入以下代码（代码 14-6.txt）。

```
01  #include <stdio.h>
02  int main()
03  {
04    union ucode
05    {
06      char u1;
07      long u2;
08    }a={0x974161};
09    printf("%c %ld\n",a.u1,a.u2);
10    return 0;
11  }
```

【运行结果】

编译、连接、运行程序，即可在命令行中输出如图 14-8 所示结果。

图 14-8

【范例分析】

程序中定义的联合体类型包含两个成员 u1 和 u2，分别是 1 字节的字符型和 4 字节的长整型，编译系统会按其中占用空间较多的长整型变量给结构体类型的变量 a 分配 4 字节的存储空间。赋初值进行初始化后，由于第 1 个成员是字符型，仅用 1 字节，所以初值十六进制的 974161 只能接受 0x61，其他高位部分被舍去。存储情况如图 14-9 所示。

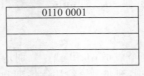

图 14-9

输出时，a.u1 输出它得到的初始值 0x61，以字符的形式输出 "a"；a.u2 并没有得到初值，但由于它和 a.u1 共用首地址，共用内存，所以在输出时，以十进制长整型输出 97。

请认真比较以上两个范例。

14.4.4 联合体变量的引用

联合体变量不能整体引用，对联合体变量的赋值、使用都只能对变量的成员进行，联合体变量引用其成员的方法与访问结构体变量成员的方法相同。例如，有如下程序段：

```
union ucode
```

```
{
    char u1;
    int  u2;
    long u3;
};
uion ucode a,*p=&a;
```

对其中的联合体中成员的引用方法如下。

(1) 使用运算符"."访问联合体成员。

    a.u1, a.u2

(2) 使用指针变量访问联合体的成员。

    (*p).u1, (*p).u2, p->u1, p->u2

【范例 14-7】联合体变量引用的应用举例。

(1) 在 Visual C++ 6.0 中，新建名称为 "union_variable.c" 的【Text File】文件。

(2) 在代码编辑区域输入以下代码（代码 14-7.txt）。

```
01  #include <stdio.h>
02  int main()
03  {
04    union ucode   /* 定义联合体类型 */
05    {
06      char u1;
07      int u2;
08    };
09    union ucode a,*p=&a; /* 定义联合体类型的变量和指针变量，并初始化指针变量 */
10    a.u2=5;
11    printf(" 输入 a.u1 的值：\n");    /* 提示信息 */
12    scanf("%d",&a.u1);
13    printf(" 输出数据 :\n");
14    printf("%c\n",p->u1);    /* 提示信息 */
15    printf("%d\n",p->u2);
16    return 0;
17  }
```

【运行结果】

编译、连接、运行程序，根据提示输入数据并按【Enter】键后，即可输出如图 14-10 所示结果。

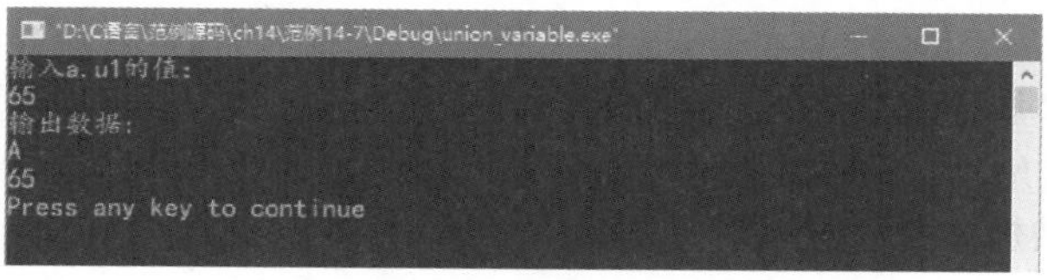

图 14-10

【范例分析】

本范例旨在巩固联合体变量成员的两种引用方法，并且进一步熟悉联合体类型数据的特点。第9行定义并初始化联合体类型的指针变量p后，可以使用p操作联合体变量a中的成员变量；第10行对a中的u2成员即a.u2赋值5；接着又通过scanf语句对a.u1赋值，从键盘输入一个字符的ASCII码值，这里运行时输入了65；那么第12行的输出结果即是此时a中有效的成员a.u1的值，输出字母A；第13行a.u2尽管没有实际意义，但由于它和a.u1共用一个首地址，且占用相同的存储空间，所以输出的结果是整数65。

14.5 结构体指针

当用一个指针变量指向一个结构体变量时，该指针称为结构体指针。通过结构体指针可访问该结构体变量、初始化结构体成员变量。下面详细介绍结构体指针的使用方法。

14.5.1 定义结构体指针

和其他的指针变量一样，结构体变量的指针在使用前也必须先定义，并且初始化一个确定的地址值后才能使用。

定义结构体指针变量的一般形式如下：

struct 结构体名 * 指针变量名 ;

例如：struct student *p，stu1。

其中，struct student 是一个已经定义过的结构体类型，这里定义的指针变量 p 是 struct student 结构体类型的指针变量，它可以指向一个 struct student 结构体类型的变量，例如 p=stu。

定义结构体类型的指针也有 3 种方法，和定义结构体类型的变量和数组基本一致，这里不再赘述。

14.5.2 初始化结构体指针

结构体指针变量在使用前必须进行初始化，其初始化方式与基本数据类型指针变量的初始化相同，在定义的同时赋予其一个结构体变量的首地址，即让结构体指针指向一个确定的地址值。例如：

```
struct student
{
        char name[10];
        char sex;
        struct date birthday;
        int age;
        float score;
}stu,*p=&stu;
```

这里定义了一个结构体类型的变量 stu 和一个结构体类型的指针变量 p，定义的时候编译系统会为 stu 分配该结构体类型所占字节数大小的存储空间，通过 "*p=&stu" 使指针变量 p 指向结构体变量 stu 存储区域的首地址。这样，指针变量 p 就有了确定的值，即结构体变量 stu 的首地址，以后就可以通过它对该结构体变量进行操作。

14.5.3 使用指针访问成员

定义并初始化结构体类型的指针变量后，通过指针变量可以访问它所指向的结构体变量的任何一个成员。例如下面的代码：

```
struct
{
        int a;
        char b;
}m, *p;
p=&m;
```

在这里，p是指向结构体变量m的结构体指针，使用指针p访问变量m中的成员有以下3种方法。
(1) 使用运算符 "."，如 m.a、m.b。
(2) 使用 "." 运算符，通过指针变量访问目标变量，如 (*p).a、(*p).b。

> ⚠ 注意：由于运算符 "." 的优先级高于 "*"，因此必须使用圆括号把 *p 括起来，即把 (*p) 作为一个整体。

(3) 使用 "–>" 运算符，通过指针变量访问目标变量，如 p->a、p->b。

说明：结构体指针在程序中使用得很频繁，为了简化引用形式，C 语言提供了结构成员运算符 "–>"，利用它可以简化用指针引用结构成员的形式。并且，结构成员运算符 "–>" 和 "." 的优先级相同，在 C 语言中属于高级运算符。

【范例 14-8】利用结构体指针访问结构体变量的成员。

(1) 在 Visual C++ 6.0 中，新建名称为 "structpoint.c" 的【Text File】文件。
(2) 在代码编辑区域输入以下代码（代码 14-8.txt）。

```
01  #include <stdio.h>
02  int main()
03  {
04    struct ucode   /* 声明结构体类型 */
05    {
06      char u1;
07      int u2;
08    }a={'c',89},*p=&a;      /* 声明结构体类型指针变量 p 并初始化 */
09    printf("%c %d\n",(*p).u1,(*p).u2);        /* 输出结构体成员变量 a 的值 */
10    return 0;
11  }
```

【运行结果】

编译、连接、运行程序，即可在命令行中输出如图 14-11 所示结果。

图 14-11

【范例分析】

本范例中，在声明结构体指针变量 p 时对它进行了初始化，使其指向结构体类型的变量 a，初始化后，就可以通过结构体指针 p 对变量 a 中的成员进行引用。其中，(*p).u1 等价于 p->u1，也等价于 a.u1；(*p).u2 等价于 p->u2，也等价于 a.u2。因此，第 9 行代码也可以修改如下：

```
printf("%c %d\n",p->u1,p->u2);    或    printf("%c %d\n",a.u1,a.u2);
```

虽书写形式不同，但功能是完全一样的。

14.5.4 给结构体指针赋值

我们借助于下面的一段代码来讲解结构体指针的赋值方式。

```
struct ucode
  {
 char u1;
    int u2;
 };
void main ()
 {
   struct ucode a,*p;
   p=&a;
   p->u1='c';
   p->u2=89;
   printf("%c %d\n",a.u1,a.u2);
}
```

上面代码的输出结果和【范例 14-1】的结果一样。

14.5.5 指向结构体变量的指针

当一个指针变量用来指向一个结构变量时，称为结构指针变量。结构指针变量中的值是所指向结构变量的首地址。通过结构指针即可访问该结构变量，这与数组指针和函数指针的情况是相同的。

结构指针变量说明的一般形式为：

struct 结构名 * 结构指针变量名

例如以下代码：

```
struct stud_type
{
    char name[10];
    int age;
    char sex;
  };
  main()
  {
    struct stud_type student,*p;
    p=&student;
```

};

这里 p 指向结构体变量 student。

 注意：可以按成员类型定义成员指针。

【范例 14-9】指针变量自身的运算。

(1) 在 Visual C++ 6.0 中，新建名称为"指针变量自运算 .c"的【Text File】文件。
(2) 在代码编辑区域输入以下代码（代码 14-9.txt）。

```
01  #include <stdio.h>
02  #include <string.h>
03  int main()
04  {
05    struct student
06    {
07      long num;
08      char name[20];
09      float score;
10    };
11    struct student stu_1;
12    struct student * p;
13    p=&stu_1;
14    stu_1.num=89101;
15    strcpy(stu_1.name,"LiLin");
16    stu_1.score=89.5;
17    printf("No.:%ld\nname:%s\nscore:%.2f\n",stu_1.num,stu_1.name,stu_1.score);
18    printf("No.:%ld\nname:%s\nscore:%.2f\n",( * p).num,( * p).name,( * p).score);
19    return 0;
20  }
```

【运行结果】

编译、连接、运行程序，即可在命令行中输出如图 14-12 所示结果。

图 14-12

【范例分析】

在主函数中声明了 struct student 类型，然后定义一个 struct student 类型的变量 stu_1。同时又定义一个指针变量 p，它指向一个 struct student 类型的数据。在函数的执行部分将结构体变量的起始地址赋给指针变量 p，也就是使 p 指向 stu_1，然后对 stu_1 的各成员赋值。第 1 个 printf() 函数的功能是输出 stu_1 各成员的值。用 stu_1.num 表示 stu_1 中的成员 num，依次类推。第 2 个 printf() 函数也用来输出 stu_1 各成员的值，但使用的是 (* p).num 这样的形式。(* p) 表示 p 指向的结构体变量，(*p).num 是 p 指向的结构体变量中的成员 num。注意，* p 两侧的括号不可省略，因为成员运算符 "." 优先于 "*" 运算符，* p.num 就等价于 *(p.num)。

14.5.6　指向结构体数组的指针

结构体指针变量的使用与其他普通变量指针的使用方法和特性是一样的。结构体变量指针除了指向结构体变量外，还可以用来指向一个结构体数组。此时，指向结构体数组的结构体指针变量加 1 的结果是指向结构体数组的下一个元素，那么结构体指针变量地址值的增量大小就是 "sizeof(结构体类型)" 的字节数。

例如，有以下代码：

```
struct ucode
{
        char u1;
        int u2;
} tt[4],*p=tt;
```

代码中定义了一个结构体类型的指针 p，指向结构体数组 tt 的首地址，即初始时指向数组的第 1 个元素，那么 (*p).u1 等价于 tt[0].u1，(*p)u2 等价于 tt[0].u2。如果对 p 进行加 1 运算，则指针变量 p 指向数组的第 2 个元素，即 tt[1]，那么 (*p).u1 等价于 tt[1].u1，(*p)u2 等价于 tt[1].u2。总之，指向结构体类型数组的结构体指针变量使用起来并不复杂，但要注意区分以下情况。

```
p->u1++      /* 等价于 (p->u1)++，先取成员 u1 的值，再使 u1 自增 1*/
++p->u1      /* 等价于 ++(p->u1)，先对成员 u1 进行自增 1，再取 u1 的值 */
(p++)->u1    /* 等价于先取成员 u1 的值，用完后再使指针 p 加 1*/
(++p) ->u1   /* 等价于先使指针 p 加 1，然后再取成员 u1 的值 */
```

【范例 14-10】指向结构体数组的指针的应用。

(1) 在 Visual C++ 6.0 中，新建名称为 "stru_arrpoint.c" 的【Text File】文件。
(2) 在代码编辑区域输入以下代码（代码 14-10.txt）。

```
01   #include <stdio.h>
02   int main()
03   {
04     struct ucode
05     {
06       char u1;
07       int u2;
08     }tt[4]={{'a',97},{'b',98},{'c',99},{'d',100}};        /* 声明结构体类型的数组并初始化 */
09     struct ucode *p=tt;
10     printf("%c %d\n",p->u1,p->u2); /* 输出语句 */
11     printf("%c\n",(p++)->u1);          /* 输出语句 */
```

```
12    printf("%c %d\n",p->u1, p->u2++);       /* 输出语句 */
13    printf("%d\n",p->u2);   /* 输出语句 */
14    printf("%c %d\n",(++p)->u1,p->u2);       /* 输出语句 */
15    p++; /* 结构体指针变量增 1*/
16    printf("%c %d\n",++p->u1,p->u2);        /* 输出语句 */
17    return 0;
18    }
```

【运行结果】

编译、连接、运行程序，即可在命令行中输出如图 14-13 所示结果。

图 14-13

【范例分析】

首先，p 指向 tt[0]，第 8 行的输出结果为 a97。第 9 行的输出项 (p++)->u1 是先取成员 u1 的值，再使指针 p 增 1，因此输出 a，p 指向 tt[1]。第 12 行 p->u2++ 与 (p->u2)++ 等价，输出 tt[1] 的成员 u2 的值，再使 u2 增 1，因此输出结果是 b98，同时 u2 的值增 1 后变为 99。第 13 行输出结果 99。第 14 行 (++p)->u1 先使 p 自增 1，此时指向 tt[2]，输出结果为 c99。第 15 行 p 自增 1，指向 tt[3]。第 16 行的 ++p->u1 等价于 ++(p->u1)，成员 u1 的值增加 1，因此输出结果为 e100。

14.6 结构体和联合体的区别与联系

结构体和联合体都是根据实际需要，由用户自己定义的数据类型，可以包含多个不同类型的成员变量，属于构造数据类型。定义好之后，可以和 C 语言提供的标准数据类型一样使用。结构体和联合体主要有以下区别。

(1) 结构和联合都是由多个不同的数据类型成员组成的。结构体用来描述同一事物的不同属性，所以任意时候结构的所有成员都存在，对结构的不同成员赋值是互不影响的。而联合体中虽然也有多个成员，但在任何同一时刻，对联合的不同成员赋值，将会对其他成员重写，原来成员的值就不存在了，也就是说在联合体中任一时刻只存放一个被赋值的成员。

(2) 实际应用中，结构体类型用得比较多，而联合体的诞生主要是为了节约内存，这一点在如今计算机硬件技术高度发达的时代已经显得不太重要，所以，联合体目前实际上使用得并不多。

14.7 综合应用——计算学生成绩

本节通过一个范例来回顾结构体和联合体的应用。

【范例 14-11】定义一个结构体数组，存放 N 名学生的信息，每名学生的信息是一个结构体类型的数据，其成员分别为学号、姓名、3 门成绩及总分。编写程序，实现如下功能：从键盘输入每名学生的学号、姓名及 3 门功课的成绩，计算总分，在屏幕上输出每名学生的学号、姓名和总分。要求使用自定义函数，并且用结构体指针作为函数的形参来实现。

(1) 在 Visual C++ 6.0 中，新建名称为 "stuscore.c" 的【Text File】文件。

(2) 在代码编辑区域输入以下代码（代码 14–11.txt）。

```
01  #include <stdio.h>
02  #define N 5        /* 定义符号常量 N*/
03  struct student    /* 定义结构体类型 */
04  {
05    char num[8];  /* 学号 */
06    char name[10];           /* 姓名 */
07    float chinese;  /* 语文成绩 */
08    float english;  /* 英语成绩 */
09    float math;     /* 数学成绩 */
10    float total;    /* 总分 */
11  }stu[N]; /* 定义结构体的同时声明一个包含 N 个元素的结构体数组 */
12    /* 定义输入学生信息的函数 */
13  void input()
14  {
15    int i;
16    printf(" 输入 %d 名学生的 : 学号  姓名  语文  英语  数学 \n",N);
17    for(i=1;i<=N;i++)
18    {
19      printf("%d:",i);
20      scanf("%s %s %f %f %f", stu[i].num, stu[i].name, &stu[i].chinese, &stu[i].english, &stu[i].math);
21    }
22  }
23   /* 定义计算总分的函数 */
24  float sum_out(struct student *p,int i)
25  {
26    stu[i].total=p->chinese+p->english+p->math;    /* 计算总分 */
27    return stu[i].total;
28  }
29  int main()
30  {
31    int i;
```

```
32      float stotal;
33      input();
34      printf(" 输出数据 : 学号  姓名   总分 \n");    /* 提示输出信息 */
35      for(i=1;i<=N;i++)            /* 循环调用自定义函数，每次计算并输出一名学生的信息 */
36      {
37        stotal=sum_out(&stu[i],i);
38        printf("%s %s %5.1f\n",stu[i].num,stu[i].name,stotal);
39      }
40      return 0;
41   }
```

【运行结果】

编译、连接、运行程序，根据提示从键盘输入 5 名学生的相关信息及成绩，按【Enter】键后，即可输出学号、姓名和总分，如图 14-14 所示。

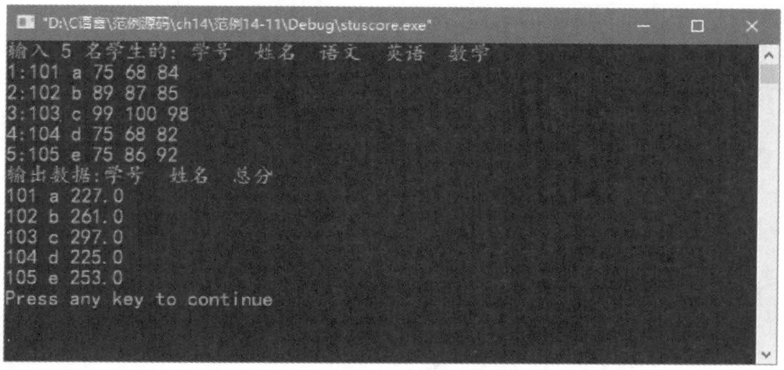

图 14-14

【范例分析】

本程序是对结构体知识的一个综合应用，包含了结构体类型及结构体类型数组的定义、结构体变量元素的引用，以及使用结构体类型的指针作为函数的参数等方面的内容。程序中使用符号常量 N，主要是考虑到可以灵活更改程序中所处理的学生人数，只要改变定义 N 时所代表的常量数值即可。

14.8　本章小结

(1) 结构体是一种构造类型，它是由若干成员组成的。每一个成员可以是一个基本数据类型或者又是一个构造类型。

(2) 结构体在使用之前必须先声明。

(3) 结构体是一种复杂的数据类型，是数量固定、类型不同的若干有序变量的集合。结构体中的成员相当于普通变量。

(4) 结构体类型变量分配的存储空间是连续的，且所占存储空间大小是所有成员所占存储空间大小之和。

(5) 成员名可与程序中其他变量同名，互不干扰。

(6) 结构体指针变量中的值是所指向结构体变量的首地址，通过结构体指针即可访问该结构体变量的成员。

（7）结构体指针变量访问结构体变量的各个成员有两种方式：

(* 结构体指针变量). 成员名　　　　　　结构体指针变量 –> 成员名

（8）共用体全体成员共用一块内存空间，一个共用体变量的长度等于各个成员中最长的长度。也就是说，任何时刻共用体的存储单元只能存放它的一个成员的数据。

14.9　疑难解答

问：联合体成员是如何共享空间的？

答： 首先，要知道联合体的各个成员共用内存，并应同时只能有一个成员得到这块内存的使用权（即对内存的读写），而结构体各个成员各自拥有内存，各自使用互不干涉。所以，某种意义上来说，联合体比结构体节约内存。 例如：

```
typedef struct
{
int i;
double j;
}B;
typedef union
{
int i;
double j;
}U;
```

可以通过 sizeof() 函数来查看结构体和联合体所占内存大小。sizeof(B) 的值是 12，sizeof(U) 的值是 8 而不是 12。 为什么 sizeof(U) 不是 12 呢？因为 union 中各成员共用内存，i 和 j 的内存是同一块。而且整体内存大小以最大内存的成员划分，即 U 的内存大小是 double 的大小。sizeof(B) 大小为 12，因为 struct 中 i 和 j 各自得到了一块内存，变量 i 在内存中占 4 字节，变量 j 在内存中占 8 字节，加起来就是 12 字节。了解了联合体共用内存的概念，也就明白了为何每次只能对其一个成员进行赋值，因为如果对另一个进行赋值，会覆盖上一个成员的值。

问：联合体和结构体在内存使用上有什么区别？

答：（1）结构和联合都是由多个不同的数据类型成员组成的，但在任何同一时刻，联合中只存放了一个被选中的成员，而结构的所有成员都存在。

（2）对联合体内的不同成员赋值，将对其他成员重写，原来成员的值就不存在了，而对结构的不同成员赋值是互不影响的。

下面举一个例子来加深对联合的理解。

```
01 int main()
02 {
03 union{ /* 定义一个联合 */
04 int i;
```

```
05 struct{ /* 在联合中定义一个结构 */
06 char first;
07 char second;
08 }half;
09 }number;
10 number.i=0x4241; /* 联合体成员赋值 */
11 printf("%c%c\n", number.half.first, mumber.half.second);
12 number.half.first='a'; /* 联合体中的结构体成员赋值 */
13 number.half.second='b';
14 printf("%x\n", number.i);
15 getch();
16 }
```

输出结果为：

AB

6261

从上例结果可以看出，当给 i 赋值后，其低 8 位就是 first 和 second 的值；当给 first 和 second 赋字符后，这两个字符的 ASCII 码也将作为 i 的低 8 位和高 8 位。

14.10　实战练习

(1) 定义一个结构体变量，成员包括职工号、姓名、性别、身份证号、工资、地址。要求如下。

① 从键盘输入一个数据，放到一个结构体变量中，并在屏幕上显示出来。

② 定义一个结构体数组，存放 N 名职工的信息，计算所有职工工资的合计值，并在屏幕上显示出来。

(2) 编写一个函数 print()，打印一名学生的成绩数，该数组中有 5 名学生的数据记录，每个记录包括 num、name、sore[3]，用主函数输入这些记录，用 print() 函数输出这些记录。

(3) 在上题的基础上，编写一个函数 input()，用来输入 5 名学生的数据记录。

(4) 程序通过定义学生结构体数组，存储了若干名学生的学号、姓名和 3 门课的成绩。函数 fun 的功能是将存放学生数据的结构体数组按照姓名的字典序（从小到大）排序。请在程序的下划线处填入正确的内容并把下划线删除，使程序得出正确的结果。

```
01 #include <stdio.h>
02 #include <string.h>
03 struct student
04 {
05 long sno;
06 char name[10];
07 float score[3];
08 };
09 void fun(struct student a[], int n)
10 {
```

```
11 /*********found*********/
12 __1__ t;
13 int i, j;
14 /*********found*********/
15 for (i=0; i<__2__; i++)
16 for (j=i+1; j<n; j++)
17 /*********found*********/
18 if (strcmp(__3__) > 0)
19 { t = a[i]; a[i] = a[j]; a[j] = t; }
20 }
21 int main()
22 { struct student s[4]={{10001,"ZhangSan", 95, 80, 88},{10002,"LiSi", 85, 70, 78},
23 {10003,"CaoKai", 75, 60, 88}, {10004,"FangFang", 90, 82, 87}};
24 int i, j;
25 printf("\n\nThe original data :\n\n");
26 for (j=0; j<4; j++)
27 {
28 printf("\nNo: %ld ,Name: %-8s ,Scores: ",s[j].sno, s[j].name);
29 for (i=0; i<3; i++)
30 printf("%6.2f ", s[j].score[i]);
31 printf("\n");
32 }
33 fun(s, 4);
34 printf("\n\nThe data after sorting :\n\n");
35 for (j=0; j<4; j++)
36 {
37 printf("\nNo: %ld ,Name: %-8s,Scores: ",s[j].sno, s[j].name);
38 for (i=0; i<3; i++)
39 printf("%6.2f ", s[j].score[i]);
40 printf("\n");
41 }
42 }
```

（5）有10名学生，每名学生的数据包括学号、姓名、3门课的成绩，从键盘输入10名学生的数据，要求打印出3门课的总平均成绩以及最高分学生的数据（包括学号、姓名、3门课成绩）。

第 15 章
文件

本章导读

　　文件，通俗地说，就是存储在硬盘上的数据。那么，在 C 语言中，如何把数据存到硬盘上去呢？又如何从硬盘读取数据呢？也就是说，C 语言是如何处理文件的呢？带着这些问题，我们来看看"文件"这一章。

本章课时：理论 4 学时 + 实践 2 学时

学习目标

- ▶ 文件概述
- ▶ 文件的打开和关闭
- ▶ 文件的顺序读写
- ▶ 文件的随机读写
- ▶ 综合应用——文件操作

15.1　文件概述

一个文件是由一系列彼此有一定联系的数据集合构成的。就像我们把社会上的一个个家庭作为社会的基本组成单位一样，也可以把家庭中的每一个成员看作是一个数据，并且通常以户主名来标识不同的家庭。同样，为了区分不同类型的数据构成的不同文件，我们给每个文件取个名字，就是文件名。为了更好地进行管理，家庭一般是隶属于某个居委会，居委会再隶属于上级组织。这种层次性的管理形式也用于对文件的管理，一般可把一些相关的文件集中在一个文件夹中，一些彼此相关的文件夹还可以集中在更上一级的文件夹中，这样就构成了"目录"。使用的时候，只要指明文件的名字和存放的路径，利用 C 语言输入 / 输出函数库中提供的一些函数，就可以完成有关文件中数据的读写等基本操作。

15.1.1　文件类型

C 语言中文件按储存数据的格式可分为文本文件和二进制文件。那么文本文件和二进制文件有哪些不同呢？

从概念上讲，文本文件中的数据都是以单个字符的形式进行存放的，每字节存储的是一个字符的 ASCII 码值，把一批彼此相关的数据以字符的形式存放在一起构成的文件就是文本文件（也叫 ASCII 码文件）。而二进制文件中的数据是按其在内存中的存储样式原样输出到二进制文件中进行存储的，也就是说，数据原本在内存中是什么样子，在二进制文件中就还是什么样子。

例如，对于整数 12345，在文本文件中存放时，数字"1""2""3""4""5"都是以字符的形式各占 1 字节，每字节中存放的是这些字符的 ASCII 值，所以要占用 5 字节的存储空间。而在二进制文件中存放时，因为是整型数据，所以系统分配 2 字节的存储空间，也就是说，整数 12345 在二进制文件中占用 2 字节。其存放形式如下所示。

在文本文件中的存储形式：

00110001	00110010	00110011	00110100	00110101

在二进制文件中的存储形式：

00110000	00111001

综上所述，文本文件和二进制文件的主要区别有以下两点。

（1）由于存储数据的格式不同，所以在进行读写操作时，文本文件是以字节为单位进行写入或读出的；而二进制文件则以变量、结构体等数据块为单位进行读写。

（2）一般来讲，文本文件用于存储文字信息，一般由可显示字符构成，如说明性文档、C 语言源程序文件等都是文本文件；二进制文件用于存储非文本数据，如某门功课的考试成绩或者图像、声音等信息。

具体应用时，应根据实际需要选用不同的文件格式。

15.1.2　C 语言中如何操作文件——文件指针

在 C 语言中，所有对文件的操作都是通过文件指针来完成的。

前面已经学习过变量的指针，变量的指针指向该变量的存储空间；但文件的指针不是指向一段内存空间，而是指向描述有关该文件相关信息的一个文件信息结构体，该结构体定义在 stdio.h 头文件中。当然，用户也无需了解有关此结构体的细节，只要知道如何使用文件指针就可以了。和普通指针一样，文件指针在使用之前，也必须先进行声明。

声明一个文件指针的语法格式如下：

FILE * 文件指针名；/* 功能是声明一个文件指针 */

> 技巧：文件指针（如 FILE *fp）不像以前普通指针那样进行 fp++ 或 *fp 等操作，fp++ 意味着指向下一个 FILE 结构（如果存在）。

声明一个文件指针后，就可以使用它进行文件的打开、读写和关闭等基本操作。

> 注意：声明文件指针时，"FILE" 必须全是大写字母！另外一定要记得，使用文件指针进行文件的相关操作时，在程序开头处包含 stdio.h 头文件。

15.1.3 文件缓冲区

由于文件存储在外存储器上，外存的数据读写速度相对较慢，所以在对文件进行读写操作时，系统会在内存中为文件的输入或输出开辟缓冲区。

当对文件进行输出时，系统首先把输出的数据填入为该文件开辟的缓冲区内，每当缓冲区被填满时，就把缓冲区中的内容一次性地输出到对应的文件中。当从某个文件输入数据时，首先将从输入文件中输入一批数据放入该文件的内存缓冲区中，输入语句将从该缓冲区中依次读取数据。当该缓冲区中的数据被读完时，则再从输入文件中输入一批数据放入缓冲区。

15.2 文件的打开和关闭

在进行文件读写之前，必须先打开文件；在对文件的读写结束之后，应关闭文件。

15.2.1 文件的打开 —— fopen() 函数

在 C 语言程序中，打开文件就是把程序中要读、写的文件与磁盘上实际的数据文件联系起来，并使文件指针指向该文件，以便进行其他的操作。C 语言输入 / 输出函数库中定义的打开文件的函数是 fopen() 函数，该函数一般的使用格式如下：

FILE *fp;   /* 声明 fp 是一个文件类型的指针 */
fp=fopen(" 文件名 "," 打开方式 ");   /* 以某种打开方式打开文件，并使文件指针 fp 指向该文件 */

功能：以某种指定的打开方式打开一个指定的文件，并使文件指针 fp 指向该文件，文件成功打开之后，对文件的操作就可以直接通过文件指针 fp 了。若文件打开成功，fopen() 函数返回一个指向 FILE 类型的指针值（非 0 值）；若指定的文件不能打开，该函数则返回一个空指针值 NULL。

说明：fopen() 函数包含两个参数，调用时必须都用双引号括起来。其中，第 1 个参数（"文件名"）表示的是要打开文件的文件名，必须用双引号括起来；如果该参数包含文件的路径，则按该路径找到并打开文件；如果省略文件路径，则在当前目录下打开文件。第 2 个参数（"打开方式"）表示文件的打开方式，有关文件的各种打开方式如表 15-1 所示。

表 15-1

打开方式	含义	指定文件不存在时	指定文件存在时
r	以只读方式打开一个文本文件	出错	正常打开
w	以只写方式打开一个文本文件	建立新文件	文件原有内容丢失
a	以追加方式打开一个文本文件	建立新文件	在文件原有内容末尾追加

续表

打开方式	含义	指定文件不存在时	指定文件存在时
r+	以读写方式打开一个文本文件	出错	正常打开
w+	以读写方式建立一个新的文本文件	建立新文件	文件原有内容丢失
a+	以读取 / 追加方式建立一个新的文本文件	建立新文件	在文件原有内容末尾追加
rb	以只读方式打开一个二进制文件	出错	正常打开
wb	以只写方式打开一个二进制文件	建立新文件	文件原有内容丢失
ab	以追加方式打开一个二进制文件	建立新文件	在文件原有内容末尾追加
rb+	以读写方式打开一个二进制文件	出错	正常打开
wb+	以读写方式建立一个新的二进制文件	建立新文件	文件原有内容丢失
ab+	以读取 / 追加方式建立一个新的二进制文件	建立新文件	在文件原有内容末尾追加

提示：只读方式表示对目标文件只能读取数据，不可改变内容；只写方式是只能进行写操作，用于输出数据；追加方式表示的是在文件末尾添加数据的方式；读写方式既可以读取数据，又可以改写文件；建立新文件是指如果文件已存在，则覆盖原文件。

无论是对文件进行读取还是写入操作，都要考虑在文件打开过程中会因为某些原因而不能正常打开文件的可能性。所以在进行打开文件操作时，一般都要检查操作是否成功。通常在程序中打开文件的语句如下。

```
FILE  *fp;
if((fp=fopen("abc.txt","r+"))==0)        /* 以读写方式打开文件，并判断其返回值 */
{
  printf ("Can't open this file\n");
  exit(0);
}
```

第 2 行语句的执行过程是，先调用 fopen() 函数并以读写方式打开文件"abc.txt"，若该函数的返回值为 0，则说明文件打开失败，显示文件无法打开的信息；若文件打开成功，则文件指针 fp 得到函数返回的一个非 0 值。这里是通过判断语句 if 来选择执行不同的程序分支。

另外，"NULL"是 stdio.h 中定义的一个符号常量，代表数值 0，表示空指针。因而有时在程序语句中也用 NULL 代替 0。即第 2 行语句也可以是：

```
if((fp=fopen("abc.txt","r+"))==NULL)
```

注意：fopen() 函数是 C 语言中定义的标准库函数，调用时，必须在程序开始处用 include 命令包含 stdio.h 文件，即语句 #include "studio.h"，进行编译预处理。

15.2.2　文件的关闭——fclose() 函数

所谓关闭文件，就是使文件指针与它所指向的文件脱离联系，一般当文件的读或写操作完成之后，应及时关闭不再使用的文件。这样一方面可以重新分配文件指针指向其他文件，另一方面，特别是当文件的使用模式为"写"方式时，在关闭文件的时候，系统会首先把文件缓冲区中的剩余数据全部输出到文件中，然后再使两者脱离联系。此时，如果没有进行正常的关闭文件操作而直接结束程序的运行，就会造成缓冲区中剩余数据的丢失。

C 语言输入 / 输出函数库中定义的关闭文件的函数是 fclose() 函数，该函数一般使用格式如下：

fclose(文件指针);

fclose() 函数只有一个参数"文件指针"，它必须是由打开文件函数 fopen() 得到的，并指向一个已经打开的文件。

功能：关闭文件指针所指向的文件。执行 fclose() 函数时，若文件关闭成功，返回 0，否则返回 − 1。

在程序中对文件的读写操作结束后，对文件进行关闭时，调用 fclose() 函数的语句是：

fclose(fp);   /*fp 是指向要关闭文件的文件指针 */

> ⚠ 技巧：因为保持一个文件的打开状态需要占用内存空间，所以对文件的操作一般应该遵循"晚打开，早关闭"的原则，以避免无谓的浪费。

15.2.3 文件结束检测——feof() 函数

feof() 函数用于检测文件是否结束，既适用于二进制文件，也适用于文本文件。该函数一般使用格式如下。

feof(文件指针);

其中，"文件指针"指向一个已经打开并正在操作的文件。

功能：测试文件指针 fp 所指向的文件是否已读到文件尾部。若已读到文件末尾，返回值为 1；否则，返回值为 0。

说明：在进行读文件操作时，需要检测是否读到文件的结尾处，常用"while(!feof(fp))"循环语句来控制文件中内容的读取。如当前读取的内容不是文件尾部，则 feof(fp) 的值为 0，取非运算后值为 1，那么循环继续执行；若已读到文件结尾，则 feof(fp) 的值为 1，取非运算后值为 0，循环结束，即读文件操作结束。

例如，顺序读取文本文件中的字符，代码如下：

```
while(!feof(fp))
{
    c=fgetc(fp);     /* 从文件中读一个字符赋值给变量 c */
    ……   /* 其他操作 */
}
```

15.3 文件的顺序读写

拿到一本书，可以从头到尾顺序阅读，也可以跳过一部分内容而直接翻到某页阅读。对文件的读写操作也是这样的，可以分为顺序读写和随机读写两种方式。顺序读写方式指的是从文件首部开始顺序读写，不允许跳跃；随机读写方式也叫定位读写，是通过定位函数定位到具体的读写位置，在该位置处直接进行读写操作。一般来讲，顺序读写方式是默认的文件读写方式。

文件的顺序读写常用的函数如下。

字符输入 / 输出函数：fgetc(), fputc()

字符串输入 / 输出函数：fgets(), fputs()

格式化输入 / 输出函数：fscanf(), fprintf()

数据块输入 / 输出函数：fread(), fwrite()

这里需要特别指出的是，有关以上函数原型的定义都在 stdio.h 文件中，因此在程序中调用这些函数时，必须在程序开始处加入预处理命令。

```
#include "stdio.h"
```

15.3.1 文本文件中字符的输入 / 输出

对于文本文件中数据的输入 / 输出，可以是以字符为单位，也可以是以字符串为单位。本小节介绍文本文件中以字符为单位的输入 / 输出函数——fgetc() 和 fputc() 函数。

1. 文件字符输入函数——fgetc()

fgetc() 函数的一般使用格式如下：

```
char ch;                /* 定义字符变量 ch*/
ch=fgetc( 文件指针 );
```

功能：该函数从文件指针所指定的文件中读取一个字符，并把该字符的 ASCII 值赋给变量 ch。执行本函数时，如果读到文件末尾，则函数返回文件结束标志 EOF。

说明：文件输入是指从一个已经打开的文件中读出数据，并将其保存到内存变量中，这里的"输入"是相对内存变量而言的。

例如，要从一个文本文件中读取字符并把其输出到屏幕上，代码如下：

```
ch=fgetc(fp);
while(ch!=EOF)
{
        putchar(ch);
        ch=fgetc(fp));
}
```

第 2 行代码中的 EOF 字符常量是文本文件的结束标志，它不是可输出字符，不能在屏幕上显示。该字符常量在 stdio.h 中定义为 – 1，因此当从文件中读入的字符值等于 – 1 时，表示读入的已不是正常的字符，而是文本文件结束符。上面例子中的第 2 行等价于：

```
while(ch!=-1)
```

当然，判断一个文件是否读取结束，还可以使用文件结束检测函数 feof()。

2. 文件字符输出函数——fputc()

fputc() 函数的一般使用格式如下：

```
fputc( 字符 , 文件指针 );
```

其中，第 1 个参数"字符"可以是一个普通字符常量，也可以是一个字符变量名；第 2 个参数"文件指针"指向一个已经打开的文件。

功能：把"字符"的 ASCII 值写入文件指针所指向的文件。如果写入成功，则返回字符的 ASCII 值；否则返回文本文件结束标志 EOF。

说明：文件输出是指将内存变量中的数据写到文件中，这里的"输出"也是相对内存变量而言的。例如：

```
fputc("a",fp);              /* 把字符 "a" 的 ASCII 值写入到 fp 所指向的文件中 */
char ch;
fputc(ch,fp) /* 把变量 ch 中存放字符的 ASCII 值写入到 fp 所指向的文件中 */
```

【范例 15-1】利用 fgetc() 函数和 fputc() 函数建立一个名为 "file1.txt" 的文本文件，并在屏幕上显示文件中的内容。

(1) 在 Visual C++ 6.0 中，新建名称为 "cfile.c" 的【Text File】文件。

(2) 在代码编辑区域输入以下代码（代码 15-1.txt）。

```
01   #include <stdio.h>
02   #include <stdlib.h>           /* 程序中用到的异常退出函数 exit(0) 定义在 "stdlib.h" 头文件中 */
03   int main()        /* 程序的入口 */
04   {
05     FILE *fp1,*fp2;            /* 定义两个文件指针变量 fp1,fp2*/
06     char c;
07     if((fp1=fopen("file1.txt","w"))==0)  /* 以只写方式新建文件 file1.txt，并测试是否成功 */
08     {
09       printf(" 不能打开文件 \n");
10       exit(0);                          /* 强制退出程序 */
11     }
12     printf(" 输入字符 :\n");
13     while((c=getchar())!='\n')          /* 接收一个从键盘输入的字符并赋给变量 c，输入回车
符则循环结束 */
14       fputc(c,fp1); /* 把变量 c 写到 fp1 指向的文件 file1.txt 中 */
15     fclose(fp1); /* 写文件结束，关闭文件，使指针 fp1 和文件脱离关系 */
16     if((fp2=fopen("file1.txt","r"))==0)          /* 以只读方式新建并打开文件 file1.txt，测试是
否成功 */
17     {
18       printf(" 不能打开文件 \n");
19       exit(0);
20     }
21     printf(" 输出字符 :\n");
22     while((c=fgetc(fp2))!=EOF)       /* 从文件 file1.txe 的开头处读字符存放到变量 c 中 */
23       putchar(c);      /* 把变量 c 的值输出到屏幕上 */
24     printf("\n"); /* 换行 */
25     fclose(fp2);        /* 关闭文件 */
26     return 0;
27   }
```

【运行结果】

编译、连接、运行程序，从键盘输入 "abcd" 并按【Enter】键后，运行结果如图 15-1 所示。此时，程序文件夹中已创建了 "file1.txt"，文件内容即为所输入的字符。

图 15-1

【范例分析】

程序中定义了两个文件指针 fp1 和 fp2，分别用于写文件和读文件操作。先以只写方式新建并打开文本文件 file1.txt，并使 fp1 指向该文件。第 13 行是一个循环控制语句，每次从键盘读入一个字符，当读入的字符不是回车符时，把该字符写入文件中；当输入回车符时，写文件结束，关闭文件。然后重新以只读方式打开文件，使指针 fp2 指向文件，利用循环语句进行读文件操作，并输出到屏幕上，直到检测到文件结束标志 EOF，对文件的输出结束，关闭文件。

15.3.2 文本文件中字符串的输入 / 输出

实际应用中，当需要处理大批数据时，以单个字符为单位对文件进行输入 / 输出操作效率不高。而以字符串为单位进行文件输入 / 输出操作，则可以一次输入或输出包含任意多个字符的字符串。本小节介绍对文本文件中的数据以字符串为单位进行输入 / 输出的函数——fgets() 和 fputs() 函数。

1. 字符串输入函数——fgets()

fgets() 函数是从文本文件中读取一个字符串，并将其保存到内存变量中。使用格式如下：

fgets(字符串指针 , 字符个数 n, 文件指针);

其中，第 1 个参数"字符串指针"可以是一个字符数组名，也可以是字符指针，用于存放读出的字符串；第 2 个参数是一个整型数，用来指明读出字符的个数；第 3 个参数"文件指针"不再赘述。

功能：从文件指针所指向的文本文件中读取 n-1 个字符，并在结尾处加上"\0"组成一个字符串，存入"字符串指针"中。若函数调用成功，则返回存放字符串的首地址；若读到文件结尾处或调用失败时，则返回字符常量 NULL。

例如，语句 fgets(char *s, int n, FILE *fp); 的含义是从 fp 指向的文件中读入 n - 1 个字符，存入字符指针 s 指向的存储单元。

当满足下列条件之一时，读取过程结束。

(1) 已经读取 n - 1 个字符。

(2) 当前读取的字符是回车符。

(3) 已经读取到文件末尾。

2. 字符串输出函数——fputs()

fputs() 函数用于将一个存放在内存变量中的字符串写到文本文件中，使用格式如下：

fputs(字符串 , 文件指针);

其中，"字符串"可以是一个字符串，也可以是一个字符数组名或指向字符的指针。

功能：将"字符串"写到文件指针所指向的文件中，若写入成功，函数的返回值为 0；否则，返回一个非 0 值。

说明：向文件中写入的字符串中并不包含字符串结束标志符"\0"。

例如有以下语句：

```
char str[10]={"abc"};
fputs(str,fp);
```

含义是将字符数组中存放的字符串 "abc" 写入 fp 所指向的文件中，这里写入的是 3 个字符 a、b 和 c，并不包含字符串结束标志 "\0"。

【范例 15-2】应用 fputs() 和 fgets() 函数建立一个名为 "file2.txt" 的文本文件，并读取文件中的内容在屏幕上显示。

（1）在 Visual C++ 6.0 中，新建名称为 "sfile.c" 的【Text File】文件。

（2）在代码编辑区域输入以下代码（代码 15-2.txt）。

```
01  #include <stdio.h>
02  #include <string.h>
03  #include <stdlib.h>
04  void main()        /* 程序的入口 */
05  {
06    FILE *fp1,*fp2;            /* 定义两个文件指针变量 fp1、fp2*/
07    char str[10];
08    if((fp1=fopen("file2.txt","w"))==0) /* 以只写方式新建文件 file2.txt，并测试是否成功 */
09    {
10      printf(" 不能创建文件 \n");
11      exit(0);        /* 强制退出程序 */
12    }
13    printf(" 输入字符串 :\n");
14    gets(str);        /* 接收从键盘输入的字符串 */
15    while(strlen(str)>0)
16    {
17      fputs(str,fp1);
18      fputs("\n",fp1);          /* 在文件中加入换行符作为字符串分隔符 */
19      gets(str);
20    }
21    fclose(fp1);    /* 写文件结束，关闭文件 */
22    if((fp2=fopen("file2.txt","r"))==0)/* 以只读方式新建并打开文件 file2.txt，测试是否成功 */
23    {
24      printf(" 不能打开文件 \n");
25      exit(0);
26    }
27    printf(" 输出字符串 :\n");
28    while(fgets(str,10,fp2)!=0)  /* 从文件中读取字符串存放到字符数组 str 中，并测试是否已
读完 */
29      printf("%s",str);          /* 把数组 str 中的字符串输出到屏幕上 */
30    printf("\n"); /* 换行 */
31    fclose(fp2);    /* 关闭文件 */
32    return 0;
33  }
```

【运行结果】

编译、连接、运行程序，输入字符串，全部字符串输入结束，按两次【Enter】键后，即可显示所输入的字符串内容。此时，程序文件夹中已创建"file2.txt"，文件内容即为所输入的字符串，如图 15-2 所示。

图 15-2

【范例分析】

本程序中定义了两个文件指针 fp1 和 fp2，分别用于写文件和读文件的操作。读者要熟悉 fgets() 函数和 fputs() 函数的使用。第 15 行的"strlen(str)>0"语句用于测试从键盘输入的字符串是否为空串（即只输入回车符）。

15.3.3 格式化输入 / 输出

有的时候我们对要输入 / 输出的数据有一定的格式要求，如整型、字符型或按指定的宽度输出数据等。这里要介绍的格式化输入 / 输出指的不仅是输入 / 输出数据，而且要指定输入 / 输出数据的格式，它比前面介绍的字符 / 字符串输入 / 输出函数的功能更加强大。

1. 格式化输出函数——fprintf()

fprintf() 与前面介绍的 printf() 函数相似，只是将输出的内容存放在一个指定的文件中。使用格式如下：

> fprintf(文件指针，格式串，输出项表);

其中，"文件指针"仍是一个指向已经打开文件的指针，其余的参数和返回值与 printf() 函数相同。

功能：按"格式串"所描述的格式把输出项写入"文件指针"所指向的文件中。执行这个函数时，若成功，则返回所写的字节数；否则，返回一个负数。

2. 格式化输入函数——fscanf()

fscanf() 函数与前面介绍的 scanf() 函数相似，只是输入的数据是来自文本文件。其一般使用格式如下：

> fscanf(文件指针，格式串，输入项表);

功能：从"文件指针"所指向的文本文件中读取数据，按"格式串"所描述的格式输出到指定的内存单元中。

【范例 15-3】 应用 fprintf() 函数和 fscanf() 函数建立文本文件 file3.txt，并读取其中的信息输出到计算机屏幕上。

(1) 在 Visual C++ 6.0 中，新建名称为"ffile.c"的【Text File】文件。

(2) 在代码编辑区域输入以下代码（代码 15-3.txt）。

```
01  #include <stdio.h>
02  #include <string.h>
03  #include <stdlib.h>
04  int main()
05  {
06    FILE *fp;
07    char name1[4][8],name2[4];
08    int i, score1[4],score2;
09    if((fp=fopen("file3.txt","w"))==0)  /* 以只写方式打开文件 file3.txt，测试是否成功 */
10    {
11      printf(" 不能打开文件 \n");
12      exit(0);
13    }
14    printf(" 输入数据 : 姓名 成绩 \n");
15    for(i=1;i<4;i++)
16    {
17      scanf("%s %d",name1[i],&score1[i]);
18      fprintf(fp,"%s %d\n",name1[i],score1[i]);
19    }      /* 向文本文件写入一行信息 */
20    fclose(fp);
21    if((fp=fopen("file3.txt","r"))==0)   /* 以只读方式打开文件测试是否成功 */
22    {
23      printf(" 不能打开文件 \n");
24      exit(0);
25    }
26    printf(" 输出数据 :\n");
27    while(!feof(fp))
28    {
29      fscanf(fp,"%s %d\n",name2,&score2); /* 从文件中按格式读取数据存放到 name2 数组
和变量 score2 中 */
30      printf("%s %d\n",name2,score2);
31    }
32    fclose(fp);
33    return 0;
34  }
```

【运行结果】

编译、连接、运行程序，根据提示输出 3 名学生的姓名和成绩，按【Enter】键后，即可输出结果。此时，程序文件夹中已创建"file3.txt"，文件内容即为所输入的内容，如图 15-3 所示。

图 15-3

【范例分析】

本程序中首先定义了一个文件指针，分别以只写方式和只读方式打开同一个文件，写入和读出格式化数据。

> 提示：格式化读写文件时，用什么格式写入文件，就一定用什么格式从文件读取。读出的数据与格式控制符不一致，就会造成数据出错。

15.3.4 二进制文件的输入 / 输出——数据块读写

二进制文件是以"二进制数据块"为单位进行数据的读写操作。所谓"二进制数据块"，就是指在内存中连续存放的具有若干长度的二进制数据，如整型数据、实型数据或结构体类型数据等。数据块输入 / 输出函数对于存取结构体类型的数据尤为方便。

相应地，C语言中提供了用来完成对二进制文件进行输入 / 输出操作的函数，这里把它称作数据块输入 / 输出函数 fwrite() 函数和 fread() 函数。

1. 数据块输出函数——fwrite()

这里的"输出"仍是相对于内存变量而言的。fwrite() 函数是从内存输出数据到指定的二进制文件中，一般使用格式如下：

```
fwrite(buf,size,count, 文件指针 );
```

其中，buf 是输出数据在内存中存放的起始地址，也就是数据块指针；size 是每个数据块的字节数；count 用来指定每次写入的数据块的个数；文件指针是指向一个已经打开等待写入的文件。这个函数的参数较多，要注意理解每个参数的含义。

功能：从以 buf 为首地址的内存中取出 count 个数据块（每个数据块为 size 字节），写入到"文件指针"指定的文件中。调用成功，该函数返回实际写入的数据块的个数；出错时返回 0 值。

2. 数据块输入函数——fread()

这里的"输入"仍是相对于内存变量而言的。fread() 函数是从指定的二进制文件中输出数据到内存单元中，一般使用格式如下：

```
fread(buf,size,count, 文件指针 );
```

其中，buf 是输入数据在内存中存放的起始地址。其他各参数的含义与 fwrite() 函数相同。

功能：在文件指针指定的文件中读取 count 个数据块（每个数据块为 size 字节），存放到 buf 指定的内存单元地址中。调用成功，函数返回实际读出的数据块个数；出错或到文件末尾时返回 0 值。

【范例 15-4】使用 fwrite() 和 fread() 函数对 stud.bin 文件进行写入和读取操作。

(1) 在 Visual C++ 6.0 中，新建名称为"stubin.c"的【Text File】文件。

(2) 在代码编辑区域输入以下代码（代码 15-4.txt）。

```
01   #include <stdio.h>
02   #include <stdlib.h>
03   int main()
04   {
05     FILE *fp;
06     struct student  /* 定义结构体数组并初始化 */
07     {
08       char num[8];
09       int score;
10     }
11     stud[]={{"101",86},{"102",60},{"103",94},{"104",76},{"105",50}},stud1[5];
12     int i;
13     if((fp=fopen("stud.bin","wb+"))==0)  /* 以读写方式新建并打开文件 stud.bin, 测试是否
成功 */
14     {
15       printf(" 不能打开文件 \n");
16       exit(0);
17     }
18     for(i=0;i<5;i++)
19       fwrite(&stud[i],sizeof(struct student),1,fp);      /* 向 fp 指向的文件中写入数据 */
20     rewind(fp);      /* 重置文件位置指针于文件开始处，以便读取文件 */
21     printf(" 学号  成绩 \n");  /* 在屏幕上输出提示信息 */
22     while(!feof(fp))            /* 循环读取文件中的数据，直到检测到文件结束标志 */
23     {
24       fread(&stud1[i],sizeof(struct student),1,fp);    /* 读取 fp 指向的文件中的数据，并写入
到结构体数组 stud1 中 */
25       printf("%s  %d\n",stud1[i].num,stud1[i].score);
26     }      /* 向屏幕上输出结构体数组 stud1 中的数据 */
27     fclose(fp);    /* 关闭文件 */
28     return 0;
29   }
```

【运行结果】

编译、连接、运行程序，即可在命令行中输出如图 15-4 所示结果。此时，程序文件夹中已创建二进制文件"stud.bin"。

图 15-4

【范例分析】

程序中定义了两个结构体数组 stud 和 stud1，并对 stud 进行了初始化。以读写方式新建并打开二进制文件 stud.bin。利用 for 循环语句把初始化过的结构体数组 stud 中的数据写入文件 stud.bin 中，写数据结束后文件指针指向文件的结尾处。由于后面还要从文件中读取数据，所以需要重置文件指针于文件开头处，这里使用了 rewind() 函数重置文件指针读写位置，这个函数在 15.4 节中介绍，最后利用 while 循环语句把文件 stud.bin 中的数据写入结构体数组 stud1 中，并在屏幕上输出。

15.4　文件的随机读写

相对于前面介绍的顺序访问文件方式，文件的随机访问是给定文件当前读写位置的一种读写文件方式，也就是允许对文件进行跳跃式的读写操作。

要定位文件的当前读写位置，这里要提到一个文件位置指针的概念。所谓文件位置指针，就是指当前读或写的数据在文件中的位置，在实际使用中，是由文件指针充当的。当进行文件读操作时，总是从文件位置指针开始读其后的数据，然后位置指针移到尚未读的数据之前；当进行写操作时，总是从文件位置指针开始写，然后移到刚写入的数据之后。本节介绍文件位置指针的定位函数。

1. 取文件位置指针的当前值——ftell() 函数

ftell() 函数用于获取文件位置指针的当前值，使用格式如下：

```
ftell(fp);
```

其中，文件指针 fp 指向一个打开过的正在操作的文件。

功能：返回当前文件位置指针 fp 相对于文件开头的位移量，单位是字节。执行本函数，调用成功返回文件位置指针当前值，否则返回值为 –1。

说明：该函数适用于二进制文件和文本文件。

2. 移动文件位置指针——fseek() 函数

fseek 函数用来移动文件位置指针到指定的位置上，然后从该位置进行读或写操作，从而实现对文件的随机读写功能。使用格式如下：

```
fseek(fp,offset,from);
```

其中，fp 指向已经打开正被操作的文件；offset 是文件位置指针的位移量，是一个 long 型数据，ANSI C 标准规定在数字的末尾加一个字母 L 来表示是 Long 型的。若位移量为正值，表示位置指针的移动朝着文件尾的方向（从前向后）；若位移量为负值，表示位置指针的移动朝着文件头的方向（从后向前）。from 是起始点，用以指定位移量是以哪个位置为基准的。

功能：将文件位置指针从 from 表示的位置移动 offset 字节。若函数调用成功，返回值为 0，否则返回非 0 值。

表 15–2 给出了代表起始点的符号常量和数字及其含义，在 fseek 函数中使用时两者是等价的。

表 15–2

数字	符号常量	起始点
0	SEEK_SET	文件开头
1	SEEK_CUR	文件当前指针位置
2	SEEK_END	文件末尾

例如：

```
fseek(fp,100L,0);      /* 文件位置指针从文件开头处向后移动 100 字节 */
fseek(fp,50L,1);       /* 文件位置指针从当前位置向后移动 50 字节 */
fseek(fp,-30,2);       /* 文件位置指针从文件结尾处向前移动 30 字节 */
```

3. 置文件位置指针于文件开头——rewind() 函数

rewind 函数用于将文件位置指针置于文件的开头处，其一般使用格式如下：

```
rewind(fp);
```

功能：将文件位置指针移到文件开始位置。该函数只是起到移动文件位置指针的作用，并不带回返回值。

15.5 综合应用——文件操作

【范例 15-5】编写程序，建立两个文本文件 f1.txt 和 f2.txt，要求从键盘输入字符写入到这两个文本文件中，然后对 f1.txt 和 f2.txt 中的字符排序，并合并到一个文件中。

(1) 在 Visual C++ 6.0 中，新建名称为 "zfile.c" 的【Text File】文件。
(2) 在代码编辑区域输入以下代码（代码 15-5.txt）。

```
01   #include <stdio.h>
02   #include <stdlib.h>
03   int main()
04   {
05     FILE *fp;
06     char ch[200],c;
07     int i=0,j,n;
08     if((fp=fopen("f1.txt","w+"))==NULL)        /* 以读写方式新建一个文本文件 f1.txt*/
09     {
10       printf("\n 不能打开文件 f1\n");
11       exit(0);
12     }
13     printf(" 写入数据到 f1.txt:\n");
```

```
14      while((c=getchar())!='\n')
15        fputc(c,fp);    /* 往文件 f1.txt 中写入字符，输入回车符结束 */
16        rewind(fp);    /* 重置文件指针于文件开头处 */
17      while((c=fgetc(fp))!=EOF)        /* 循环读取文件 f1.txt 中的所有字符，并写入字符数组 ch
中 */
18        ch[i++]=c;
19        fclose(fp);    /* 关闭文件 f1.txt*/
20      if((fp=fopen("f2.txt","w+"))==NULL)        /* 以读写方式新建一个文本文件 f2.txt*/
21      {
22      printf("\ 不能打开文件 f2\n");
23      exit(0);
24      }
25      printf(" 写入数据到 f2.txt:\n");
26      while((c=getchar())!='\n')        /* 往文件 f2.txt 中写入字符，输入字符 '0' 结束 */
27        fputc(c,fp);
28        rewind(fp);    /* 重置文件指针于文件开头处 */
29      while((c=fgetc(fp))!=EOF)        /* 循环读取文件 f2.txt 中的所有字符，并写入字符数组 ch
中 */
30        ch[i++]=c;
31        fclose(fp);    /* 关闭文件 f2.txt*/
32      n=i;
33      for(i=1;i<n;i++)        /* 对字符数组 ch 中的字符进行排序 */
34      for(j=0;j<n-i;j++)
35        if(ch[j]>ch[j+1])
36        {
37          c=ch[j];
38          ch[j]=ch[j+1];
39          ch[j+1]=c;
40        }
41      if((fp=fopen("f3.txt","w+"))==NULL)        /* 以读写方式新建一个文本文件 f3.txt*/
42      {
43        printf("\n 不能打开文件 f3\n");
44        exit(0);
45      }
46      for(i=0;i<n;i++)        /* 把字符数组 ch 中排过序的字符写入到文件 f3.txt 中 */
47        fputc(ch[i],fp);
48        printf(" 排序并输出 :\n");
49        rewind(fp);
50      while((c=fgetc(fp))!=EOF)        /* 把 f3.txt 中排过序的字符在屏幕上显示 */
51        putchar(c);
52        printf("\n");
53        fclose(fp);    /* 关闭文件 f3.txt*/
54      return 0;
55    }
```

【运行结果】

编译、连接、运行程序，根据提示，依次输入 2 组字符串，按【Enter】键后，即可将 2 次输入的内容排序输出。此时，程序文件夹中已创建了 f1、f2、f3 这 3 个文本文件，如图 15-5 所示。

图 15-5

【范例分析】

这是一个文件的综合应用范例，用到了文件的新建、读写、打开、关闭、移动文件位置指针等文件操作函数，功能是实现把两个文件中的内容合并成一个文件。

15.6　本章小结

(1) 文件是存储在外部介质上数据的集合，操作系统通过文件对数据进行管理。

(2) 按存储介质，文件分为普通文件和设备文件。普通文件是指驻留在磁盘或其他外部介质上的一个有序数据集。设备文件是指与主机相联的各种外部设备，如显示器、打印机、键盘等。

(3) 按数据的存放形式，文件分为文本文件和二进制文件。文本文件又称 ASCII 文件，每字节存放一个字符的 ASCII 码；二进制文件是存放的是数据的二进制编码，与数据在内存中的存储形式相同，没有字符变换。

(4) 打开文件的函数是：文件指针 =fopen(" 文件名 "," 使用文件方式 ")；用 r 方式打开的文件必须是已经存在的；用 w 方式打开的文件无论是否存在，都将重新建立，若已经存在则先删除已有文件再建立；用 a 方式打开的文件，如果文件不存在，则建立，如果文件已存在，则在文件的末尾追加数据。

(5) 读文件是将磁盘文件中的数据传送到计算机内存的操作；写文件是从计算机内存向磁盘文件中传送数据的操作。

(6) fread 函数 fread(buffer,size,n,fp) 的功能：从 fp 指向的文件中读取 n 个 size 大小的数据到 buffer 所指的内存空间中。

(7) fwrite 函数 fwrite (buffer,size,n,fp) 的功能：将 buffer 所指的内存空间中的 n 个 size 大小的数据写入到 fp 指向的文件中。

15.7　疑难解答

问：常见文件分类的依据是什么？有哪些分类？

答：从用户角度来看，文件分为特殊文件（标准输入输出文件或标准设备文件）和普通文件（磁盘文件）；从操作系统的角度看，每一个与主机相连的输入输出设备看作是一个文件。例如，输入文件可以看作终端键盘，输出文件可以看作显示屏和打印机。按数据的组织形式，文件分为 ASCII 文件（文本文件）和二进制文件。ASCII 文件：每字节放一个 ASCII 代码。二进制文件：把内存中的数据按其在内存中的存储形式原样输出到磁盘上存放。

问：C 语言对文件的处理方式有几种？

答： C 语言对文件的处理方法分为两种。一种是缓冲文件系统，即系统自动地在内存区为每一个正在使用的文件开辟一个缓冲区。用缓冲文件系统进行的输入输出又称为高级磁盘输入输出。另一种是非缓冲文件系统，系统不自动开辟确定大小的缓冲区，而由程序为每个文件设定缓冲区。用非缓冲文件系统进行的输入输出又称为低级输入输出系统。

注意，在 UNIX 系统下，用缓冲文件系统来处理文本文件，用非缓冲文件系统来处理二进制文件。ANSI C 标准只采用缓冲文件系统来处理文本文件和二进制文件。C 语言中对文件的读写都是用库函数来实现的。

在打开文件之前，常用下面的方法打开一个文件。

```
if((fp=fopen("filel", "r")) = = NULL)
{
printf("cannot open this file\n");
}
```

即先检查打开的操作是否出错，如果有错就在终端上输出 "cannot open this file"。exit() 函数的作用是关闭所有文件，终止正在执行的程序，待用户检查出错误并修改后再运行。

在使用完一个文件后应该关闭它，以防止它再被误用。"关闭" 就是使文件指针变量不指向该文件，也就是文件指针变量与文件 "脱钩"，此后不能再通过该指针对原来与其相联系的文件进行读写操作，除非再次打开，使该指针变量重新指向该文件。在向文件写数据时，是先将数据输出到缓冲区，待缓冲区充满后才正式输出给文件，如果当数据未充满缓冲区而程序结束运行，就会将缓冲区中的数据丢失。用 fclose() 函数关闭文件，可以避免这个问题，函数 fclose() 关闭成功时返回值为 0，否则返回 EOF(−1)。

15.8　实战练习

（1）编写一个简单的留言程序，每次打开 message.txt 文件显示所有的内容，然后允许用户写新留言，并保存到 message.txt 文件中。

 提示：保存新留言应该使用追加方式写入，否则原先的留言会被清除。

（2）从键盘输入一个字符串，将其中的小写字母全部转换成大写字母，然后输出到一个磁盘文件 "test" 中保存。输入的字符串以 "！" 结束。

（3）有两个磁盘文件 "A" 和 "B"，各存放有一行字母，要求把这两个文件中的信息合并，输出到一个新文件 "C" 中。

（4）从键盘输入若干行字符（每行长度不等），输入后把它们存储到一磁盘文件中。再从该文件中读入这些数据，将其中小写字母转换成大写字母后在显示屏上输出。